# 한번에 합격하는
# 폐기물처리기사

**실기** 핵심이론 + 11개년 기출

김현우 지음

BM (주)도서출판 **성안당**

■ 도서 A/S 안내

성안당에서 발행하는 모든 도서는 저자와 출판사, 그리고 독자가 함께 만들어 나갑니다.

좋은 책을 펴내기 위해 많은 노력을 기울이고 있습니다. 혹시라도 내용상의 오류나 오탈자 등이 발견되면 **"좋은 책은 나라의 보배"**로서 우리 모두가 함께 만들어 간다는 마음으로 연락주시기 바랍니다. 수정 보완하여 더 나은 책이 되도록 최선을 다하겠습니다.

성안당은 늘 독자 여러분들의 소중한 의견을 기다리고 있습니다. 좋은 의견을 보내주시는 분께는 성안당 쇼핑몰의 포인트(3,000포인트)를 적립해 드립니다.

잘못 만들어진 책이나 부록 등이 파손된 경우에는 교환해 드립니다.

저자 문의 e-mail : yhe_su@naver.com(김현우)
본서 기획자 e-mail : coh@cyber.co.kr(최옥현)
홈페이지 : http://www.cyber.co.kr    전화 : 031) 950-6300

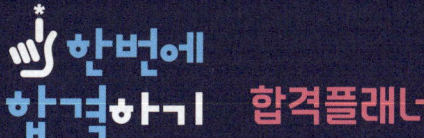

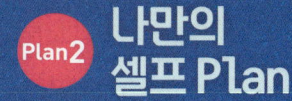

# 폐기물처리기사 [실기]

**3회독 학습!**     **☐일 완성!**

| 구분 | 필수이론 | | 1회독 | 2회독 | 3회독 | 학습한 날짜 |
|---|---|---|---|---|---|---|
| [Part 1] 실기 핵심이론 | [Chapter 1] 폐기물 개론 | 핵심이론 1~3 ☐ | | | | __월 __일 ~ __월 __일 |
| | | 핵심이론 4~7 ☐ | | | | __월 __일 ~ __월 __일 |
| | | 핵심이론 8~10 ☐ | | | | __월 __일 ~ __월 __일 |
| | [Chapter 2] 폐기물 처리기술 | 핵심이론 1~4 ☐ | | | | __월 __일 ~ __월 __일 |
| | | 핵심이론 5~7 ☐ | | | | __월 __일 ~ __월 __일 |
| | | 핵심이론 8~9 ☐ | | | | __월 __일 ~ __월 __일 |
| | | 핵심이론 10~11 ☐ | | | | __월 __일 ~ __월 __일 |
| | | 핵심이론 12~15 ☐ | | | | __월 __일 ~ __월 __일 |
| | | 핵심이론 16~18 ☐ | | | | __월 __일 ~ __월 __일 |
| | | 핵심이론 19~20 ☐ | | | | __월 __일 ~ __월 __일 |
| | | 핵심이론 21~22 ☐ | | | | __월 __일 ~ __월 __일 |
| | | 핵심이론 23~25 ☐ | | | | __월 __일 ~ __월 __일 |
| | [Chapter 3] 폐기물 소각 및 열회수 | 핵심이론 1~2 ☐ | | | | __월 __일 ~ __월 __일 |
| | | 핵심이론 3~4 ☐ | | | | __월 __일 ~ __월 __일 |
| | | 핵심이론 5~6 ☐ | | | | __월 __일 ~ __월 __일 |
| | | 핵심이론 7~8 ☐ | | | | __월 __일 ~ __월 __일 |
| | | 핵심이론 9~10 ☐ | | | | __월 __일 ~ __월 __일 |
| | [Chapter 4] 폐기물 공정시험기준 | 핵심이론 1~2 ☐ | | | | __월 __일 ~ __월 __일 |

**합격 플래너 활용 Tip.**

❖ **저자쌤의 추천 Plan** 칸에는 공부한 날짜를 적거나 체크표시(√)를 하여 학습한 부분을 체크하세요.
   저자쌤은 3회독 학습을 권장하나 자신의 시험준비 상황 및 기간을 고려하여 1회독 또는 2회독으로도 시험대비를 할 수 있습니다.
❖ **나만의 셀프 Plan** 칸에는 공부한 날짜 또는 기간을 적어 학습한 부분을 체크하세요.
❖ 추가로 학습이 필요한 부분은 각 이론 및 기출 뒤에 있는 네모칸(☐)에 체크해 두었다가 시험 전에 다시 한 번 확인 후 시험에 임하시기 바랍니다.

# 폐기물처리기사 실기

## 기출문제

| | | | 1회독 | 2회독 | 3회독 | 학습한 날짜 |
|---|---|---|---|---|---|---|
| [Part 2] 과년도 출제문제 | 2015년 | 제1회 기출문제 ☐ | | | | ___월 ___일 ~ ___월 ___일 |
| | | 제2회 기출문제 ☐ | | | | ___월 ___일 ~ ___월 ___일 |
| | | 제4회 기출문제 ☐ | | | | ___월 ___일 ~ ___월 ___일 |
| | 2016년 | 제1회 기출문제 ☐ | | | | ___월 ___일 ~ ___월 ___일 |
| | | 제4회 기출문제 ☐ | | | | ___월 ___일 ~ ___월 ___일 |
| | 2017년 | 제1회 기출문제 ☐ | | | | ___월 ___일 ~ ___월 ___일 |
| | | 제2회 기출문제 ☐ | | | | ___월 ___일 ~ ___월 ___일 |
| | | 제4회 기출문제 ☐ | | | | ___월 ___일 ~ ___월 ___일 |
| | 2018년 | 제1회 기출문제 ☐ | | | | ___월 ___일 ~ ___월 ___일 |
| | | 제2회 기출문제 ☐ | | | | ___월 ___일 ~ ___월 ___일 |
| | | 제4회 기출문제 ☐ | | | | ___월 ___일 ~ ___월 ___일 |
| | 2019년 | 제1회 기출문제 ☐ | | | | ___월 ___일 ~ ___월 ___일 |
| | | 제2회 기출문제 ☐ | | | | ___월 ___일 ~ ___월 ___일 |
| | | 제4회 기출문제 ☐ | | | | ___월 ___일 ~ ___월 ___일 |
| | 2020년 | 제1회 기출문제 ☐ | | | | ___월 ___일 ~ ___월 ___일 |
| | | 제2회 기출문제 ☐ | | | | ___월 ___일 ~ ___월 ___일 |
| | | 제3회 기출문제 ☐ | | | | ___월 ___일 ~ ___월 ___일 |
| | | 제4회 기출문제 ☐ | | | | ___월 ___일 ~ ___월 ___일 |
| | 2021년 | 제1회 기출문제 ☐ | | | | ___월 ___일 ~ ___월 ___일 |
| | | 제2회 기출문제 ☐ | | | | ___월 ___일 ~ ___월 ___일 |
| | | 제4회 기출문제 ☐ | | | | ___월 ___일 ~ ___월 ___일 |
| | 2022년 | 제1회 기출문제 ☐ | | | | ___월 ___일 ~ ___월 ___일 |
| | | 제2회 기출문제 ☐ | | | | ___월 ___일 ~ ___월 ___일 |
| | | 제4회 기출문제 ☐ | | | | ___월 ___일 ~ ___월 ___일 |
| | 2023년 | 제1회 기출문제 ☐ | | | | ___월 ___일 ~ ___월 ___일 |
| | | 제2회 기출문제 ☐ | | | | ___월 ___일 ~ ___월 ___일 |
| | | 제4회 기출문제 ☐ | | | | ___월 ___일 ~ ___월 ___일 |
| | 2024년 | 제1회 기출문제 ☐ | | | | ___월 ___일 ~ ___월 ___일 |
| | | 제2회 기출문제 ☐ | | | | ___월 ___일 ~ ___월 ___일 |
| | | 제3회 기출문제 ☐ | | | | ___월 ___일 ~ ___월 ___일 |
| | 2025년 | 제1회 기출문제 ☐ | | | | ___월 ___일 ~ ___월 ___일 |

# 머리말

    환경오염으로 인한 문제는 계속해서 증가하고 있으며 그 중 폐기물과 관련된 문제는 일상생활에서도 쉽게 찾아볼 수 있습니다. 하지만 그 심각성에 대한 인식은 매우 낮고, 많은 사람들이 환경보호를 실천하기보다는 생활의 편리함을 우선으로 생각하고 있는 것이 현실입니다.

    폐기물처리기사는 국민의 일상생활에 수반하여 발생하는 생활폐기물과 산업활동 결과 발생하는 사업장 폐기물을 기계적 선별, 여과, 건조, 파쇄, 압축, 흡수, 흡착, 이온교환, 소각, 소성, 생물학적 산화, 소화, 퇴비화 등의 인위적·물리적·기계적 단위조작과 생물학적·화학적 반응 공정을 주어 감량화, 무해화, 안전화 등 폐기물을 취급하기 쉽고 위험성이 적은 성상과 형태로 변화시키는 일련의 처리 업무를 배우는 학문입니다.

    폐기물처리기사 시험은 환경 분야의 다른 기사 시험들보다는 계산 문제가 어렵지 않고 암기량도 상대적으로 적어, 이 책을 잘 활용하면 다른 기사 자격시험보다 수월하게 취득하실 수 있습니다.

    효율적으로 공부하기 위해서는 먼저 핵심내용을 파악하며 전체적인 흐름을 함께 아는 것이 중요합니다. 이 책의 Part 1에 정리된 〈실기 핵심이론〉은 시험에 꼭 필요한 이론을 일목요연하게 정리하여 핵심을 파악하는 동시에 전체적인 흐름을 이해할 수 있도록 하였습니다.

    폐기물처리기사 실기시험은 필기시험과는 달리, 문제의 풀이 과정과 단위가 매우 중요하고, 각 문제는 실무 상황을 가정한 형태로 출제되기 때문에 정확한 개념 이해와 적용 능력이 요구됩니다. 따라서 공식을 단순히 암기하기보다는 문제 풀이를 통한 반복 학습과 적용 훈련이 핵심입니다. 그동안의 기출문제에서 중복 및 변형 문제가 나오므로, 기출문제를 통해 이론에서 보지 못한 내용을 정리하여 시험에 대비하는 것이 좋습니다.

    이 책으로 공부하는 모든 분의 합격을 기원합니다.

저자 김현우

# 시험안내

## 1 자격 기본정보

- 자격명 : 폐기물처리기사(Engineer Wastes Treatment)
- 관련부처 : 환경부
- 시행기관 : 한국산업인력공단

폐기물처리기사 자격시험은 한국산업인력공단에서 시행합니다.
원서접수 및 시험일정 등 기타 자세한 사항은 한국산업인력공단에서 운영하는 사이트인 큐넷(q-net.or.kr)에서 확인하시기 바랍니다.

### (1) 개요

문명사회로부터 배출되는 폐기물을 적절하게 처리 및 처분하지 않으면 환경을 오염시킴으로써 인간을 포함하는 생태계의 존속을 위태롭게 할 수 있다. 이에 따라 정부에서도 시대적 조류에 부응하여 폐기물 처리에 대한 전문인의 양성을 위해 자격제도를 제정하였다.

### (2) 직무

① 직무/중직무 분야 : 환경 · 에너지/환경
② 수행직무 : 국민의 일상생활에 수반하여 발생하는 일반폐기물과 산업활동에 부수하여 발생하는 산업폐기물을 기계적 분리, 증발, 여과, 건조, 파쇄, 압축, 흡수, 흡착, 이온교환, 소각, 소성, 생물학적 산화, 소화, 퇴비화 등의 인위적·물리적·기계적 단위조작과 생물학적, 화학적 반응조작을 주어 감량화, 무해화, 안전화 등 폐기물을 취급하기 쉽고 위험성이 작은 성상과 형태로 변화시키는 일련의 처리업무를 담당한다.
③ 직무내용 : 국민의 일상생활에 수반하여 발생하는 생활폐기물과 산업활동 결과 발생하는 사업장폐기물을 기계적 선별, 여과, 건조, 파쇄, 압축, 흡수, 흡착, 이온교환, 소각, 소성, 생물학적 산화, 소화, 퇴비화 등의 인위적·물리적·기계적 단위조작과 생물학적·화학적 반응공정을 주어 감량화, 무해화, 안전화 등 폐기물을 취급하기 쉽고 위험성이 적은 성상과 형태로 변화시키는 일련의 처리업무를 수행하는 직무이다.

### (3) 진로 및 전망

① 정부의 환경공무원 폐기물 처리업체 등으로 진출할 수 있다.
② 경제성장으로 인하여 우리나라의 생활폐기물과 사업장폐기물의 배출량은 계속 증가하고 있으나 처리현황에 있어서 매립이 대부분을 차지하고, 이 밖에 소각, 재활용, 보관, 기타(파쇄, 중화 등)의 방법으로 처리하고 있어 이를 관리 및 처리하는 인력 수요가 증가할 것이다.

*Engineer Wastes Treatment*

(4) 관련학과

대학이나 전문대학의 환경공학, 관련 학과

(5) 연도별 검정현황 및 합격률

| 연도 | 필기 | | | 실기 | | |
|---|---|---|---|---|---|---|
| | 응시 | 합격 | 합격률 | 응시 | 합격 | 합격률 |
| 2024년 | 2,520명 | 1,111명 | 44.1% | 1,806명 | 980명 | 54.3% |
| 2023년 | 2,980명 | 1,360명 | 45.6% | 1,717명 | 794명 | 46.2% |
| 2022년 | 2,752명 | 1,331명 | 48.4% | 1,663명 | 1,027명 | 61.8% |
| 2021년 | 2,759명 | 1,445명 | 52.4% | 1,505명 | 909명 | 60.4% |
| 2020년 | 1,510명 | 483명 | 32% | 861명 | 534명 | 62% |
| 2019년 | 1,771명 | 791명 | 44.7% | 1,244명 | 580명 | 46.6% |
| 2018년 | 1,792명 | 698명 | 39% | 1,139명 | 503명 | 44.2% |
| 2017년 | 2,107명 | 795명 | 37.7% | 1,385명 | 757명 | 54.7% |
| 2016년 | 1,883명 | 670명 | 35.6% | 1,100명 | 381명 | 34.6% |
| 2015년 | 1,689명 | 665명 | 39.4% | 1,260명 | 364명 | 28.9% |

## 2 시험정보

(1) 시험과목

① 필기 : 폐기물 개론, 폐기물 처리기술, 폐기물 소각 및 열회수, 폐기물 공정시험기준(방법), 폐기물 관계법규
② 실기 : 폐기물 처리 실무

(2) 검정방법

① 필기 : 객관식(4지택일형), 100문제(과목당 20문항), 1시간 40분(과목당 20분)
② 실기 : 필답형(3시간, 100점)
※ 필기시험에 합격한 자에 한하여 실기시험을 응시할 수 있는 기회가 주어지며, 필기시험 합격자 발표일로부터 2년간 필기시험을 면제한다.

(3) 합격기준

① 필기 : 100점을 만점으로 하여 과목당 40점 이상, 전과목 평균 60점 이상
② 실기 : 100점을 만점으로 하여 60점 이상

## 시험안내

### 3 시험 과정 및 일정

**(1) 시험과정 및 주의사항**

① 원서접수 확인 및 수험표 출력기간은 접수 당일부터 시험 시행일까지이며, 이외 기간에는 조회가 불가하다.
   ※ 출력장애 등을 대비하여 사전에 출력 보관할 것
② 원서접수는 온라인(인터넷, 모바일앱)에서만 가능하다.
③ 스마트폰, 태블릿 PC 사용자는 모바일앱 프로그램을 설치한 후 접수 및 취소/환불 서비스를 이용한다.
④ 원서접수시간은 원서접수 첫날 10 : 00부터 마지막 날 18 : 00까지이다.
⑤ 필기시험 합격예정자 및 최종합격자 발표시간은 해당 발표일 09 : 00이다.
⑥ 수험 일시와 장소는 접수 즉시 통보된다.
⑦ 본인이 신청한 수험장소와 종목이 수험표의 기재사항과 일치하는지 여부를 확인한다.

**STEP 01 필기시험 원서접수**
- Q-net(q-net.or.kr) 사이트 회원가입 후 접수 가능
- 반명함 사진 등록 필요 (6개월 이내 촬영본, 3.5cm×4.5cm)

**STEP 02 필기시험 응시**
- 입실시간 미준수 시 시험 응시 불가 (시험 시작 20분 전까지 입실)
- 수험표, 신분증, 필기구 지참 (공학용 계산기 지참 시 반드시 포맷)

**STEP 03 필기시험 합격자 확인**
- CBT 시험 종료 후 즉시 합격여부 확인 가능
- Q-net 사이트에 게시된 공고로 확인 가능

**STEP 04 실기시험 원서접수**
- Q-net 사이트에서 원서 접수
- 실기시험 시험일자 및 시험장은 접수 시 수험자 본인이 선택 (먼저 접수하는 수험자가 선택의 폭이 넓음)

Engineer Wastes Treatment

### (2) 시험일정

| 구분 | 필기 원서접수 | 필기 시험 | 필기 합격 (예정자) 발표 | 실기 원서접수 | 실기 시험 | 최종합격자 발표일 |
|---|---|---|---|---|---|---|
| 정기 기사 1회 | 1월 | 2월 | 3월 | 3월 | 4월 | 6월 |
| 정기 기사 2회 | 4월 | 5월 | 6월 | 6월 | 7월 | 9월 |
| 정기 기사 3회 | 7월 | 8월 | 9월 | 9월 | 11월 | 12월 |

### (3) 응시자격서류 심사

① 응시자격서류 제출기한 내(토, 일, 공휴일 제외)에 소정의 응시자격서류(졸업증명서, 공단 소정 경력증명서 등)를 제출하지 아니할 경우에는 필기시험 합격 예정이 무효된다.
② 응시자격서류를 제출하여 합격 처리된 사람에 한하여 실기 접수가 가능하다.

---

**STEP 05 실기시험 응시**
- 수험표, 신분증, 필기구, 공학용 계산기, 종목별 수험자 준비물 지참 (공학용 계산기는 허용된 종류에 한하여 사용 가능하며, 수험자 지참 준비물은 실기시험 접수기간에 확인 가능)

**STEP 06 실기시험 합격자 확인**
- 문자메시지, SNS 메신저를 통해 합격 통보 (합격자만 통보)
- Q-net 사이트 및 ARS (1666-0100)를 통해서 확인 가능

**STEP 07 자격증 교부 신청**
- Q-net 사이트에서 신청 가능
- 상장형 자격증, 수첩형 자격증 형식 신청 가능

**STEP 08 자격증 수령**
- 상장형 자격증은 합격자 발표 당일부터 인터넷으로 발급 가능 (직접 출력하여 사용)
- 수첩형 자격증은 인터넷 신청 후 우편 수령만 가능

## 폐기물처리기사 실기 출제기준

[수행준거] 폐기물에 대한 전문적 지식을 토대로 하여
      1. 폐기물의 조성을 측정 및 분석할 수 있다.
      2. 폐기물에 대한 유해성을 평가 및 예측할 수 있다.
      3. 폐기물 처리대책을 수립할 수 있다.

### [실기 과목명] 폐기물 처리 실무

| 주요 항목 | 세부 항목 | 세세 항목 |
|---|---|---|
| 1. 폐기물 일반 | (1) 폐기물 분리배출 및 저장하기 | ① 수거 폐기물의 종류, 수거빈도 및 공간 크기와 편의성을 토대로 보관용기의 종류와 용량을 결정할 수 있다.<br>② 폐기물의 재활용 계획을 바탕으로 폐기물 분리수거 계획을 수립할 수 있다.<br>③ 발생원에서의 폐기물 분리는 재이용과 재활용을 위한 물질 선별을 최적화하여 폐기물을 효과적으로 관리할 수 있다. |
| | (2) 폐기물 수집 및 운반하기 | ① 대규모 인구밀집지역과 아파트지역을 대상으로 폐기물 관로수송 계획을 수립할 수 있다.<br>② 폐기물 정책이나 규정을 바탕으로 수거지점과 수거빈도를 포함한 차량 수거노선 계획을 수립할 수 있다. |
| | (3) 적환장 관리하기 | ① 폐기물 발생량, 수거대상 인구, 지형, 수송수단 등의 자료를 활용하여 적환장의 위치와 규모를 파악할 수 있다.<br>② 적환장으로 이송된 폐기물은 종류별로 별도 분리·저장하고 혼합된 폐기물은 선별장치로 선별·분리할 수 있다. |
| | (4) 폐기물 수송하기 | 작업성의 향상과 감용·압축 성능에 따라 적재효율이 향상되도록 폐기물을 수집·수송할 수 있다. |
| | (5) 폐기물 특성 및 발생량 저감하기 | ① 발생원별 폐기물 특성을 파악할 수 있다.<br>② 폐기물 발생원을 파악하고 분류할 수 있다.<br>③ 폐기물 발생량을 조사할 수 있다.<br>④ 폐기물 발생량에 영향을 미치는 인자를 파악할 수 있다.<br>⑤ 폐기물 발생량을 예측할 수 있다.<br>⑥ 폐기물 발생량 저감대책을 수립할 수 있다.<br>⑦ 국내외 평가기준, 폐기물 공정시험기준 등에 따라 성상 및 특성을 분석할 수 있다. |

이 책에 수록된 출제기준의 적용기간은 2023. 1. 1.부터 2025. 12. 31.까지입니다.
출제기준 파일은 큐넷(q-net.or.kr)에서 다운로드하실 수 있습니다.

| 주요 항목 | 세부 항목 | 세세 항목 |
|---|---|---|
| 2. 폐기물 처리 | (1) 기계적·화학적 처리법 이해하기 | ① 처리방법의 종류 및 특징을 파악할 수 있다.<br>② 처리공정 및 시공과정을 이해할 수 있다. |
|  | (2) 생물학적 처리법 이해하기 | ① 처리방법의 종류 및 특징을 파악할 수 있다.<br>② 처리공정 및 시공과정을 이해할 수 있다. |
|  | (3) 자원화 및 재활용 이해하기 | ① 자원화 방법을 이해할 수 있다.<br>② 재활용 방법을 이해할 수 있다. |
| 3. 소각, 열분해 등 열적 처분 | (1) 연소이론 파악 및 연소계산 이해하기 | ① 연소이론을 이해할 수 있다.<br>② 연소계산을 수행할 수 있다. |
|  | (2) 소각공정 파악하기 | ① 소각이론을 이해할 수 있다.<br>② 소각로 종류 및 특징을 이해할 수 있다. |
|  | (3) 소각로 설계, 해석 및 유지관리하기 | ① 소각로의 설계 및 시공 과정을 이해할 수 있다.<br>② 소각로 유지관리 업무를 이해할 수 있다. |
|  | (4) 열회수, 연소가스 처분 및 오염방지하기 | ① 열회수이론을 이해할 수 있다.<br>② 연소가스 처분과정을 이해할 수 있다.<br>③ 연소가스 후처분기술의 종류 및 특징을 파악할 수 있다.<br>④ 연소생성물 저감 및 처분방법을 이해할 수 있다. |
|  | (5) 열분해 이해하기 | ① 열분해이론을 이해할 수 있다.<br>② 열분해 종류 및 특징을 이해할 수 있다. |
|  | (6) 기타 열적 처분 | ① 용융 등 기타 열적 처분 이론을 이해할 수 있다.<br>② 용융 등 기타 열적 처분 종류 및 특징을 이해할 수 있다. |
| 4. 매립 | (1) 매립방법 파악하기 | ① 매립방법을 분류할 수 있다.<br>② 매립공법의 종류 및 특징을 이해할 수 있다. |
|  | (2) 매립지 설계 및 시공하기 | ① 매립지 설계과정을 이해할 수 있다.<br>② 매립지 시공업무를 이해할 수 있다. |
|  | (3) 매립지 관리하기 | ① 매립가스 관리과정을 이해할 수 있다.<br>② 침출수 관리과정을 이해할 수 있다. |
|  | (4) 매립가스 이용기술 | ① 매립가스의 포집 및 정제 기술을 이해할 수 있다.<br>② 매립가스 이용기술의 종류 및 특징을 이해할 수 있다. |
|  | (5) 매립지 환경영향 평가하기 | ① 매립지 안정화 과정을 이해할 수 있다.<br>② 사후관리를 수행할 수 있다. |

# 차례

## PART 1 실기 핵심이론

### CHAPTER 1 폐기물 개론

- 핵심이론 1 폐기물의 구분 ··································································· 3
- 핵심이론 2 폐기물의 물리·화학적 조성 ············································ 4
- 핵심이론 3 폐기물의 발열량 계산 ······················································ 6
- 핵심이론 4 폐기물의 발생량 및 발생특성 ········································· 7
- 핵심이론 5 폐기물의 수거·운반 방법 ················································ 8
- 핵심이론 6 쓰레기 배출량 및 수거횟수 ············································· 9
- 핵심이론 7 청소상태 평가 ································································· 10
- 핵심이론 8 적환장의 설계와 형식 ···················································· 11
- 핵심이론 9 재활용 및 감량화 제도 ·················································· 12
- 핵심이론 10 전과정평가(LCA) ··························································· 13

### CHAPTER 2 폐기물 처리기술

- 핵심이론 1 압축·파쇄·선별의 목적 ·················································· 14
- 핵심이론 2 압축비와 부피감소율 ······················································ 15
- 핵심이론 3 균등계수·곡률계수와 Rosin-Rammler model ············· 16
- 핵심이론 4 에너지 소모량 관련 법칙 ··············································· 17
- 핵심이론 5 폐기물의 압축기와 파쇄기 ············································· 18
- 핵심이론 6 선별방법의 구분 ······························································ 19
- 핵심이론 7 선별효율 계산 ································································· 21
- 핵심이론 8 슬러지의 구성 ································································· 21
- 핵심이론 9 슬러지의 농축 ································································· 23
- 핵심이론 10 슬러지의 혐기성 소화 ··················································· 24
- 핵심이론 11 슬러지의 개량과 탈수 ··················································· 26
- 핵심이론 12 고형화(고화)의 주요 특징 ············································· 28
- 핵심이론 13 고형화의 종류와 처리방법 ············································ 29

Engineer Wastes Treatment

| 핵심이론 ⑭ | 소각의 주요 특징 | 30 |
| 핵심이론 ⑮ | 열분해의 주요 특징 | 31 |
| 핵심이론 ⑯ | 폐기물 매립지의 선정 | 32 |
| 핵심이론 ⑰ | 매립공법의 분류 | 34 |
| 핵심이론 ⑱ | 매립가스 발생 메커니즘 | 36 |
| 핵심이론 ⑲ | 침출수의 발생과 처리 | 37 |
| 핵심이론 ⑳ | 침출수 발생량 산정방법 | 39 |
| 핵심이론 ㉑ | 매립시설의 설계와 운전관리 | 40 |
| 핵심이론 ㉒ | 매립지의 사후관리 | 44 |
| 핵심이론 ㉓ | RDF의 정의와 특징 | 44 |
| 핵심이론 ㉔ | 퇴비화 | 46 |
| 핵심이론 ㉕ | 토양오염(폐기물에 의한 2차 오염) | 48 |

## CHAPTER ③ 폐기물 소각 및 열회수

| 핵심이론 ① | 연소 이론 | 50 |
| 핵심이론 ② | 연료의 종류별 특징 | 53 |
| 핵심이론 ③ | 연소 계산 | 54 |
| 핵심이론 ④ | 공연비, 연소온도, 연소실 열발생률, 열효율 계산 | 58 |
| 핵심이론 ⑤ | 소각공정 | 59 |
| 핵심이론 ⑥ | 소각로의 종류 및 특성 | 60 |
| 핵심이론 ⑦ | 집진장치의 종류와 특성 | 64 |
| 핵심이론 ⑧ | 질소산화물($NO_X$)·황산화물($SO_X$) | 65 |
| 핵심이론 ⑨ | 다이옥신 | 67 |
| 핵심이론 ⑩ | 폐열 회수설비 | 68 |

## CHAPTER ④ 폐기물 공정시험기준(방법)

| 핵심이론 ① | 일반시험기준 | 71 |
| 핵심이론 ② | 일반항목 | 73 |

# 차례

## PART 2 과년도 출제문제

- 2015년 제1회 폐기물처리기사 실기 ·········································· 77
- 2015년 제2회 폐기물처리기사 실기 ·········································· 84
- 2015년 제4회 폐기물처리기사 실기 ·········································· 91

- 2016년 제1회 폐기물처리기사 실기 ·········································· 98
- 2016년 제4회 폐기물처리기사 실기 ········································ 104

- 2017년 제1회 폐기물처리기사 실기 ········································ 111
- 2017년 제2회 폐기물처리기사 실기 ········································ 117
- 2017년 제4회 폐기물처리기사 실기 ········································ 123

- 2018년 제1회 폐기물처리기사 실기 ········································ 129
- 2018년 제2회 폐기물처리기사 실기 ········································ 135
- 2018년 제4회 폐기물처리기사 실기 ········································ 141

- 2019년 제1회 폐기물처리기사 실기 ········································ 147
- 2019년 제2회 폐기물처리기사 실기 ········································ 153
- 2019년 제4회 폐기물처리기사 실기 ········································ 159

- 2020년 제1회 폐기물처리기사 실기 ········································ 165
- 2020년 제2회 폐기물처리기사 실기 ········································ 171
- 2020년 제3회 폐기물처리기사 실기 ········································ 177
- 2020년 제4회 폐기물처리기사 실기 ········································ 183

- 2021년 제1회 폐기물처리기사 실기 ········································ 189
- 2021년 제2회 폐기물처리기사 실기 ········································ 196
- 2021년 제4회 폐기물처리기사 실기 ········································ 202

- 2022년 제1회 폐기물처리기사 실기 ········································ 208
- 2022년 제2회 폐기물처리기사 실기 ········································ 215
- 2022년 제4회 폐기물처리기사 실기 ········································ 222

- 2023년 제1회 폐기물처리기사 실기 ········································ 229
- 2023년 제2회 폐기물처리기사 실기 ········································ 236
- 2023년 제4회 폐기물처리기사 실기 ········································ 244

*Engineer Wastes Treatment*

- 2024년 제1회 폐기물처리기사 실기 ········· 251
- 2024년 제2회 폐기물처리기사 실기 ········· 258
- 2024년 제4회 폐기물처리기사 실기 ········· 265
- 2025년 제1회 폐기물처리기사 실기 ········· 272

☝ 한번에
합격하기

# PART 1

# 실기 핵심이론

폐기물처리기사 실기

**Chapter 1** 폐기물 개론
**Chapter 2** 폐기물 처리기술
**Chapter 3** 폐기물 소각 및 열회수
**Chapter 4** 폐기물 공정시험기준(방법)

**어렵고 방대한 이론 NO!**
시험에 나오는 이론만 이해하기 쉽게 간결히 정리하여 수록하였습니다.

Engineer Wastes Treatment

# CHAPTER 1 폐기물 개론

Engineer Wastes Treatment

**저자쌤의 이론학습 TIP**

폐기물 개론은 폐기물처리의 기본개념에 대한 내용입니다. 공식을 활용하는 방법과 개념의 정의를 위주로 암기하도록 합니다.

## 핵심이론 1 | 폐기물의 구분

### (1) 폐기물의 정의

폐기물이란 쓰레기, 연소재, 오니, 폐유, 폐산, 폐알칼리 및 동물의 사체 등으로서 사람의 생활이나 사업활동에 필요하지 아니하게 된 물질로, 크게 생활폐기물, 사업장폐기물, 지정폐기물, 의료폐기물로 구분된다.

### (2) 고형물 함량에 따른 폐기물의 구분★

① 고상 폐기물 : 고형물 함량 15% 이상
② 반고상 폐기물 : 고형물 함량 5~15%
③ 액상 폐기물 : 고형물 함량 5% 미만

 **용어**

- 생활폐기물 : 사업장폐기물 외의 폐기물
- 사업장폐기물 : 「대기환경보전법」, 「물환경보전법」 또는 「소음·진동관리법」에 따라 배출시설을 설치·운영하는 사업장이나 그 밖에 대통령령으로 정하는 사업장에서 발생하는 폐기물
- 지정폐기물 : 사업장폐기물 중 폐유·폐산 등 주변 환경을 오염시킬 수 있거나 의료폐기물 등 인체에 위해를 줄 수 있는 해로운 물질로서 대통령령으로 정하는 폐기물
- 의료폐기물 : 보건·의료기관, 동물병원, 시험·검사기관 등에서 배출되는 폐기물 중 인체에 감염 등 위해를 줄 우려가 있는 폐기물과 인체조직 등 적출물, 실험동물의 사체 등 보건·환경보호상 특별한 관리가 필요하다고 인정되는 폐기물로서 대통령령으로 정하는 폐기물

## 핵심이론 2 | 폐기물의 물리·화학적 조성

### (1) 폐기물의 성분 분석

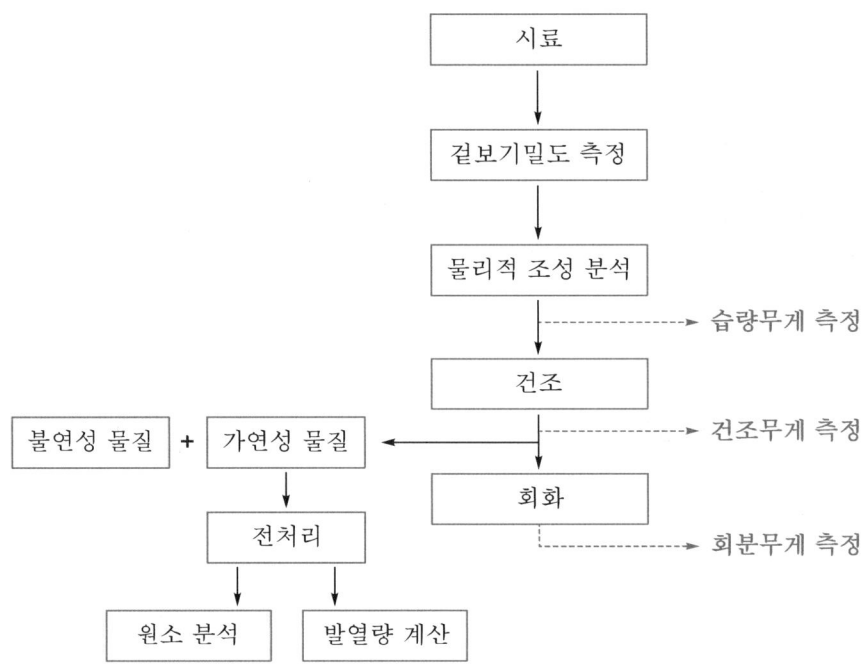

### (2) 물리·화학적 조성 분석

① 겉보기밀도 측정

겉보기밀도는 고형 연료제품의 주요 품질 결정요인 중 하나로, 시료채취와 운송용량, 보관공간, 에너지밀도 등을 평가하는 데 필요한 사항이다. 원추4분법, 교호삽법으로 얻은 시료의 무게를 측정한 후 아래 식을 이용하여 겉보기밀도를 계산한다.

$$겉보기밀도(kg/m^3) = \frac{시료의\ 중량(kg)}{용기의\ 부피(m^3)}$$

② 조성 분석

쓰레기의 성분을 가연물과 불연물로 구분하고, 가연물은 음식물, 종이, 목재, 플라스틱, 섬유, 고무, 피혁, 비닐 등으로, 불연물은 캔, 유리, 도자기, 연탄재, 금속, 기타 불연물로 세분화한다.

③ 수분 함량

폐기물의 수분 함량을 측정하는 방법으로, 시료를 105~110℃에서 4시간 건조하고 데시케이터에서 식힌 후 무게를 달아 증발접시의 무게차로부터 수분의 양(%)을 구한다.

$$수분(\%) = \frac{W_2 - W_3}{W_2 - W_1} \times 100$$

여기서, $W_1$ : 평량병 또는 증발접시의 무게
$W_2$ : 건조 전 평량병 또는 증발접시와 시료의 무게
$W_3$ : 건조 후 평량병 또는 증발접시와 시료의 무게

④ 강열감량(회분)

폐기물의 강열감량 및 유기물 함량을 측정하는 방법으로, 시료에 질산암모늄 용액(25%)을 넣고 가열하여 (600±25)℃의 전기로 안에서 3시간 강열하고 데시케이터에서 식힌 후 무게를 달아 증발접시의 무게 차이로부터 강열감량 및 유기물 함량(%)을 구한다.

$$강열감량 \ 또는 \ 유기물 \ 함량(\%) = \frac{W_2 - W_3}{W_2 - W_1} \times 100$$

여기서, $W_1$ : 도가니 또는 증발접시의 무게
$W_2$ : 강열 전 도가니 또는 증발접시와 시료의 무게
$W_3$ : 강열 후 도가니 또는 증발접시와 시료의 무게

⑤ 가연분 측정★★

전체 폐기물의 양에서 수분(%)과 회분(%)을 뺀 나머지 값을 가연분으로 한다.

$$가연분(\%) = 100 - 수분(\%) - 회분(\%)$$

⑥ 화학적 조성

탄소(C), 수소(H), 산소(O), 질소(N), 황(S)의 항목으로 나누어 분석하며, 폐기물 성분 및 연소용 공기의 물질수지 계산 시 사용한다.

| 핵심이론 3 | 폐기물의 발열량 계산 |

 **용어**

- 고위발열량($Hh$) : 단위질량의 시료가 완전연소될 때 발생하는 물의 증발잠열을 포함한 열량
- 저위발열량($Hl$) : 단위질량의 시료 중에 존재하는 물과 연소 중 생성되는 물의 증발잠열을 고위발열량에서 뺀 열량
- ※ $Hh$와 $Hl$의 단위는 보통 kcal/kg을 사용한다.

### (1) 3성분에 의한 계산(추정식)

$$Hl\,(\mathrm{kcal/kg}) = 45\,V - 6\,W$$

여기서, $V$, $W$ : 가연분, 수분의 함량(%)

### (2) 원소 분석에 의한 계산

① Dulong 식★★★

- $Hh\,(\mathrm{kcal/kg}) = 81\mathrm{C} + 340\left(\mathrm{H} - \dfrac{\mathrm{O}}{8}\right) + 25\mathrm{S}$
- $Hl\,(\mathrm{kcal/kg}) = Hh - 6(9\mathrm{H} + W)$

여기서, C, H, O, S, $W$ : 탄소(C), 수소(H), 산소(O), 황(S), 수분(Water)의 함량(%)

$$Hl\,(\mathrm{kcal/Sm^3}) = Hh - 480\sum \mathrm{H_2O}$$

여기서, $\mathrm{H_2O}$ : $\mathrm{H_2O}$의 몰수

② Steuer 식(Steuer 식에 의한 결과가 가장 근접하다고 제시)

- $Hh\,(\mathrm{kcal/kg}) = 81\left(\mathrm{C} - \dfrac{3\mathrm{O}}{8}\right) + 57 \times \dfrac{3\mathrm{O}}{8} + 345\left(\mathrm{H} - \dfrac{\mathrm{O}}{16}\right) + 25\mathrm{S}$
- $Hl\,(\mathrm{kcal/kg}) = Hh - 6(9\mathrm{H} + W)$

여기서, C, O, H, S, $W$ : 탄소(C), 산소(O), 수소(H), 황(S), 수분(Water)의 함량(%)

③ Scheure-Kestner 식

- $Hh\,(\mathrm{kcal/kg}) = 81\left(\mathrm{C} - \dfrac{3}{4}\mathrm{O}\right) + 57 \times \dfrac{3}{4}\mathrm{O} + 345\mathrm{H} + 25\mathrm{S}$
- $Hl\,(\mathrm{kcal/kg}) = Hh - 6(9\mathrm{H} + W)$

여기서, C, O, H, S, $W$ : 탄소(C), 산소(O), 수소(H), 황(S), 수분(Water)의 함량(%)

### (3) 물리적 조성에 의한 계산

$$Hl\,(\mathrm{kcal/kg}) = (45\,V_1 + 80\,V_2) - 6\,W$$

여기서, $V_1$ : 플라스틱 외의 가연분 함량(%), $V_2$ : 플라스틱류의 함량(%), $W$ : 수분의 함량(%)

## 핵심이론 4 | 폐기물의 발생량 및 발생특성

### (1) 폐기물 발생량 예측방법★★

| 구분 | 내용 |
| --- | --- |
| 동적모사모델<br>(dynamic simulation model) | 쓰레기 배출에 영향을 주는 모든 인자를 시간에 대한 함수로 나타낸 후, 시간에 대한 함수로 표현된 각 영향인자들 간의 상관관계를 수식화하는 방법 |
| 다중회귀모델<br>(multiple regression model) | 쓰레기 발생량에 영향을 주는 각 인자들의 효과를 총괄적으로 나타내어 복잡한 시스템의 분석에 유용하게 적용하는 방법 |
| 경향법<br>(trend method) | 5년 이상의 과거 처리실적을 수식모델에 대입하여 과거의 데이터로 장래를 예측하는 방법 |

### (2) 폐기물 발생량 조사방법★

| 구분 | 내용 |
| --- | --- |
| 적재차량계수분석법<br>(load-count analysis method) | 일정 기간 동안 특정 지역의 쓰레기 수거·운반 차량 대수를 조사하여, 이 결과를 밀도로 이용하여 질량으로 환산하는 방법 |
| 직접계근법<br>(direct weighting method) | • 입구에서 쓰레기가 적재되어 있는 차량을, 출구에서 쓰레기를 적하한 공차량을 직접 계근하여 쓰레기 발생량을 산출하는 방법<br>• 적재차량계수분석법에 비해 작업량이 많고 번거로움<br>• 비교적 정확한 쓰레기 발생량을 파악할 수 있음 |
| 물질수지법<br>(material balance method) | • 유입·유출되는 쓰레기 속에 들어 있는 오염물질의 양에 대한 물질수지를 세워 추정하는 방법<br>• 주로 산업폐기물 발생량을 추산할 때 이용<br>• 물질수지를 세울 수 있는 상세한 데이터가 필요<br>• 비용이 많이 들어 특수한 경우에 사용 |

### (3) 폐기물 발생량 증가요건

① 쓰레기통의 크기가 클수록
② 수거빈도가 높을수록
③ 도시의 규모가 클수록
④ 재활용품의 회수 및 재이용률이 낮을수록

## 핵심이론 5 | 폐기물의 수거·운반 방법

### (1) 쓰레기 수거노선 설정 시 고려사항
① 많은 양의 쓰레기가 발생되는 발생원은 하루 중 가장 먼저 수거한다.
② 가능한 한 지형지물 및 도로 경계와 같은 장벽을 이용하여 간선도로 부근에서 시작하고 끝나도록 하여야 한다.
③ 가능한 한 시계방향으로 수거노선을 정한다.
④ 언덕길은 내려가면서 수거한다.
⑤ U자형 회전을 피해 수거한다.
⑥ 될 수 있는 한 한 번 간 길은 가지 않는다.
⑦ 쓰레기 발생량은 적지만 수거빈도가 동일하기를 원하는 곳은 같은 날 왕복하면서 수거한다.
⑧ 수거지점과 수거빈도를 결정할 때는 기존 정책과 규정을 참고한다.

### (2) 폐기물의 운반방법

| 구분 | 내용 |
|---|---|
| 모노레일 수송 | • 폐기물을 적환장에서 최종처분장까지 수송할 때 모노레일로 운반하는 방법<br>• 적용 가능성이 큼(무인화 가능)<br>• 가설이 곤란하고, 설비비가 많이 듦 |
| 컨베이어 수송 | • 지하에 설치된 컨베이어에 의해 수송하는 방법<br>• 시설비가 비쌈<br>• 악취 문제 해결 가능 |
| 컨테이너 수송 | • 컨테이너 수집차로 폐기물을 운반하고, 중간에 적환 후 철도와 대형 컨테이너를 이용하여 최종처분장까지 수송하는 방법<br>• 광대한 국토와 철도망이 있는 곳에서 사용<br>• 사용 후 세정해야 하므로 세정수 처리 문제를 고려해야 함 |
| 관거 수송 | • 관거를 연결하여 최종처분장까지 폐기물을 수송하는 방법<br>• 공기 수송, 슬러리 수송(물과 혼합하여 수송하는 방법), 캡슐 수송 등이 있음 |

### (3) 관거 수송(pipeline)의 장단점

| 장점 | 단점 |
|---|---|
| • 자동화, 무공해화 가능<br>• 눈에 띄지 않으며, 악취와 소음을 저감할 수 있음<br>• 대용량 수송 가능<br>• 차량 수송에 따른 에너지 소비 절감<br>• 교통체증 문제 저감 | • 가설 후에 경로 변경 및 연장이 어려움<br>• 설치비가 비싸고, 장거리 수송이 어려움<br>• 대형 쓰레기는 파쇄, 압축 등의 전처리가 필요함<br>• 잘못 투입된 물건의 회수가 어려움<br>• 쓰레기 발생밀도가 높은 인구밀집지역 및 아파트 지역 등에서만 현실성이 있음 |

## 핵심이론 6 | 쓰레기 배출량 및 수거횟수

### (1) 1인 1일 배출량(kg/인·day)★★★

$$배출량 = \frac{하루에\ 발생하는\ 쓰레기\ 중량(kg/day)}{수거인부\ 수(인)}$$

### (2) MHT(Man·Hour/Ton)★★★

$$MHT = \frac{쓰레기\ 수거인부(Man) \times 수거시간(Hour)}{총\ 쓰레기\ 수거량(Ton)}$$

### (3) MHT의 크기 순서

타종 수거식(0.84) < 대형 쓰레기통(1.1) < 플라스틱 자루(1.35) < 집 밖 이동식(1.47)
< 집 안 이동식(1.86) < 집 밖 고정식(1.96) < 문전 수거식(2.3) < 벽면 부착식(2.38)

**정리**

**추가 수거효율**
- SDT(Services/Day·Truck) : 수거트럭 1대당 1일 수거가옥 수
- SMH(Services/Man·Hour) : 수거인부 1인당 1시간 수거가옥 수
- TMH(Ton/Man·Hour) : 수거인부 1인당 1시간 수거량
- TDT(Ton/Day·Truck) : 수거트럭 1대당 1일 수거량

| 핵심이론 7 | 청소상태 평가

(1) 지역사회 효과지수(CEI)

지역사회 효과지수를 통한 평가는 가로의 청소상태를 기준으로 한다.

$$CEI = \frac{\sum_{i=1}^{n}(S-P)_i}{n}$$

여기서, $n$ : 총 가로의 수
$S$ : 가로의 청결상태(0~100점)
$P$ : 가로 청소상태의 문제점 여부(1개에 10점)

(2) 사용자 만족도지수(USI)

사용자 만족도지수를 통한 평가는 사람들의 만족도를 설문조사하여 그 점수를 기준으로 한다.

$$USI = \frac{\sum_{i=1}^{n} R_i}{n}$$

여기서, $n$ : 총 설문 회답자의 수
$R$ : 설문지 점수의 합계

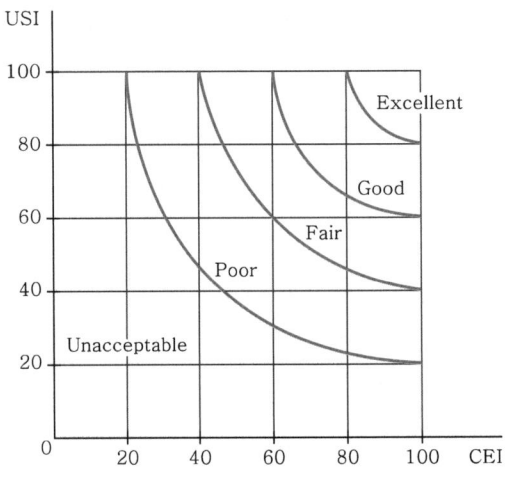

❚ CEI와 USI의 상관관계 ❚

### 핵심이론 8 | 적환장의 설계와 형식

**(1) 적환장의 기능**
① 수거 시스템과 처리 시스템을 연결하는 중계기지
② 집중화된 수거 거점
③ 처리경로에 맞게 폐기물을 분리하는 간이 선별장
④ 환경교육장의 역할

**(2) 적환장을 설치하는 경우**
① 저밀도 주거지역이 존재하는 경우
② 슬러지 수송방식이나 공기 수송방식을 사용하는 경우
③ 수거차량이 소형($15m^3$ 이하)인 경우
④ 상업지역에서 폐기물 수집에 소형 용기를 많이 사용하는 경우
⑤ 불법 투기와 다량의 어질러진 쓰레기들이 발생하는 경우
⑥ 처리장이 멀리 떨어져 있는 경우
⑦ 압축식 수거 시스템인 경우

**(3) 적환장 선정 시 고려사항**
① 공중위생 및 환경 피해 영향이 최소일 것
② 폐기물 발생지역의 중심부에 위치할 것
③ 작업이 용이하고, 설치가 간편할 것
④ 간선도로와 쉽게 연결되고, 2차적 또는 보조 수송수단 연계가 편리할 것

**(4) 투하방식에 따른 적환장의 형식**

| 구분 | 설명 |
| --- | --- |
| 직접 투하방식<br>(direct discharging method) | • 주택가와 거리가 먼 곳에 설치하며, 소형차에서 대형차로 투하하여 싣는 방식<br>• 건설비나 운영비가 모두 다른 방법에 비해 적어 소도시에 적용하기 좋음<br>• 압축이 안 되는 단점이 있음 |
| 저장 투하방식<br>(storage discharging method) | • 쓰레기를 저장 피트(pit)나 플랫폼에 저장한 후 불도저 등의 보조장치를 사용하여 수송차량에 적환하는 방식<br>• 수거차의 대기시간 없이 빠른 시간 내에 적하를 마치므로 적환장 내외의 교통체증현상을 없애주는 효과가 있으며, 매립방법이 단순함<br>• 일반적으로 저장 피트의 깊이는 2~2.5m로, 계획 처리량의 0.5~2일분 쓰레기를 저장<br>• 분진 발생이 적고 폐기물 함수율이 높을 경우 침출수가 발생할 수 있음<br>• 대도시에 적용하며, 폐기물이 노출되므로 주택가 근처에서는 사용이 어려움 |
| 직접·저장 투하방식<br>(direct and storage discharging method) | • 재활용품이 포함된 폐기물은 선별 후에 불도저 등의 보조장치를 사용하여 상하차 후 매립지로, 부패성 폐기물은 바로 상차 투입구로 수송하는 방식<br>• 재활용품의 회수율을 증대시킬 수 있음 |

### 핵심이론 9 | 재활용 및 감량화 제도

 **정리**

폐기물 처리의 우선순위
감량 → 재이용 → 재활용 → 에너지 회수 → 소각 → 매립

**(1) 폐기물 부담금 제도**

폐기물의 발생을 억제하고 자원 낭비를 막기 위하여 특정 대기·수질 유해물질 또는 유독물이 들어 있거나 재활용이 어렵고 폐기물 관리상의 문제를 초래할 가능성이 있는 제품·재료·용기 중 대통령령으로 정하는 제품·재료·용기의 제조업자나 수입업자에게 그 폐기물의 처리에 드는 비용을 매년 부과·징수하는 제도이다.

**(2) 쓰레기 종량제**

'쓰레기를 버리는 만큼 비용을 낸다'라는 배출자 부담 원칙을 적용하여 폐기물 발생을 줄이고 재활용품의 분리배출을 촉진하기 위한 정책이다. 소비자로 하여금 종량제봉투값을 절약하기 위해 재활용이 가능한 폐기물을 별도로 분리배출하여 종량제봉투에 담는 폐기물을 최소화하는 노력을 유도한다. 정책을 시행한 결과, 폐기물 발생량이 감소하고 재활용이 증가하여 경제적 이득 효과를 거두었다.

**(3) 생산자 책임 재활용제도(EPR)**

생산자가 제품 생산단계에서부터 재활용을 고려한 설계를 하여 자원 절약 및 환경보전에 기여하고 재활용률을 높일 수 있는 제도이다. 이 제도를 채택한 이유는 책임자를 획일적으로 구분하기 어렵기 때문이다.

 **참고**

3P와 3R
- 3P : Polluter(오염자), Pay(비용), Principle(원칙)
- 3R : Recycle(재활용), Reduction(감량화), Reuse(재사용)

## 핵심이론 10 | 전과정평가(LCA)

### (1) LCA의 의미★★

전과정평가(LCA ; Life Cycle Assessment)란 원료 취득 시 연구개발부터 제품의 생산·포장·수송·유통·판매 과정과 소비자의 사용을 거쳐 제품이 폐기되기까지의 전체 과정에서 환경에 미치는 영향을 평가하고 최소화하기 위한 조직적인 방법론이다.

원료 취득 → 생산 및 제조 → 사용 → 유지관리 → 폐기 및 재활용

### (2) LCA의 평가절차★★

목적 및 범위 설정 → 목록분석 → 영향평가 → 결과해석(개선평가)

### (3) LCA의 구성요소★★

| 구성요소 | 내용 |
| --- | --- |
| 목적 및 범위 설정<br>(goal and scope definition) | • 평가의 목적을 위해 실시하는 배경과 이유, 조사에 필요한 전제조건과 제약조건을 분명히 밝혀 적는 단계<br>• 범위 설정 시 제품의 기능, 기능단위가 정의되어야 함 |
| 목록분석<br>(inventory analysis) | '목적 및 범위 설정' 단계에서 정의된 제품 시스템을 기초로 하여 공정도를 작성하는 단계 |
| 영향평가<br>(impact assessment) | • '목록분석' 단계에서 얻은 결과를 지구온난화 등의 환경영향 항목으로 분류하여 환경영향 정도를 평가하는 단계<br>• 영향평가의 과정 : 분류화 - 특성화 - 정규화 - 가중치 부여 |
| 결과해석<br>(interpretation) | • '목록분석' 및 '영향평가' 단계로부터 얻은 결과 분석을 보고하고 결론을 도출하는 단계<br>• 해석의 결과는 이해하기 쉽고 일관성이 있어야 함 |

# CHAPTER 2 폐기물 처리기술

Engineer Wastes Treatment

> **저자쌤의 이론학습 TIP**
> 폐기물 처리기술에서는 압축, 파쇄, 선별에 대한 내용 및 슬러지의 구성과 고형화에 대한 이론을 서술하고, 공식을 활용하는 방법에 대해 공부하도록 합니다.

## 핵심이론 1  압축·파쇄·선별의 목적

### (1) 압축의 목적

압축은 폐기물의 중간처리기술로, 폐기물 수송·저장에 필요한 부피·용적을 줄이고, 매립지의 수명을 연장시키는 효과가 있다. 압축으로 부피를 1/10까지 줄일 수 있으며, 일반적으로 비 맞은 폐기물은 35% 정도, 보통 폐기물은 1~3% 정도 감소하지만, 수분이 없는 마른 상태의 폐기물은 압축을 해도 중량이 감소하지 않는다.

### (2) 파쇄의 목적 ★

① 압축 시 밀도 증가율이 크므로 운반비를 감소할 수 있다.
② 특정 성분을 분리하고, 입자 크기를 균일화한다.
③ 겉보기비중이 증가하고 부피가 감소하여 운반·저장 효율이 증가한다.
④ 비표면적의 증가로, 소각 및 매립 시 조기 안정화에 유리하다.
⑤ 물질별 분리로 고순도의 유가물 회수가 가능하다.
⑥ 조대쓰레기에 의한 소각로의 손상을 방지한다.

### (3) 선별의 목적

재활용이 가능한 성분을 분리하여 처리과정의 효율을 증가시키고, 폐기물의 부피를 줄여 운반 및 가공을 편리하게 한다.

> **정리**
>
> 파쇄에 작용하는 힘
> - 절단작용
> - 충격작용
> - 압축작용

### 핵심이론 2  압축비와 부피감소율

(1) **압축비**(CR ; Compaction Ratio)★★

$$CR = \frac{압축\ 전\ 부피}{압축\ 후\ 부피} = \frac{100}{100 - VR}$$

(2) **부피감소율**(VR ; Volume Reduction)★★

$$VR(\%) = \frac{압축\ 전\ 부피 - 압축\ 후\ 부피}{압축\ 전\ 부피} \times 100$$

$$= \frac{압축\ 후\ 밀도 - 압축\ 전\ 밀도}{압축\ 후\ 밀도} \times 100$$

$$= \left(1 - \frac{1}{CR}\right) \times 100$$

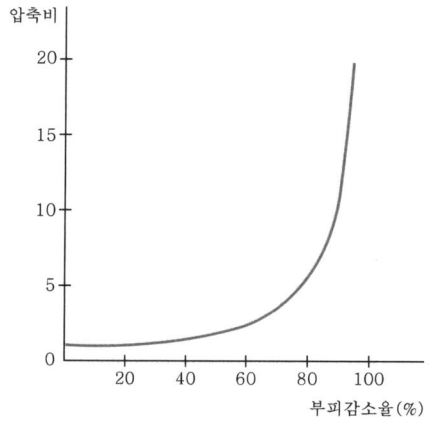

∥ CR과 VR의 관계 ∥

## 핵심이론 3 | 균등계수·곡률계수와 Rosin-Rammler model

### (1) 균등계수★★

유효입경에 대한 처리물 중량백분율 60%가 통과하는 입경의 비율

$$C_u = \frac{D_{60}}{D_{10}}$$

여기서, $C_u$ : 균등계수
$D_{60}$ : 처리물 중량백분율 60%가 통과하는 입경
$D_{10}$ : 처리물 중량백분율 10%가 통과하는 입경

### (2) 곡률계수

유효입경과 중량백분율 60%가 통과하는 입경에 대한 중량백분율 30%가 통과하는 입경의 제곱의 비율

$$C_g = \frac{D_{30}^2}{D_{10} \cdot D_{60}}$$

여기서, $C_g$ : 곡률계수
$D_{60}$ : 처리물 중량백분율 60%가 통과하는 입경
$D_{30}$ : 처리물 중량백분율 30%가 통과하는 입경
$D_{10}$ : 처리물 중량백분율 10%가 통과하는 입경

> **용어**
> - 평균입경($dp_{50}$, 중위경, 메디안경) : 입도분포곡선에서 중량백분율 50%에 해당하는 입경
> - 유효입경($dp_{10}$) : 입도분포곡선에서 중량백분율 10%에 해당하는 입경
> - 특성입경($dp_{63.2}$) : 입도분포곡선에서 중량백분율 63.2%에 해당하는 입경

### (3) Rosin-Rammler model★

$$y = f(x) = 1 - \exp\left[-\left(\frac{x}{x_0}\right)^n\right]$$

여기서, $y$ : $x$ 보다 작은 크기의 폐기물 총 누적무게분율
$x$ : 폐기물 입자 크기
$x_0$ : 특성입자 크기(63.2%가 통과할 수 있는 체 눈의 크기)
$n$ : 상수

## 핵심이론 4 | 에너지 소모량 관련 법칙

$$\frac{dE}{dL} = -CL^{-n}$$

여기서, $E$ : 폐기물의 파쇄에너지
$L$ : 입자의 크기
$C, n$ : 상수

### (1) Kick의 법칙($n=1$)

파쇄기에 의한 생활폐기물의 1차 거친 파쇄 및 폐기물 입자를 작게(3cm 미만) 파쇄할 때 적합하다.

$$E = C\ln\left(\frac{L_1}{L_2}\right)$$

여기서, $E$ : 폐기물의 파쇄에너지, $C$ : 상수
$L_1$ : 초기 폐기물의 크기
$L_2$ : 나중 폐기물의 크기

### (2) Bond의 법칙($n=1.5$)

습식 미분쇄, 건식 조쇄에 적합하다.

$$E = C\left(\frac{1}{\sqrt{D_2}} - \frac{1}{\sqrt{D_1}}\right)$$

여기서, $E$ : 폐기물의 파쇄에너지, $C$ : 상수
$D_1$ : 파쇄 전 입자의 크기
$D_2$ : 파쇄 후 입자의 크기

### (3) Rittinger의 법칙($n=2$)

거칠게 파쇄하는 공정에 적합하다.

$$E = C\left(\frac{1}{L_2} - \frac{1}{L_1}\right)$$

여기서, $E$ : 폐기물의 파쇄에너지, $C$ : 상수
$L_1$ : 초기 폐기물의 크기
$L_2$ : 나중 폐기물의 크기

| 핵심이론 5 | 폐기물의 압축기와 파쇄기 |

## (1) 폐기물 압축기의 종류별 특성

| 종류 | 특성 |
|---|---|
| 고정식 압축기<br>(stationary compactors) | • 폐기물을 호퍼로 투입시키고 압축피스톤으로 밀어 넣어 압착하는 과정을 반복하며 부피를 줄이는 방식으로, 수압에 의한 압축을 함<br>• 수평식·수직식으로 구분 |
| 백 압축기<br>(bag compactors) | • 수평식·수직식, 수동식·자동식, 다단식·1단식, 연속식·회분식으로 구분<br>• 회분식 : 투입량을 일정량씩 수회 분리하여 간헐적인 조작을 행하는 방식 |
| 소용돌이식 압축기<br>(console compactor),<br>수직식 압축기<br>(vertical compactor) | 압축피스톤을 유압 또는 공기에 의해 작동시키거나 기계적으로 작동시키는 방식 |
| 회전식 압축기<br>(rotary compactor) | 회전판 위에 열린 상태로 놓여 있는 백과 압축피스톤의 조합으로 구성된 압축기 |
| 저압 압축기<br>(low pressure compactor) | • 압력강도 : 700kN/m$^2$ 이하<br>• 캔류, 병류를 약 2.4atm 정도에서 압축 |
| 고압 압축기<br>(high pressure compactor) | • 압력강도 : 700~35,000kN/m$^2$<br>• 폐기물 밀도를 1,600kg/m$^3$까지 압축 가능(경제적 압축밀도는 1,000kg/m$^3$) |

## (2) 폐기물 파쇄기의 종류별 특성

| 종류 | | 특성 |
|---|---|---|
| 건식 | 전단식<br>파쇄기 | • 주로 고정칼과 회전칼의 교합으로 폐기물을 전단하는 방식<br>• 충격식 파쇄기에 비해 파쇄속도는 느리나, 이물질의 혼입에 약함<br>• 파쇄물의 크기를 고르게 할 수 있음<br>• 목재류, 플라스틱류, 종이류 등을 파쇄하는 데 주로 이용 |
| | 충격식<br>파쇄기 | • 중심축 주위를 고속 회전하는 해머의 충격으로 파쇄하는 장치로, 주로 회전식을 사용<br>• 유리, 목재류 등을 파쇄하는 데 주로 이용하며, 대량 처리가 가능<br>• 금속, 고무, 연질 플라스틱류의 파쇄에는 부적합 |
| | 압축식<br>파쇄기 | • 압착력을 이용하여 파쇄하는 장치로, Rotary mill식, Impact crusher 등을 사용<br>• 마모가 적고, 비용이 적게 소요<br>• 목재류, 플라스틱류, 건축폐기물 등을 파쇄하는 데 주로 이용<br>• 금속, 고무, 연질 플라스틱류의 파쇄에는 부적합 |
| 습식 | 냉각<br>파쇄기 | • 드라이아이스 또는 액체 질소를 냉매로 사용하는 방식<br>• 투자비가 커 특수용도로 주로 활용<br>• 복합재질의 선택 파쇄와 상온에서 파쇄하기 어려운 물질의 파쇄 가능<br>• 파쇄에 소요되는 동력이 작고, 파쇄기의 발열 및 열화를 방지<br>• 입도를 작게 할 수 있으며, 유기물을 고순도·고회수율로 회수 가능 |
| | 회전드럼식<br>파쇄기 | • 폐기물의 강도차를 이용하여 파쇄하는 장치<br>• 파쇄와 분별을 동시에 하는 방식으로, 회전드럼과 내부 구동장치로 구성 |
| | 습식 펄퍼 | • 쓰레기를 물과 섞어 잘게 부순 다음, 다시 물과 분리시켜 처리하는 방식<br>• 소음, 분진 등을 방지 |

## 핵심이론 6   선별방법의 구분

### (1) 손 선별

| 종류 | 특성 |
|---|---|
| 고무벨트식 | 고운 물질의 운반에는 적합하지만, 생쓰레기에는 부적합한 방식<br>※ 벨트의 경사각 : 통상 20° 이하 |
| 진동식 | 물질의 흐름을 고르게 해주는 방식 |
| 공기식 | 병원, 대형 빌딩 등에서 봉투에 넣은 생쓰레기의 수송 시 사용하는 방식 |
| 나사식 | 폐기물 저장시설에서 사용하는 방식 |

 참고

**인력 선별의 특징**
- 사람의 손을 이용한 수동 선별로, 컨베이어벨트 한쪽·양쪽에 사람이 서서 선별한다.
- 기계적인 선별보다 작업량이 떨어질 수 있지만, 선별의 정확도가 높다.
- 유입 전 폭발 가능 위험물질을 분류할 수 있다.

### (2) 스크린 선별★★★

| 종류 | 특성 |
|---|---|
| 회전스크린 | • 도시 폐기물의 선별에 많이 사용하는 방식<br>• 대표적인 종류로 트롬멜 스크린이 있음<br>  – 직경 3m 정도의 많이 사용하는 스크린<br>  – 선별효율이 좋고, 유지관리상의 문제가 적음<br>  – 길이가 길면 효율은 증가하지만, 소요동력이 커짐<br>  – 최적속도＝임계속도×0.45 $\left(\text{이때, 임계속도}=\sqrt{\dfrac{g}{4\pi^2 r}}\right)$ |
| 진동스크린 | • 골재 분리에 많이 사용하는 방식<br>• 체 눈이 막히는 문제가 발생할 수 있음 |

 참고

**회전스크린의 선별효율에 영향을 주는 인자**
- 회전속도(도시 폐기물은 5~6rpm이 적정)
- 폐기물의 부하, 특성
- 체 눈의 크기
- 직경
- 경사도(주로 2~3°)

## (3) 기타 선별방법

| 종류 | 특성 |
|---|---|
| 풍력선별<br>(air classifier) | • 종이, 플라스틱류와 같은 가벼운 물질과 유리, 금속 등의 무거운 물질을 분리하는 데 효과적인 방법<br>• 종류 : 지그재그(zigzag) 공기선별기(칼럼의 난류를 발달시켜 선별효율을 증진시킨 것) |
| 자력선별<br>(magnetic field) | • 폐기물 중 철 성분을 회수하기 위해 사용하는 방법<br>• 자력선별의 과정 : 폐기물 → 저장 → 분쇄 → 자석선별 → 공기선별 → 사이클론 |
| 광학선별<br>(optical sorting) | • 돌, 코크스 등의 불투명한 것과 유리와 같은 투명한 물질의 분리에 이용하는 방법<br>• 입자는 기계적으로 투입됨<br>• 광학적으로 조사하며, 조사결과는 전기·전자적으로 평가됨 |
| 와전류선별<br>(eddy current) | • 철, 구리, 유리가 혼합된 폐기물에서 각각의 물질을 분리할 수 있는 방법<br>• 금속과 비금속을 구분하여 폐기물 중 비철금속 등을 선별·회수<br>• 패러데이 법칙을 기초로 함 |
| 관성선별<br>(inertial separation) | 폐기물을 가벼운 것과 무거운 것으로 분리하기 위하여 중력이나 탄도학을 이용한 선별방법 |
| 스토너<br>(stoner) | • 밀 등의 곡물에서 돌과 같은 이물질을 제거하기 위하여 고안된 방법<br>• 약간 경사진 판에 진동을 주어 무거운 것이 빨리 경사판 위로 올라가는 원리를 이용한 폐기물 선별장치<br>• 공기가 유입되는 다공 진동판으로 구성<br>• 상당히 좁은 입자 크기분포 범위 내에서 밀도선별기로 작용 |
| 세카터<br>(secator) | 물렁거리는 가벼운 물질로부터 딱딱한 물질을 선별하는 데 사용하는 선별·분류법 |
| 지그<br>(jigs) | 스크린상에서 비중이 다른 입자의 층을 통과하는 액류를 상하로 맥동시켜 층의 수축·팽창을 반복하여 무거운 입자는 하층으로, 가벼운 입자는 상층으로 이동시켜 분리하는 중력 분리방법 |
| 테이블<br>(table) | 물질의 비중 차이를 이용하여 가벼운 것은 왼쪽, 무거운 것은 오른쪽으로 분류하는 방법 |

 정리

폐기물의 선별원리에 따른 선별방법

| 선별원리 | 선별방법 |
|---|---|
| 입자 크기 차이 | 스크린선별 |
| 비중 차이 | 풍력선별, 습식선별 |
| 투과율 차이 | 광학선별 |
| 전기전도도 및 자성 차이 | 자력선별, 와전류선별 |

## 핵심이론 7 | 선별효율 계산

**(1) Worrell의 선별효율★★★**

$$E(\%) = x_{회수율} \times y_{기각률} = \left(\frac{x_2}{x_1} \times \frac{y_3}{y_1}\right) \times 100$$

**(2) Rietema의 선별효율★★★**

$$E(\%) = x_{회수율} - y_{회수율} = \left(\frac{x_2}{x_1} - \frac{y_2}{y_1}\right) \times 100$$

여기서, $E$ : 선별효율
$x_1$ : 총 회수대상 물질
$x_2$ : 회수된 회수대상 물질
$y_1$ : 총 제거대상 물질
$y_3$ : 회수된 제거대상 물질
$y_2$ : 제거된 제거대상 물질

## 핵심이론 8 | 슬러지의 구성

**(1) 슬러지의 성분★★★**

- 슬러지(SL) = 고형물(TS) + 수분(W)
- 고형물(TS) = 유기물(VS) + 무기물(FS)

**(2) 슬러지의 비중과 부피★★★**

① 슬러지 비중

$$\frac{100}{\rho_{SL}} = \frac{TS\,함량}{\rho_{TS}} + \frac{W\,함량}{\rho_W}$$

여기서, $\rho_{SL}$ : 슬러지의 밀도
$\rho_{TS}$ : 고형물의 밀도
$\rho_W$ : 물의 밀도

② 슬러지 부피★★★

$$V_1(100 - W_1) = V_2(100 - W_2)$$

여기서, $V_1$ : 처리 전 슬러지의 부피(무게)
　　　　$V_2$ : 처리 후 슬러지의 부피(무게)
　　　　$W_1$ : 처리 전 슬러지의 함수율
　　　　$W_2$ : 처리 후 슬러지의 함수율

 정리

슬러지 처리의 계통
유입 → 농축 → 안정화(소화) → 개량 → 탈수 → 건조 → 소각 → 처분

(3) 슬러지의 수분 결합상태
① **간극수** : 큰 고형물 입자 간극에 존재하는 수분(가장 많은 양을 차지)
② **표면부착수** : 슬러지의 입자 표면에 부착되어 있는 수분
③ **모관결합수** : 미세한 슬러지 고형물의 입자 사이에 존재하는 수분으로, 모세관현상을 일으켜서 모세관압으로 결합하는 것
④ **내부수(내부보유수)** : 슬러지의 입자를 형성하는 세포의 세포액으로 존재하는 수분

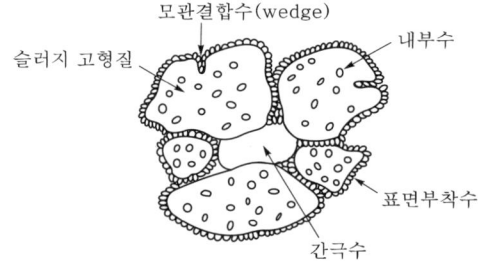

┃슬러지의 수분 함유 형태┃

 정리

슬러지의 수분 결합상태에 따른 탈수성의 크기
간극수 > 모관결합수 > 표면부착수 > 내부수

### 핵심이론 9 | 슬러지의 농축

**(1) 농축의 역할**

수처리시설에서 발생한 저농도 슬러지를 농축한 다음, 슬러지 소화·탈수를 효과적으로 기능하게 한다.

**(2) 농축의 목적**

① 소화조의 용적 절감
② 슬러지 가열비 절감
③ 개량에 필요한 화학약품 절감

**(3) 슬러지의 함수율**

$$H_w = \frac{\text{슬러지 중 수분 중량}}{\text{슬러지 중 수분 중량} + \text{슬러지 중 건조고형물량}} \times 100$$

여기서, $H_w$ : 슬러지 함수율(%)

**(4) 슬러지 농축방법의 구분**

| 구분 | 중력식 농축 | 부상식 농축 | 원심분리 농축 | 중력벨트 농축 |
|---|---|---|---|---|
| 설치비 | 큼 | 중간 | 작음 | 작음 |
| 설치면적 | 큼 | 중간 | 작음 | 중간 |
| 부대설비 | 적음 | 많음 | 중간 | 많음 |
| 동력비 | 작음 | 중간 | 큼 | 중간 |
| 장점 | • 구조가 간단<br>• 유지관리 용이<br>• 1차 슬러지에 적합<br>• 저장과 농축이 동시에 가능<br>• 약품을 사용하지 않음 | • 잉여 슬러지에 효과적<br>• 약품 주입 없이도 운전 가능 | • 잉여 슬러지에 효과적<br>• 운전 조작이 용이<br>• 악취가 적음<br>• 연속 운전 가능<br>• 고농도로 농축 가능 | • 잉여 슬러지에 효과적<br>• 벨트 탈수기와 같이 연동 운전 가능<br>• 고농도로 농축 가능 |
| 단점 | • 악취 문제 발생<br>• 잉여 슬러지 농축에 부적합<br>• 잉여 슬러지의 경우 소요면적이 큼 | • 악취 문제 발생<br>• 소요면적이 큼<br>• 실내에 설치할 경우 부식 문제 발생 | • 동력비가 높음<br>• 스크루(screw)의 보수가 필요<br>• 소음이 큼 | • 악취 문제 발생<br>• 소요면적이 큼<br>• 규격(용량)이 한정됨<br>• 별도의 세정장치 필요 |

# 핵심이론 10 | 슬러지의 혐기성 소화

## (1) 혐기성 소화의 원리

용존산소가 존재하지 않는 환경에서 유기물이 미생물에 의해 분해되는 과정으로, 유기물은 가수분해되어 고분자 물질을 저분자화시키고, 이 생성물은 산 생성공정에서 유기산과 저급 지방산을 생성하며, 이후 메테인 생성단계에서 메테인 생성균에 의해 메테인 60~70%, 이산화탄소 30~40%가 생성된다.

> **참고**
>
> 이론적 혐기성 반응식
> $$C_aH_bO_cN_d + \left(\frac{4a-b-2c+3d}{4}\right)H_2O \rightarrow \left(\frac{4a+b-2c-3d}{8}\right)CH_4 + \left(\frac{4a-b+2c+3d}{8}\right)CO_2 + dNH_3$$

## (2) 혐기성 분해단계

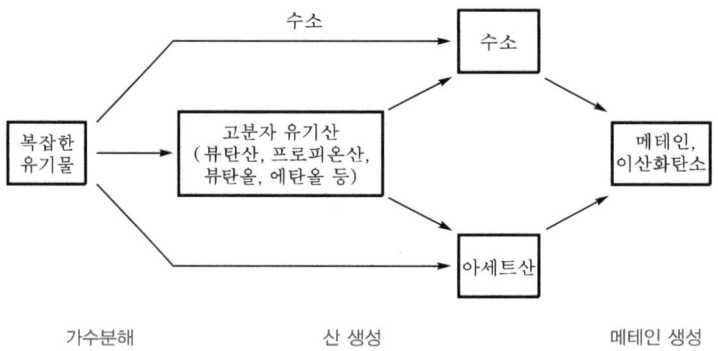

$$4H_2 + CO_2 \rightarrow CH_4 + 2H_2O$$
$$CH_3COOH \rightarrow CH_4 + CO_2$$

### (3) 혐기성 소화의 장단점(호기성 소화와 비교)★

| 장점 | 단점 |
| --- | --- |
| • 유효한 자원($CH_4$) 생성<br>• 슬러지 생성량이 적음<br>• 동력이 적게 소모됨<br>• 유지관리비가 적게 듦<br>• 슬러지 탈수성이 양호함<br>• 병원균 사멸률이 높음<br>• 유기물 농도가 높아도 낮은 에너지로 처리 가능 | • 악취($H_2S$, $NH_3$, $CH_3SH$) 발생<br>• 처리수의 수질이 나쁨<br>• 반응조의 크기가 큼<br>• 초기 운전 시 온도, 부하량에 대한 적응시간이 오래 걸림 |

### (4) 혐기성 소화의 목적

① 유기물을 분해시킴으로써 슬러지를 안정화시킨다.
② 병원균을 죽일 수 있다.
③ 이용가치가 있는 가스를 얻을 수 있다.
④ 슬러지의 무게·부피를 감소시킨다.

### (5) 소화율과 소화조 용적

① 소화율

$$소화율(\%) = \left(1 - \frac{VSS_f / FSS_f}{VSS_s / FSS_s}\right) \times 100$$

여기서, $VSS_f$ : 소화 후 휘발성 부유물질
$FSS_f$ : 소화 후 강열잔류 부유물질
$VSS_s$ : 유입 휘발성 부유물질
$FSS_s$ : 유입 강열잔류 부유물질

② 소화조 용적

$$V = \left(\frac{Q_1 + Q_2}{2}\right) \times t$$

여기서, $V$ : 소화조 용적
$Q_1$ : 소화 전 분뇨($m^3$/day)
$Q_2$ : 소화 후 분뇨($m^3$/day)
$t$ : 소화 일수

## 핵심이론 11 | 슬러지의 개량과 탈수

(1) 슬러지의 개량방법

| 슬러지<br>개량법 | 단위<br>공정 | 기능 | 특징과 원리 |
|---|---|---|---|
| 고분자<br>응집제<br>첨가 | 농축<br>탈수 | 슬러지 발생량, 케이크의 고형물 비율 및 고형물의 부하·농도·회수율 개선 | • 슬러지는 안정한 콜로이드상의 현탁액으로, 이것을 불안정하게 하는 것이 약품의 기능이다.<br>• 결합수의 분리, 표면전하의 제거 등의 역할도 한다.<br>• 슬러지 입자는 공유결합, 이온결합, 수소결합, 쌍극자결합 등을 형성함으로써 전하를 뺏기도 하고 얻기도 한다.<br>• 슬러지의 응결을 촉진하며, 슬러지 성상을 그대로 두고 탈수성·농축성의 개선을 도모한다. |
| 무기약품<br>첨가 | 탈수 | 슬러지 발생량, 케이크의 고형물 비율 및 고형물 회수율 개선 | • 금속이온(제2철, 제1철, 알루미늄)은 수중에서 가수분해하여 큰 전하와 중합체의 성질을 갖고, 그 결과 부유물에 대한 전하 중화작용과 부착성을 갖는다.<br>• 무기약품은 슬러지의 pH를 변화시켜 무기질 비율을 증가시키고, 안정화를 도모한다. |
| 세정 | 탈수 | 약품 사용량 감소 및 농축률 증대 | 슬러지 양의 2~4배 가량의 물을 첨가하여 희석시키고 일정시간 침전 농축시킴으로써 혐기성 소화 슬러지의 알칼리도를 감소시켜 산성 금속염의 주입량을 감소시킨다. |
| 열처리 | 탈수 | • 약품 사용량 감소 또는 불필요<br>• 슬러지 발생량, 케이크의 고형물 비율 및 안정화 개선 | • 130~210℃에서 17~28kg/cm²의 압력으로 슬러지의 질과 조성에 변화를 준다.<br>• 미생물 세포를 파괴해 주로 단백질을 분해하고 세포막을 파편으로 한다.<br>• 유기물의 구조변화를 일으킨다.<br>• 슬러지 성분의 일부를 용해시켜 탈수 개선을 도모한다. |
| 소각재(ash)<br>첨가 | 탈수 | • 벨트 진공 탈수기의 케이크 박리 개선<br>• 가압 탈수기의 탈수성 개선<br>• 약품 사용량 감소 | 슬러지 소각재에는 무기성 물질이 다량 함유되어 있으므로 이를 재이용하여 무기성 응집 보조제로 탈수성을 증대시키는 개량제로 사용하면 소화 슬러지의 함수율을 감소시키고 응결핵으로 작용한다. |

(2) 탈수기의 종류별 특징

| 항목 | 가압탈수기 | | 벨트프레스<br>(belt press)<br>탈수기 | 원심탈수기 |
|---|---|---|---|---|
| | 필터프레스<br>(filter press) | 스크루프레스<br>(screw press) | | |
| 유입 슬러지<br>고형물 농도 | 2~3% | 0.4~0.8% | 2~3% | 0.8~2% |
| 케이크 함수율 | 55~65% | 60~80% | 76~83% | 75~80% |
| 용량 | 3~5kgDS/m²·hr | - | 100~150kgDS/m·hr | 1~150m³/hr |
| 소요면적 | 많음 | 적음 | 보통 | 적음 |
| 약품 주입률<br>(고형물당) | • Ca(OH)₂ 25~40%<br>• FeCl₃ 7~12% | • 고분자 응집제 1%<br>• FeCl₃ 10% | 고분자 응집제<br>0.5~0.8% | 고분자 응집제<br>1% 정도 |
| 세척수 | • 수량 : 보통<br>• 수압 : 6~8kg/cm² | 보통 | • 수량 : 많음<br>• 수압 : 3~5kg/cm² | 적음 |
| 케이크의<br>반출 | 사이클마다 여포실<br>개방과 여포 이동에<br>따라 반출 | 스크루 가압에 의한<br>연속 반출 | 여포의 이동에 의한<br>연속 반출 | 스크루에 의한<br>연속 반출 |
| 소음 | 보통(간헐적) | 적음 | 적음 | 보통 |
| 동력 | 많음 | 적음 | 적음 | 많음 |
| 부대장치 | 많음 | 많음 | 많음 | 적음 |
| 소모품 | 보통 | 많음 | 적음 | 적음 |

 정리

개량과 탈수의 역할
• 개량 : 슬러지의 특성을 개선하여 슬러지의 물리적·화학적 특성을 바꿔, 탈수량과 탈수율을 증가시킨다.
• 탈수 : 슬러지의 최종처분 전 부피를 감소시켜 취급이 용이하도록 하며, 용량을 1/5~1/10로 감소시킨다.

## 핵심이론 12 | 고형화(고화)의 주요 특징

### (1) 고형화의 목적★★
① 폐기물 내 오염물질의 용해도를 감소시킨다.
② 오염물질의 손실과 전달이 발생할 수 있는 표면적을 감소시킨다.
③ 폐기물을 다루기 용이하게 한다.
④ 폐기물의 독성을 감소시킨다.

### (2) 고형화의 장단점★★

| 장점 | 단점 |
|---|---|
| • 건설비가 저렴함 | • 넓은 부지면적이 필요함 |
| • 하수의 성상 변화에 적용성이 우수함 | • 고화물의 시장 안정성이 낮음 |
| • 전반적으로 환경영향이 적음 | • 고화체 등 부자재 투입으로 인해 감량효과가 적음 |
| • 폐기물의 물리적 성질 변화로 취급이 용이해짐 | • 처리 부산물을 재이용하지 못하면 추가 처분비가 필요함 |
| • 폐기물 내 오염물질의 용해도가 감소함 | • 열을 이용한 처리방안보다 처리주기가 긴 편임 |
| • 매립지 복토재 등에 재이용이 가능함 | • 슬러지 고화에 대한 자료가 부족함 |

### (3) 혼합률과 부피변화율의 계산

① 혼합률(MR)

$$MR = \frac{M_S}{M_W}$$

여기서, $M_S$ : 고화체의 질량, $M_W$ : 폐기물의 질량

② 부피변화율(VCF)

$$VCF = \frac{V_F}{V_S}$$

여기서, $V_F$ : 고화 처리 후 폐기물의 부피, $V_S$ : 고화 처리 전 폐기물의 부피

**정리**

부피변화율과 혼합률 관계
$$VCF = \frac{V_F}{V_S} = \frac{(M_S + M_W) \div \rho_F}{M_W \div \rho_S} \Rightarrow M_W\text{로 나눔}$$
$$\frac{(MR+1) \div \rho_F}{1 \div \rho_S} = \frac{(MR+1)\rho_S}{\rho_F}$$
여기서, $\rho_F$ : 고화 처리 후 폐기물의 밀도, $\rho_S$ : 고화 처리 전 폐기물의 밀도

## 핵심이론 13 | 고형화의 종류와 처리방법

### (1) 무기성·유기성 고형화의 특징 비교

| 구분 | 무기성 고형화 | 유기성 고형화 |
|---|---|---|
| 특징 | • 처리비용 저렴<br>• 수용성은 작지만, 수밀성은 양호<br>• 다양한 산업폐기물에 적용 용이<br>• 독성이 적고, 고형화 재료 확보에 용이<br>• 상압·상온에서 처리 용이<br>• 물리·화학적 안정성 양호<br>• 기계적·구조적 특성 양호<br>• 고형화 재료에 따라 다양한 형태로 고화체의 체적 증가 | • 처리비용 고가<br>• 수밀성이 매우 커 다양한 폐기물에 적용 용이<br>• 방사성 폐기물을 제외한 기타 폐기물에 대한 적용 제한<br>• 소수성임<br>• 폐기물의 특정 성분에 의한 중합체 구조의 장기적인 약화 가능<br>• 최종 고화체의 체적 증가 다양<br>• 미생물, 자외선에 대한 안전성 약함 |
| 종류 | 시멘트기초법, 유리화법, 자가시멘트법, 석회기초법 | 열가소성 플라스틱법, 유기중합체법, 피막형성법 |

### (2) 무기성 고형화 처리방법의 장단점★

| 처리방법 | 장점 | 단점 |
|---|---|---|
| 시멘트기초법 | • 고농도의 중금속 폐기물 처리에 적합<br>• 원료가 풍부하고, 값이 저렴<br>• 폐기물의 건조나 탈수가 필요 없음<br>• 고형화 재료로 포틀랜드시멘트 이용<br>• 시멘트 혼합과 처리기술이 잘 발달됨 | • 시멘트 내 알칼리가 암모니아가스와 함께 암모니아이온으로 빠져나옴<br>• 폐기물의 무게 및 부피 증가<br>• 코팅되지 않은 시멘트 기초 제품은 매립을 위하여 설계가 잘 된 매립장이 필요 |
| 유리화법 | • 첨가제의 비용이 비교적 저렴<br>• 2차 오염물질 발생이 거의 없음 | • 에너지 집약적<br>• 특수장치에 숙련된 인원이 필요 |
| 자가시멘트법 | • 혼합률(MR)이 낮고, 중금속 저지에 효과적<br>• 탈수 등 전처리가 필요 없음<br>• 고농도 황 함유 폐기물에 적합 | • 보조 에너지가 필요<br>• 장치비가 비쌈<br>• 숙련된 기술이 필요 |
| 석회기초법 | • 두 가지 폐기물의 동시 처리 가능<br>• 공정 운전이 간단·용이하고, 탈수가 필요 없음<br>• 석회 가격이 싸고, 널리 이용됨 | • 최종처분물질의 양이 증가<br>• pH가 낮을 경우 폐기물 성분의 용출 가능성이 증가 |

> **참고**
> 
> • 시멘트기초법의 주요 성분 : $CaO$, $SiO_2$
> • 포틀랜드시멘트의 주요 성분 : $CaO$, $SiO_2$, $Al_2O_3$, $Fe_2O_3$, $CaSO_4$
> (보통 포틀랜드시멘트의 주성분은 $CaO$와 $SiO_2$이며, 가장 많이 함유된 성분은 $CaO$이다.)

(3) 유기성 고형화 처리방법의 장단점★

| 처리방법 | 장점 | 단점 |
|---|---|---|
| 열가소성 플라스틱법 | • 고화 처리된 폐기물 성분을 나중에 회수하여 재활용이 가능함<br>• 용출 손실률이 시멘트기초법보다 낮음<br>• 대부분의 매트릭스 물질은 수용액 침투에 저항성이 큼 | • 높은 온도에서 분해되는 물질에는 사용 불가<br>• 혼합률(MR)이 비교적 높음<br>• 에너지 요구량이 큼<br>• 처리과정 중 화재가 발생할 수 있음<br>• 고도의 숙련된 기술이 필요함 |
| 유기중합체법 | • 혼합률(MR)이 비교적 낮음<br>• 저온도 공정 | • 고형 성분만 처리가 가능함<br>• 고화 처리된 폐기물의 처분 시 2차 용기에 넣어서 매립 필요<br>• 중합에 사용되는 촉매는 부식성이 상당하여 특별한 혼합장치와 용기 라이너가 필요 |
| 피막형성법 | • 혼합률(MR)이 비교적 낮음<br>• 침출성이 낮음 | • 에너지 요구량이 큼<br>• 피막 형성을 위한 수지 가격이 고가<br>• 처리과정 중 화재가 발생할 수 있음<br>• 고도의 숙련된 기술이 필요함 |

## 핵심이론 14 | 소각의 주요 특징

(1) 소각의 정의

소각(incineration)은 폐기물을 불에 태워 기체 중에 고온 산화시키는 중간처리방법 중 하나로, 폐기물을 땅속에 묻는 것보다 부피 95% 이상, 무게 80% 이상을 줄일 수 있어 매립공간을 절약할 수 있는 효과적인 처리방법으로 사용된다.

(2) 소각의 처리공정도

폐기물 반입 → 소각로에 투입 → 소각로 → 비산재 처리시설 → 폐열 보일러
             (크레인 이용)   (850℃ 이상)

(3) 소각의 장단점

| 장점 | 단점 |
|---|---|
| • 부피와 무게를 줄여 매립공간 절약 가능<br>• 부패성 유기물, 병원균 등의 무해화<br>• 열에너지 회수 가능<br>• 기후에 영향을 받지 않음<br>• 의료폐기물 처리 가능<br>• 도시의 중심부에 설치 가능 | • 폭발 위험성이 있음<br>• 건설비가 많이 듦<br>• 유지관리비 및 운전비가 많이 듦<br>• 고도의 운전기술이 요구됨<br>• 질소산화물 및 황산화물 발생 |

## 핵심이론 15 | 열분해의 주요 특징

### (1) 열분해의 정의

열분해(pyrolysis)는 폐기물을 무산소상태 또는 공기가 부족한 상태에서 열(400~1,500℃)을 이용해 유용한 연료(기체, 액체, 고체)로 변형시키는 공정이다.
※ 저온법(400~900℃, 열분해), 고온법(1,100~1,500℃, 가스화)

### (2) 열분해 생성물

① 기체 : 수소($H_2$), 메테인($CH_4$), 일산화탄소(CO), 암모니아($NH_3$), 황화수소($H_2S$) 등
② 액체 : 식초산, 아세톤, 오일, 메탄올, 타르, 방향성 물질 등
③ 고체 : 탄소(char), 불연성 물질 등

### (3) 열분해의 영향인자

① 온도 : 온도가 증가할수록 수소($H_2$) 함량이 증가하고, 이산화탄소($CO_2$) 함량이 감소한다.
② 입자 크기 : 폐기물 입자 크기가 작을수록 쉽게 열분해된다.
③ 수분 함량 : 수분 함량이 많을수록 많은 시간 소요된다.
④ 가열속도 : 가열속도가 빠를수록 기체 생성량이 증가한다.
⑤ 압력 : 압력이 높을수록 생성물이 응축되어 액체 생성량이 증가한다.

### (4) 열분해의 장단점

| 장점 | 단점 |
| --- | --- |
| • 불균일한 폐기물을 안정적으로 처리함<br>• 대기로 방출되는 가스가 적음<br>• 생성되는 오일, 가스의 재자원화 가능<br>• 배기가스 중 질소산화물, 염화수소의 양이 적음<br>• 환원성 분위기로 3가크로뮴($Cr^{3+}$)이 6가크로뮴($Cr^{6+}$)으로 변화하지 않음<br>• 황분, 중금속분이 재(회분) 중에 고정됨 | • 처리비용이 많이 듦<br>• 반응이 활발하지 않음<br>• 흡열반응이므로 외부로부터 열공급이 필요함<br>• 반응생성물을 연료로 이용하기 위해 별도의 정제장치가 필요함<br>• 반응기 전체를 밀폐해야 함<br>• 회분식 운전방법으로 연속 투입이 불가능 |

### (5) 열분해장치의 종류

| 구분 | 특징 |
| --- | --- |
| 고정상 열분해장치 | 분쇄되었거나 분쇄되지 않은 폐기물을 투입하여 건조, 열분해과정을 거쳐 열분해가스와 열분해 고형물로 배출하는 장치 |
| 유동층 열분해장치 | 폐기물을 분쇄하여 상부로부터 투입하고, 유동화되면서 유동층에서 열분해되는 장치 |
| 화격자식 열분해장치 | 폐기물을 화격자로에 투입하고, 고온 용융 가스의 복사열과 부분연소에 의해 열분해가 일어나도록 하는 장치 |
| 회전로식 열분해장치 | 공기가 부족한 상태에서 회전로를 이용하여 열분해시키는 장치 |

## 핵심이론 16 | 폐기물 매립지의 선정

### (1) 입지 선정 기준항목

| 구분 | 기준항목 |
|---|---|
| 지형 | • 덮개 흙의 조달 용이도<br>• 우수 배제 용이도<br>• 충분한 부지 확보 가능성<br>• 토공량 |
| 수문지질 | • 바닥층의 토양 특성<br>• 지하수의 용도<br>• 최고지하수위 |
| 위치 | • 교통 편의성<br>• 시각적 은폐<br>• 폐기물의 운반거리 및 수집효율 |
| 생태 | • 수림 상태<br>• 특정 동식물의 서식현황 |
| 토지이용 | • 매립지 주변의 주민 거주현황<br>• 매립지 주변의 토지 이용현황<br>• 매립 후 부지 사용<br>• 지역계획과의 연관성 |
| 기타 | • 바람 방향<br>• 사후관리 용이도<br>• 접근로<br>• 재해에 대한 안전성<br>• 침출수 처리를 위한 인근 폐수처리장의 유무 |

### (2) 입지 선정절차

초기 입지 선정 → 후보지 평가 → 최종 입지 결정

① 초기 입지 선정단계
  ㉠ 기존 자료의 수집 및 분석
  ㉡ 입지 배제기준 검토
  ㉢ 관련 법규 고려
  ㉣ 정책적 사항 고려
  ㉤ 개략적 경제성 분석

② 후보지 평가단계
  ㉠ 현장 조사(보링 조사 포함)
  ㉡ 후보지 등급 결정
  ㉢ 입지 선정기준에 의한 후보지 평가
③ 최종 입지 결정단계
  ㉠ 경제성 분석
  ㉡ 기술적·사회적·경제적 사항의 종합 평가
  ㉢ 최종 입지 선정

(3) 입지 선정 시 검토사항

| 조건 | 검토사항 |
| --- | --- |
| 입지 조건 | • 계획 매립용량의 확보가 가능한 곳<br>• 폐기물 매립지의 진출입로 설치가 쉬운 곳<br>• 폐기물의 수집·운반 효율성이 높은 곳<br>• 인근에 하수 종말처리시설이 있는 곳 |
| 사회적 조건 | • 주거지역으로부터 멀리 떨어져 있을 것<br>• 규제를 받는 지역은 피할 것<br>• 문화재 및 시설물이 많은 곳은 피할 것<br>• 교통량이 많은 곳은 피할 것 |
| 환경적 조건 | • 공사 시 토공량을 최소화할 수 있을 것<br>• 경관의 훼손이 적을 것<br>• 지하수위가 낮고, 토양 투수성이 작을 것<br>• 지형상 재해에 안전하며 매립작업이 용이할 것<br>• 복토재 확보가 용이할 것 |

(4) 입지 선정 시 배제기준

① 100년 빈도의 홍수·범람 지역
② 습지대
③ 지하수위가 1.5m 미만인 지역
④ 단층 지역
⑤ 고고학적 또는 역사학적으로 중요한 지역
⑥ 멸종위기생물 서식지역
⑦ 생태학적 보호지역
⑧ 호소 300m, 공원 및 공공시설 300m, 음용수 수원 600m, 비행장 3,000m 이내 지역

## 핵심이론 17 | 매립공법의 분류

### (1) 매립방법에 따른 분류

| 매립공법 | 특징 |
|---|---|
| 단순매립<br>(비위생매립) | 땅에 구덩이를 파고 폐기물을 묻은 후 흙으로 덮는 방법 |
| 위생매립 | • 폐기물의 부피를 최소화하여 매일 복토로 덮는 방법<br>• 지역법, 경사법, 도랑법, 계곡매립법 등이 있음<br>• 부지 확보가 가능할 경우 가장 경제적인 방법<br>• 거의 모든 종류의 폐기물 처분이 가능<br>• 처분대상 폐기물의 증가에 따른 추가 인원 및 장비가 많지 않음<br>• 사후 부지는 공원, 운동장 등으로 이용 가능<br>• 매립 완료된 매립지는 침하되므로 일정 기간 유지관리가 필요하며, 적절한 위생매립기준을 매일 지켜야 함<br>• 매립 완료된 매립지에 건축을 하기 위해서는 침하에 대비한 특수 설계와 시공이 요구됨<br>• 폐기물 분해 시 폭발성 가스가 생성되어 폐쇄 후 매립지 이용에 장애가 될 수 있음 |
| 안전매립 | 폐기물을 일정하게 쌓아 다진 후 흙을 덮는 방법 |

### (2) 매립구조에 따른 분류

| 매립공법 | 특징 |
|---|---|
| 혐기성 매립 | • 산간지, 저습지에 폐기물을 투기하는 방법<br>• 환경에 미치는 영향이 크며, 하천, 산 등에 불법 투기하는 경우 문제 발생 |
| 혐기성<br>위생매립 | • 폐기물을 2~3m의 높이로 쌓고, 50cm 정도로 복토를 하는 방법<br>• 악취, 파리 발생 및 화재 문제는 해결되지만, 침출수 문제가 발생할 수 있음<br>• BOD와 질소 함량이 높음 |
| 개량 혐기성<br>위생매립 | • 혐기성 위생매립의 침출수 문제 등을 보완하기 위하여, 일반적으로 매립장 밖에 저류조를 설치하고 바닥 저부에 침출수를 배제하는 집수관을 설치하여 오수를 관리하고 대책을 세우는 방법<br>• 현재 시행되고 있는 위생매립의 대부분이 이에 속함 |
| 준호기성 매립 | • 오수를 가능한 빨리 매립지 밖으로 배제하기 위하여, 폐기물층과 저부의 수압을 저감시켜 토양으로의 오수 침투를 방지함과 동시에 집수단계에서 침출수를 정화할 수 있도록 집수장치를 설계한 구조<br>• 개량형 위생매립에 비하여 침출액의 수질이 매립장 내에서 1/5~1/10 정도로 정화됨<br>• 호기성 조건 시 집수장치의 부식 · 마모가 적음 |
| 호기성 매립 | • 매립층에 강제로 공기를 불어 넣어 폐기물을 빠르게 분해하여 안정화시키는 구조<br>• 혐기성 매립에 비해 3배 빠른 속도로 안정화가 진행됨<br>• 매립 종료 1년 후 침출수의 BOD가 가장 낮게 유지되는 매립방법<br>• 폭기를 진행하므로 운전비가 높으며, 적절한 매립 순서와 방법을 사용하여야 함 |

## (3) 매립위치에 따른 분류

| 구분 | 매립공법 | 특징 |
|---|---|---|
| 내륙<br>매립방법 | 도랑형<br>공법 | • 폭 20m, 깊이 10m 정도의 도랑을 판 후 매립하는 방법<br>• 매립지 바닥이 두껍고 복토로 적합한 지역에 이용<br>• 파낸 흙을 복토재로 이용이 가능한 경우 경제적인 매립방법<br>• 사전 정비작업이 거의 필요하지 않으나, 매립용량이 낭비되며 단층 매립만 가능 |
| | 셀<br>공법 | • 매립된 쓰레기 및 비탈에 일일 복토를 하는 방법<br>• 쓰레기 비탈면 경사는 15~25%의 기울기로 하는 것이 좋음<br>• 1일 작업하는 셀(cell) 크기는 매립 처분량에 따라 결정됨<br>• 발생가스 및 매립층 내의 수분 이동이 억제됨<br>• 일일 복토 및 침출수 처리를 통해 위생적인 매립이 가능<br>• 쓰레기의 흩날림 방지, 악취 및 해충의 발생 방지, 화재의 발생·확산 방지<br>• 순차적으로 매립하므로 사용목적에 따라 대응이 가능<br>• 시공이 쉽고 비용이 저렴하며, 제방공사와 동시에 매립을 실시 |
| | 샌드위치<br>공법 | • 폐기물을 수평으로 깔아 압축한 후 복토를 교대로 쌓는 방법<br>• 좁은 산간, 협곡, 폐광산 등의 매립지에서 사용<br>• 복토재의 외부 반입이 필요하며, 압축매립공법에 해당<br>• 폐기물의 운반이 쉬우며, 안정성이 유리 |
| | 압축매립<br>공법 | • 폐기물을 매립하기 전 감용화 목적으로 먼저 압축시킨 후 포장하여 처리하는 방법<br>• 폐기물의 운반이 쉬우며, 지가가 비쌀 경우 유효한 방법<br>• 층별로 정렬하는 것이 보편적이며, 매립 층별로 일일 복토(각 층별 5~10cm)를 실시하고, 최종 복토층의 두께는 1.5~2m 정도임 |
| 해안<br>매립방법 | 수중투기공법,<br>내수배제공법 | • 고립된 매립지 내의 해수를 그대로 둔 채 폐기물을 투기하는 내륙매립과 같은 형태의 방법으로, 오염된 내수를 처리해야 함<br>• 지반 개량이 필요한 지역과 대규모 매립지 등에 적합 |
| | 순차투입<br>공법 | • 호안에서부터 순차적으로 폐기물을 투입하여 육지화를 진행하는 방법<br>• 수심이 깊은 처분장은 건설비 과다로 내수를 완전히 배제하기가 어려워 해당 공법을 사용하는 경우가 많음<br>• 바다 지반이 연약한 경우 폐기물 하중으로 연약층이 유동하거나 국부적으로 두껍게 퇴적되기도 하고, 부유성 쓰레기의 수면 확산에 의해 수면부와 육지부 경계의 구분이 어려워 매립장비가 매몰되기도 함 |
| | 박층뿌림<br>공법 | • 밑면이 뚫린 바지선 등으로 쓰레기를 박층으로 떨어뜨려 뿌려줌으로써 바다 지반의 하중을 균등하게 해주는 방법<br>• 폐기물 지반의 안정화 및 매립부지의 조기 이용에 유리한 방법 |

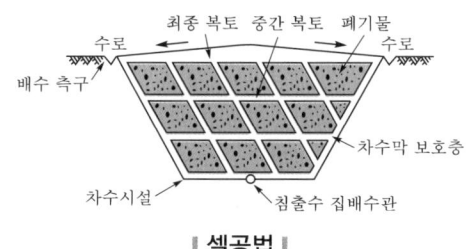

| 셀공법 |

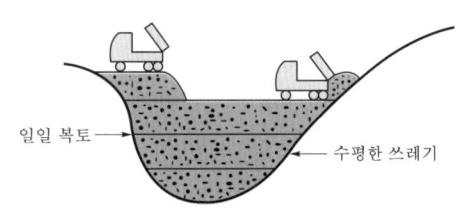

| 샌드위치공법 |

### 핵심이론 18 | 매립가스 발생 메커니즘★

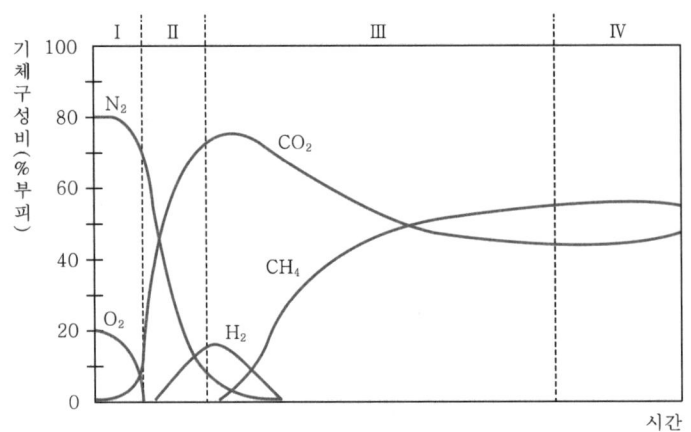

① 호기성 단계(Ⅰ단계)
  ㉠ 매립물의 분해속도에 따라 수일에서 수개월 동안 계속된다.
  ㉡ 주요 생성기체는 $CO_2$이며, $CO_2$는 호기성 반응에 의해 생성되는데, 농도는 높은 경우 90%까지 나타나고, 온도는 70℃ 이상까지 올라가기도 한다.
  ㉢ 폐기물 내 수분이 많은 경우에는 반응이 가속화된다.
  ㉣ $O_2$가 대부분 소모되며, $N_2$의 양이 감소하기 시작한다.

② 혐기성 비메테인 단계(Ⅱ단계)
  ㉠ $CH_4$가 형성되지 않고, $SO_4^{2-}$와 $NO_3^-$가 환원되는 단계이다.
  ㉡ 주로 $CO_2$가 생성되며, 소량의 $H_2$가 생성된다.

③ 메테인 생성·축적 단계(Ⅲ단계)
  ㉠ $CO_2$ 농도가 최대이고, 침출수 pH가 가장 낮은 분해단계이다.
  ㉡ $CH_4$가 생성되는 혐기성 단계로서 온도가 55℃까지 올라간다.
  ㉢ $4H_2 + CO_2 \rightarrow CH_4 + 2H_2O$, $CH_3COOH \rightarrow CH_4 + CO_2$ 반응을 한다.

④ 정상 혐기성 단계(Ⅳ단계)
  $CH_4$와 $CO_2$ 함량이 정상 상태로 거의 일정하다.

## 핵심이론 19 | 침출수의 발생과 처리

### (1) 침출수의 정의

침출수는 폐기물층에 침투하여 통과하면서 폐기물 내 용존물질 또는 부유물질이 추출된 액체로, 매립 초기에는 생분해성이 높은 유기물의 비중이 상대적으로 높아 BOD(2,000~30,000mg/L) 및 COD(3,000~60,000mg/L)의 농도가 높고, 매립 후기에는 점차적으로 낮아진다. 또한 암모니아성 질소, 염분 및 알칼리도의 농도가 높으며, 지정폐기물인 경우 중금속 함량이 높은 경우도 있다.

### (2) 침출수의 발생원

① 폐기물층에 침투한 빗물
② 폐기물층에 침투한 지하수
③ 폐기물에 포함된 수분
④ 폐기물 분해수

### (3) 침출수량의 영향인자

① 표토를 침투하는 강수
② 증발수량
③ 폐기물의 분해율
④ 수분 지체시간
⑤ 지하수위와 지하수 유량
⑥ 지형에 따른 표면 유출량과 침투수량

### (4) 매립 연한에 따른 침출수 수질의 변화

| 구분 | 매립 후 5년 이내 | 매립 후 5~10년 | 매립 후 10년 이상 |
|---|---|---|---|
| $BOD_5/COD$ | > 0.5 | 0.1~0.5 | < 0.1 |
| COD/TOC | > 2.8 | 2.0~2.8 | < 2.0 |
| $COD_{cr}$(mg/L) | > 10,000 | 500~10,000 | < 500 |
| 역삼투 | 보통 | 양호 | 양호 |
| 이온교환수지 | 불량 | 보통 | 보통 |
| 화학적 침전(석회 투여) | 보통 | 불량 | 불량 |
| 화학적 산화 | 보통 | 보통 | 보통 |
| 활성탄 흡착 | 보통 | 보통 | 양호 |
| 생물학적 처리 | 양호 | 보통 | 불량 |

## (5) 침출수의 처리방법

| 구분 | 처리방법 | 특성 |
|---|---|---|
| 물리·화학적 처리 | 화학 응집침전 | • $CaO$, $Al_2(SO_4)_3$, $Fe_2(SO_4)_3$ 등의 약품을 사용<br>• SS, 색도 제거에 효율적<br>• 석회나 가성소다로 침출수의 pH를 증가시킬 때 형성되는 철과 망가니즈 산화물이 침출수 중의 중금속을 흡착·침전시킴<br>• COD 제거에는 비효율적<br>• 슬러지 생산량이 큼 |
| | 활성탄 흡착 | • 1차 처리 후 잔류 유기성 탄소, 중금속 등을 제거하는 데 효과적<br>• 화학적 침전보다 난분해성 유기물 제거에 효율적<br>• 산화제 주입농도가 높아 비경제적 |
| | 역삼투 및 막공법 | • 대부분의 오염물질을 동시에 제거할 수 있는 방법<br>• 직접적인 침출수 처리 시 막힘현상이 있으므로, 생물학적 처리 후 공정을 실시해야 함 |
| | 오존 산화처리 | 상수 처리시설이나 화학폐수 처리시설에 적용 |
| | 펜톤 산화처리 | • 약품으로는 과산화수소($H_2O_2$)와 철염($FeSO_4$)을 사용<br>• 처리방법 : pH 조정조(pH 3~5) → 급속 교반조 → 중화조 → 완속 교반조 → 침전조 |
| 생물학적 처리 | 혐기성 처리 | • 고농도 침출수를 희석 없이 처리할 수 있음<br>• 부산물로 유용한 가스인 메테인가스가 생성됨<br>• 슬러지 발생량이 적음<br>• 암모니아성 질소에 대한 후속 처리가 필요함<br>• 온도, 중금속 등의 영향이 큼 |
| | 활성슬러지공법 | • 폭기조에서 미생물이 분해하여 처리하는 공법<br>• 폭기에 사용되는 동력비가 많음<br>• 질산화를 위해 슬러지 체류시간을 10일 이상 유지해야 함 |
| | MLE 공법 | • 탈질 후 질산화 순서로 이루어지는 공법<br>• 내부 반송에 따른 동력비가 많이 소요됨 |

 참고

침출수 처리 시 방해물질
• COD
• $NH_4-N$
• 중금속 및 염류

## 핵심이론 20 | 침출수 발생량 산정방법

$$Q = \frac{1}{1,000} CIA$$

여기서, $Q$ : 침출수량($m^3$/day)
$C$ : 유출계수
$I$ : 연평균 일강우량(mm/day)
$A$ : 매립지 내 쓰레기 매립면적($m^2$)

### (1) Darcy 법칙

$$Q = kIA$$

여기서, $Q$ : 침출수량($m^3$/day)
$k$ : 투수계수(m/day)
$I$ : 동수경사
$A$ : 매질 내부 단면적($m^2$)

### (2) 침출수 통과 연수★

$$t = \frac{d^2 \times n}{k(d+h)}$$

여기서, $t$ : 침출수 통과 연수(year)
$d$ : 매질의 두께(m)
$n$ : 공극률
$k$ : 투수계수(m/year)
$h$ : 침출수 수두(m)

### (3) Manning 공식★

$$V = \frac{1}{n} \times I^{\frac{1}{2}} \times R^{\frac{2}{3}}$$

여기서, $V$ : 유속(m/sec)
$n$ : 조도계수
$I$ : 강우강도(mm/hr)
$R$ : 경심

## 핵심이론 21 | 매립시설의 설계와 운전관리

### (1) 저류구조물

① 저류구조물의 구비조건
  ㉠ 폐기물의 압력, 저류수의 수압 등 하중에 대한 안정성
  ㉡ 홍수 시 우수 배제조치
  ㉢ 홍수 시 오수 일시저장능력 검토 및 공공수역의 오탁 방지대책

② 저류구조물의 종류
  ㉠ 육상 매립 : 콘크리트 제방, 콘크리트 옹벽, 성토 제방, 강널말뚝
  ㉡ 수면 매립 : 강널말뚝식 호안, 사석 호안, 중력식 호안

③ 저류구조물이 갖추어야 할 기능
  ㉠ 폐기물 유출 및 제방의 붕괴를 방지할 것
  ㉡ 폐기물 계획 매립량을 저류할 수 있을 것
  ㉢ 침출수의 유출 및 누수를 방지할 수 있을 것
  ㉣ 매립지 내 침수 예상 시 안전하게 저수할 것
  ㉤ 매립이 종료된 후 폐기물을 안전하게 저류할 것

### (2) 차수막(차수설비)

① 차수막의 종류별 특징★★

| 연직차수막 | 표면차수막 |
| --- | --- |
| • 수평방향의 차수층 존재 시에 사용<br>• 차수막 보강 시공이 가능<br>• 지하수 집배수시설이 불필요<br>• 공법으로는 어스댐코어 공법, 강널말뚝 공법, 그라우트 공법, 굴착에 의한 차수시트 공법이 있음<br>• 지하 매설로서 차수성 확인이 어려움<br>• 단위면적당 공사비는 비싸지만, 총 공사비는 저렴 | • 매립지 지반의 투수계수가 큰 경우에 사용<br>• 매립 전에는 보수가 용이하나, 매립 후에는 어려움<br>• 지하수 집배수시설이 필요<br>• 단위면적당 공사비는 싸지만, 총 공사비는 고가<br>• 시공 시 차수성을 확인할 수 있지만, 매립 후에는 확인이 어려움 |

② 차수설비의 재료

| 재료 | 구분 | 내용 |
|---|---|---|
| 점토<br>(clay soil) | 특성 | • 입자 직경이 0.002mm 이하인 토양<br>• 양이온 교환능력 등에 의한 오염물질 정화기능이 있음<br>• 점토 재료의 획득이 어려움<br>• 부등침하에 의한 균열이 있음<br>• 투수율이 상대적으로 높음<br>• 침출수 내 오염물질의 흡착능력이 뛰어남<br>• 소성지수(PI) = 액성한계(LL) − 소성한계(PL) |
| | 점토가<br>매립지의 차수막으로<br>적합하기 위한 기준 | • 액성한계 : 30% 이상<br>• 소성지수 : 10% 이상 ~ 30% 미만<br>• 투수계수 : $10^{-7}$cm/sec 미만<br>• 점토 및 미사토 함유량 : 20% 이상<br>• 자갈 함유량 : 10% 미만<br>• 직경이 2.5cm 이상인 입자 함유량 : 0 |
| 합성차수막<br>(FML) | 특성 | • 재료의 가격이 비쌈<br>• 어떤 지반에도 가능하나, 급경사에는 시공 시 주의가 요구됨<br>• 내구성이 높으나, 파손 및 열화 위험이 있으므로 주의가 요구됨 |
| | 결정도(crystallinity)가<br>증가할수록<br>합성차수막이<br>나타내는 성질 | • 인장강도 증가<br>• 열에 대한 저항성 및 화학물질에 대한 저항성 증가<br>• 투수계수 감소<br>• 단단해지고, 충격에 약해짐 |
| 소일믹스처<br>(soil mixture) | 특성 | 토양, 아스팔트, 시멘트, 벤토나이트 등의 혼합물로 만들어진 재료 |

**용어**

- 액성한계 : 점토의 수분 함량이 일정 수준 이상이 되면 플라스틱 상태를 유지하지 못하고 액체상태가 되는데, 이때의 수분 함량
- 소성한계 : 점토의 수분 함량이 일정 수준보다 떨어지면 플라스틱 상태를 유지 못하고 부스러지는데, 이때의 수분 함량

③ 합성차수막의 종류 및 장단점

| 종류 | 장점 | 단점 |
|---|---|---|
| High-Density Polyethylene(HDPE) + Low-Density Polyethylene(LDPE) | • 온도에 대한 저항성이 높음<br>• 화학물질에 대한 저항성이 높음<br>• 강도가 높고, 접합이 용이 | 유연하지 못하여 구멍 등의 손상을 입을 우려가 있음 |
| Polyvinyl Chloride(PVC) | • 가격이 저렴<br>• 강도가 높고, 접합이 용이 | • 자외선, 오존 및 기후에 약함<br>• 대부분의 유기화학물질에 약함 |
| Neoprene(CR) | • 마모 및 기계적 충격에 강함<br>• 화학물질에 대한 저항성이 높음 | • 가격이 고가<br>• 접합이 용이하지 못함 |
| Ethylene Propylene Diene Monome(EPDM) | • 강도가 높음<br>• 수분 함량이 낮음 | • 기름, 탄화수소 및 용매류에 약함<br>• 접합이 용이하지 못함 |
| Chlorinated polyethylene(CPE) | 강도가 높음 | • 방향족 탄화수소 및 기름류에 약함<br>• 접합이 용이하지 못함 |
| Chlorosulfonated Polyethylene(CSPE) | • 산과 알칼리에 특히 강함<br>• 미생물에 강함<br>• 접합이 용이 | • 강도가 낮음<br>• 기름, 탄화수소 및 용매류에 약함 |
| Isoprene-Isobutylene Rubber(IIR) | 수중에서 부풀어 오르는 정도가 낮음 | • 강도가 낮고, 접합이 용이하지 못함<br>• 탄화수소에 약함 |

(3) 집배수설비

[침출수 집배수층의 설계기준]
① 재료 : 일반적으로 자갈을 많이 사용
② 바닥경사 : 2~4%
③ 투수계수 : 최소 1cm/sec
④ 두께 : 최소 30cm
⑤ 재료의 입경 : 10~13mm 또는 16~32mm

 참고

집배수층의 조건
• $\dfrac{D_{15}}{d_{85}} < 5$ : 집배수층이 주변 물질에 의해 막히지 않기 위한 조건

• $\dfrac{D_{15}}{d_{15}} > 5$ : 집배수층의 투수성을 충분히 유지하기 위한 조건

여기서, $D$ : 침출수 집배수층 재료의 입경, $d$ : 집배수층 주변 물질

### (4) 복토

① 복토의 목적
  ㉠ 유해가스의 이동성 저하
  ㉡ 화재 및 폐기물의 비산 방지
  ㉢ 매립지의 압축효과에 따른 부등침하 최소화
  ㉣ 악취 발생 방지
  ㉤ 우수의 이동 및 침투 방지

> **참고**
>
> 최종 복토의 목적
> - 매립가스 포집시설의 부압 확보를 위한 대기 유입 방지
> - 악취 발생 방지
> - 우수 침투 방지
> - 경관 향상

② 복토의 종류
  ㉠ 일일 복토 : 매립작업이 끝난 후 15cm 이상의 두께로 복토
  ㉡ 중간 복토 : 매립작업이 7일 이상 중단되는 때 30cm 이상의 두께로 복토
  ㉢ 최종 복토 : 매립시설의 사용이 끝났을 때 60cm 이상의 두께로 복토

③ 최종 복토층 4단계
  ㉠ 가스배제층(30cm)
  ㉡ 차단층(45cm)
  ㉢ 배수층(30cm)
  ㉣ 식생대층(60cm)

> **정리**
>
> 매립시설의 종류
> - 저류구조물
> - 침출수 집배수설비
> - 우수 집배수설비
> - 덮개설비
> - 발생가스 대책설비
> - 차수설비

## 핵심이론 22 | 매립지의 사후관리

### (1) 사후관리항목
① 지하수 수질 조사
② 침출수 관리
③ 빗물 배제
④ 해수 수질 조사
⑤ 발생가스 관리
⑥ 구조물 및 지반의 안정도 유지
⑦ 지표수 수질 조사
⑧ 토양 조사
⑨ 방역

### (2) 모니터링 검사항목
① 매립지 최종 덮개설비의 안정성
② 유출수
③ 지하수 검사
④ 불포화층
⑤ 발생가스
⑥ 인근 지표수


## 핵심이론 23 | RDF의 정의와 특징

### (1) RDF의 정의
RDF(Refuse Derived Fuel)는 가연성 고체 폐기물을 연료로 하여 물리·생물학적 공정을 통해 만든 일정 발열량 이상의 균일한 고체 연료이다.

### (2) RDF의 특성
① 품질이 균일하며 발열량이 높다.
② 저장 및 수송이 편리하다.
③ 건조 시 중유, 등유를 사용하여 경제적이다.
④ 다양한 에너지로의 전환이 가능하다.

(3) RDF의 구비조건★

① 칼로리가 높을 것
② 함수율이 낮을 것
③ 재의 양이 적을 것
④ RDF의 조성이 균일할 것
⑤ 저장 및 수송이 편리할 것
⑥ 조성 배합률이 균일할 것
⑦ 대기오염이 적을 것

(4) RDF의 제조과정

① **선별공정** : 원료로 사용되는 폐기물을 RDF 생산에 맞게 하며, 사용목적에 지장을 주지 않기 위해 선별하는 공정
② **파쇄공정** : 건조 및 성형이 잘 될 수 있도록 원료 크기를 균일하게 파쇄·분쇄하는 공정
③ **건조공정** : 고온의 열원으로 원료를 가열하여 수분을 증발하는 공정
④ **성형공정** : 가연물질을 사용하기 위해 이동·저장하기 편리한 형태로 성형하는 공정

(5) RDF 소각로 이용 시 문제점

① 시설비가 고가이고, 숙련된 기술이 필요하다.
② 연료 공급의 신뢰성 문제가 있을 수 있다.
③ 소각시설의 부식 발생으로 수명 단축의 우려가 있다.
④ Cl 함량이 많을수록 문제가 발생한다.
⑤ 연소 분진과 대기오염에 대한 주의가 요망된다.

(6) RDF의 종류★

| 종류 | 특징 |
| --- | --- |
| Pellet RDF | • 일반적으로 직경 10~20mm, 길이 30~50mm 크기의 것<br>• 보관이나 운반의 효율을 높이는 동시에 단위무게당 열량을 향상시킴 |
| Fluff RDF | • 폐기물로부터 불연성 폐기물을 제거한 후 연료로 이용하는 방법<br>• 열용량이 가장 낮고, 회분이 많으며, 수분 함량이 15~20% 정도의 것<br>• 운반과 저장에 용이한 크기는 20~50mm인 사각형 |
| Powder RDF | • 1차 절단된 Fluff RDF를 2차 분쇄과정을 통해 0.5mm 이하의 분말형태로 만든 것<br>• 수분이 4% 이하로 건조되므로 반영구적으로 보관 가능<br>• 장점 : 장거리 수송 가능, 열용량이 큼<br>• 단점 : 분쇄에 소요되는 인력과 비용이 큼 |

## 핵심이론 24 | 퇴비화

### (1) 퇴비화의 정의

퇴비화(composting)는 볏집류, 톱밥 등의 유기성 폐기물을 일정한 환경조건(고온 40~55℃)하에 인위적으로 조작하여 호기성 미생물이 분해작용을 일으켜 안정된 부식질(humus)을 만드는 것이다.

 **정리**

**부식질(완성화된 퇴비)의 특징★**
- 병원균이 사멸되어 거의 없다.
- 물 보유력과 양이온 교환능력이 좋다.
- 악취가 없는 안정된 유기물이다.
- C/N 비가 낮다.
- 뛰어난 토양개량제이다.
- 짙은 갈색을 띤다.

### (2) 퇴비화의 영향인자★★★

| 구분 | 특성 |
|---|---|
| C/N 비 | • 최적비 : 25~40(단, 톱밥 : 150~1,000)<br>• 탄소(C) : 퇴비화 미생물의 에너지원으로, 일반적으로 탄소가 많으면 퇴비의 pH를 낮춤<br>• 질소(N) : 미생물체를 구성하는 인자로, 생장에 필요한 단백질 합성에 주로 쓰임 |
| 함수율 | • 적정 함수율 : 50~60%<br>• 40% 미만 시 분해속도 저하<br>• 65% 이상 시 혐기화로 인한 악취 발생 |
| pH | • 적정 pH : pH 6.5~8.0<br>• 공기 공급량이 클수록 pH가 빠르게 증가<br>• 반응이 진행됨에 따라 pH는 낮아짐 |
| 온도 | • 적정 온도 : 45~65℃<br>• 온도가 과하게 상승할 경우 통기량을 조절하여 낮춤<br>• 내부 온도가 60~70℃까지 상승하므로, 병원균, 회충란 등이 사멸됨 |
| 입자 크기 | 크기가 작을수록 표면적 증가하여 분해속도가 빨라짐 |
| 산소 함량 | • 적정 산소 함량 : 폐기물 중량의 5~15%<br>• 5% 미만일 경우 혐기화로 인한 악취 발생<br>• 15% 초과일 경우 퇴비화 효율 및 에너지 측면에서 손해 발생 |

> **참고**
>
> C/N비에 따른 상태변화
>
> | C/N비가 높을 경우 | C/N비가 낮을 경우 |
> | --- | --- |
> | • 질소 결핍현상으로 퇴비화 반응이 느려진다.<br>• 유기산의 생성으로 pH가 낮아진다.<br>• 퇴비화 소요시간이 길어진다. | • 질소가 암모니아로 변하여 pH가 증가한다.<br>• 악취가 발생한다.<br>• 유기물의 분해율이 낮아진다. |

### (3) 퇴비화의 장단점

| 장점 | 단점 |
| --- | --- |
| • 병원균의 사멸 가능<br>• 폐기물 감량화 가능<br>• 토양개량제로 사용 가능<br>• 초기 시설투자비가 낮음<br>• 고도의 기술수준이 요구되지 않음<br>• 운영 시 소모 에너지가 낮음 | • 다양한 재료를 이용하므로 퇴비제품의 품질 표준화가 어려움<br>• 퇴비화가 완성되어도 부피가 크게(50% 이하) 감소하지 않음<br>• 생상된 퇴비는 비료 가치가 낮음<br>• 부지가 많이 필요하며, 선정에 어려움이 따름<br>• 악취가 발생할 수 있음 |

### (4) 퇴비화 단계

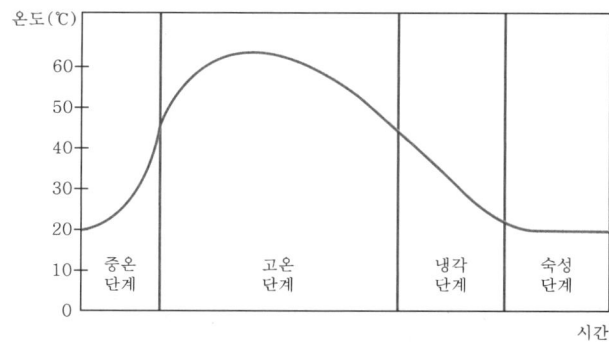

① **중온단계(초기단계)** : 퇴비화 과정의 초기단계에서 중온성(mesophilic) 진균(fungi)과 박테리아에 의해 유기물이 분해되며, 퇴비 더미의 온도가 40℃ 이상으로 상승 시 고온성 세균 및 방선균으로 대체된다.

② **고온단계** : 고온성 미생물의 분해활동으로 이루어지며, 주된 미생물은 Bacillus sp. 등인 것으로 알려져 있다(전반기 : Bacillus, 후반기 : Thermoactinonmyces).

③ **냉각단계** : 온도가 감소하여 곰팡이가 정착하기 시작하고, 분해되기 어려운 물질들의 분해가 시작된다.

④ **숙성단계** : 유기물들은 난분해성인 부식질로 변화되며, 방선균의 밀도가 높아지게 된다.

### (5) 퇴비화 공정의 구분

| 종류 | 특성 |
| --- | --- |
| 기계식 퇴비화 공법 | • 퇴비화가 밀폐된 반응조 내에서 수행되는 방법으로, 기후에 영향이 없고 악취 통제가 용이함<br>• 초기 시설투자비가 높음<br>• 수직형 퇴비화 반응조는 반응조 전체에 최적조건을 유지하기 어려워 생산된 퇴비의 질이 떨어짐<br>• 수평형 퇴비화 반응조는 수직형 퇴비화 반응조와 달리, 공기흐름경로를 짧게 유지할 수 있음 |
| 뒤집기식 퇴비단 공법 | • 호기성 퇴비화 공정의 가장 오래된 방법 중 하나로, 유기물이 완전히 분해되는 데 3~5년이 소요되는 퇴비화 공법<br>• 건조가 빠르며, 많은 양을 다룰 수 있음<br>• 설치비용과 운영비용이 적음<br>• 상대적으로 투자비가 낮음<br>• 운영 시 날씨에 많은 영향을 받음<br>• 소요 부지면적이 큼<br>• 병원균 파괴율이 낮음<br>• 뒤집기로 인한 악취 발생 |

### (6) 통기개량제(bulking agent)

① 정의 : 부숙토 제조 원료에 첨가하여 호기성 상태를 유지할 수 있도록 공극 형성을 유도하는 물질로서, 톱밥, 왕겨, 볏집, 나무껍질 등을 말한다.

② 특성
  ㉠ 쉽게 조달이 가능할 것
  ㉡ 수분 흡수능력이 우수할 것
  ㉢ 입자 간의 구조가 안정적일 것
  ㉣ 탄소성분이 충분할 것

---

## 핵심이론 25 | 토양오염(폐기물에 의한 2차 오염)

### (1) 토양오염의 특성

① 오염 영향이 국지적이다.
② 원상복구에 어려움이 있다.
③ 다른 환경인자와의 영향관계에 모호성이 있다.
④ 오염경로가 다양하다.
⑤ 피해 발현이 완만하다.
⑥ 오염의 비인지성이 있다.

## (2) BTEX

① BTEX란 벤젠(Benzene), 톨루엔(Toluene), 에틸벤젠(Ethylbenzene), 자일렌(Xylene)을 의미한다.
② 석유계 화합물로, 다른 석유계 화합물에 비하여 물에 대한 용해도가 높기 때문에 오염되면 지하수 내부에서 오염지역으로부터 멀리 떨어진 지점까지 오염이 확산되는 특징을 가지는 독성 물질이다.
③ 일부 호기성 미생물은 BTEX를 분해할 수 있다.

## (3) 토양오염 처리기술의 종류

| 종류 | 특성 |
| --- | --- |
| 토양세척법<br>(soil washing) | • 적절한 세척제를 사용하여 토양 입자에 결합되어 있는 유해 유기오염물질의 표면 장력을 약화시키거나 중금속을 분리시켜 처리하는 기법<br>• 세척제로 사용되는 산·염기·착염 물질은 금속물질을 추출·정화시키는 데 주로 이용함<br>• 적용방법에 따라 in-situ와 ex-situ 방법이 있으며, in-situ 기법은 토양의 투수성에 많은 제약을 받음 |
| 토양증기추출법<br>(soil vapor extraction) | • 통기성이 좋은 토양을 정화하기 좋은 기법<br>• 증기압이 낮은 오염물은 제거효율이 낮음<br>• 추출된 기체는 대기오염 방지를 위해 후처리가 필요함<br>• 지반 구조의 복잡성으로 총 처리시간의 예측이 어려움<br>• 비교적 기계 및 장치가 간단함<br>• 지하수의 깊이에 제한을 받지 않음<br>• 유지·관리비가 싸며, 굴착이 필요 없음<br>• 오염지역의 대수층이 깊을 경우 사용이 어려움<br>• 휘발성·준휘발성 물질을 제거하는 데 탁월 |
| 공기분사공정법<br>(air sparging) | [Air sparging의 적용이 유리한 경우]<br>• 오염물질의 용해도가 낮은 경우<br>• 자유면이 대수층 조건인 경우<br>• 대수층의 투수도가 $10^{-3}$ cm/sec 이상인 경우<br>• 토양의 종류가 사질토, 균질토인 경우<br>• 오염물질의 호기성 생분해능이 높은 경우 |
| 생물학적 통풍법<br>(bioventing) | • 토양 투수성은 공기를 토양 내에 강제 순환시킬 때 매우 중요한 영향인자임<br>• 현장 지반구조 및 오염물 분포에 따른 처리기간의 변동이 심함<br>• 용해도가 큰 오염물질은 많은 양이 토양 수분 내에 용해상태로 존재하게 되어 처리효율이 떨어짐<br>• 배출가스 처리의 추가비용이 없음<br>• 추가적인 영양염류의 공급이 필요함<br>• 지상활동에 방해 없이 정화작업을 수행할 수 있음<br>• 장치가 간단하고, 설치가 용이<br>• 오염 부지 주변 공기 및 물의 이동에 의한 오염물질 확산의 염려가 있음 |

# CHAPTER 3 폐기물 소각 및 열회수

Engineer Wastes Treatment

### 저자쌤의 이론학습 TIP

폐기물 소각 및 열회수는 연소 및 분진, 유해물질 처리에 관한 내용으로, 화학식과 계산문제가 많아 수험생들이 어려워하는 과목입니다. 공식을 단순히 암기하는 것이 아닌, 공식이 나오는 이유를 정확하게 파악하며 이해하는 것이 중요합니다.

## 핵심이론 1 | 연소 이론

(1) 연소의 3요소

| 연소의 3요소 | 특징 | |
|---|---|---|
| 가연물 | • 화학적으로 활성이 강할 것<br>• 활성화 에너지가 작을 것<br>• 산소 친화력이 클 것<br>• 연쇄반응을 일으킬 것 | • 반응열이 클 것<br>• 표면적이 클 것<br>• 발열반응일 것<br>• 열전도도가 작을 것 |
| 점화원 | 가연물과 산소의 반응이 일어날 수 있도록 도와주는 활성화 에너지로, 생성물질 형성에 필요한 에너지 | |
| 충분한 산소 | 공기 중 약 21% 포함 | |

### 정리

완전연소조건의 3T
- 온도(Temperature)
- 시간(Time)
- 혼합(Turbulence)

### (2) 착화온도가 낮아지는 조건

① 분자구조가 복잡할수록
② 화학적으로 발열량이 클수록
③ 화학반응성이 클수록
④ 화학결합의 활성도가 클수록
⑤ 탄화수소의 분자량이 클수록
⑥ 압력 및 비표면적이 클수록
⑦ 열전도율이 낮을수록
⑧ 석탄의 탄화도 및 고정탄소량이 낮을수록
⑨ 활성화 에너지가 작을수록

### (3) 비열과 현열, 잠열의 관계

① 비열(heat capacity)

특정 물질 1g의 온도를 1℃ 높이기 위해 필요한 열량으로, 물질의 고유 특성이다.

※ 물의 비열 : cal/g · ℃

② 현열(sensible heat)

특정 물체에 열을 가할 때 상태변화 없이 온도변화에 소요된 열량이다.

$$Q = C \cdot m \cdot \Delta t$$

여기서, $Q$ : 열량(cal)
$C$ : 비열(cal/g · ℃)
$m$ : 질량(g)
$\Delta t$ : 온도차(℃)

③ 잠열(latent heat)

특정 물질이 상태변화 시 필요한 열에너지의 총량이다.

$$Q = m \cdot r$$

여기서, $Q$ : 열량(cal)
$m$ : 질량(g)
$r$ : 잠열(cal/g)

## (4) 연소의 형태★

| 연소의 형태 | 특징 |
|---|---|
| 표면연소 | • 코크스, 목탄, 탄소와 같은 휘발성 성분이 거의 없는 연료 또는 분해연소가 끝난 석탄은 열분해가 일어나기 어려운 탄소가 주성분으로, 그것 자체가 연소하는 과정으로 적열할 뿐 화염은 없는 연소형태<br>• 연소속도는 산소의 연료 표면으로의 확산속도와 표면에서의 화학반응속도에 의해 영향을 받음 |
| 증발연소 | • 황, 파라핀 등(비교적 용융점이 낮은 물질)이 연소되기 이전에 용융되어 액체와 같이 표면에서 증발되는 기체가 연소하는 형태<br>• 연소속도는 가연성 가스의 증발속도 또는 공기 중의 산소와 가연성 가스의 확산속도 중 더 느린 것에 의해서 지배됨 |
| 분해연소 | 연소 초기에 열분해에 의하여 가연성 가스가 생성되고, 이것이 긴 화염을 발생시키면서 연소하는 형태(목재, 석탄, 타르 등) |
| 내부연소 | 공기 중 산소를 필요로 하지 않고, 분자 자신의 산소를 이용해 연소하는 형태<br>(나이트로화합물류, 하이드라진류 등) |
| 액면연소 | • 액면에서 증발한 연료가스 주위를 흐르는 공기와 혼합하면서 연소하는 형태<br>• 연소속도는 주위 공기의 흐름속도에 거의 비례하여 증가 |
| 심지연소 | • 심지로 연료를 빨아올려 복사열에 의해 발생한 증기가 연소하는 형태<br>• 공급공기의 유속이 낮을수록, 공기의 온도가 높을수록 화염의 길이는 길어짐 |
| 분무연소 | • 액체 연료를 분무화를 통해 미립자로 만들어 공기에 혼합하여 연소하는 형태<br>• 연소장치를 작게 할 수 있음<br>• 고부하 연소 가능 |
| 확산연소 | • 공기와 가스를 예열할 수 있는 연소형태<br>• 화염의 길이가 길고 그을음이 발생하기 쉬운 반면, 역화(back fire)의 위험이 없음 |
| 예혼합연소 | • 화염온도가 높아 연소부하가 큰 경우에 사용 가능<br>• 화염의 길이가 짧고, 혼합기의 분출속도가 느릴 경우 역화의 위험이 있음 |

 용어

**인화점과 발화점**
• 인화점(flash point) : 순간적으로 발화하는 온도로 외부에서 에너지가 주어져 발생하며, 점화원에 의해 발화하기 시작하는 최저온도
• 발화점(ignition point) : 주위의 에너지를 충분히 받아 스스로 점화할 수 있는 최저온도

### 핵심이론 2 │ 연료의 종류별 특징

#### (1) 연료의 종류별 장단점

| 연료 | 장점 | 단점 |
|---|---|---|
| 고체 연료 | • 연료비와 및 설비비가 저렴<br>• 인화·폭발의 위험성이 적음<br>• 저장·운반 시 노천 야적이 가능<br>• 연소장치가 간단함 | • 점화·소화가 용이하지 않음<br>• 발열량이 작음<br>• 회분 및 매연 발생량이 많음<br>• 공기가 많이 필요함 |
| 액체 연료 | • 수송·저장이 용이함<br>• 연소조절이 쉽고, 발열량이 큼<br>• 품질이 일정함 | • 역화의 위험이 있음<br>• 연소 시 소음 발생의 우려가 있음<br>• 황분이 많아 황산화물($SO_X$) 발생의 우려가 있음<br>• 국부적 과열 발생의 우려가 있음 |
| 기체 연료 | • 점화·소화가 용이함<br>• 연소조절이 쉽고, 발열량이 큼<br>• 황(S) 함량이 적어 이산화황($SO_2$) 발생량이 적음<br>• 회분 및 유해물질의 배출이 적음<br>• 적은 과잉공기(10~20%)로 완전연소 가능 | • 수송·저장이 용이하지 않음<br>• 취급 시 위험성이 큼<br>• 설비비가 많이 듦<br>• 연료비가 비쌈 |

#### (2) 석탄(고체 연료)의 주요 특징

| 구분 | 내용 |
|---|---|
| 탄화도 | • 탄화도가 클수록 : 고정탄소, 착화온도, 발열량, 비중, 연료비 증가<br>• 탄화도가 작을수록 : 비열, 수분, 산소, 연소속도, 매연, 휘발분 감소 |
| 성분 | • 고정탄소 : 휘발분이 휘발되고 남은 가연성 잔존물<br>• 휘발분 : 석탄 연소 시 연소를 촉진시킴<br>• 수분 : 부착수분과 고유수분의 합<br>• 회분 : 완전연소 후 남은 불연성 잔존물 |

#### (3) 석유(액체 연료)의 주요 특징

| 구분 | 내용 |
|---|---|
| 비중 | • 비중이 클수록 : C/H 비(탄화수소비), 점도, 유동점, 착화점 증가<br>• 비중이 작을수록 : 발열량, 동점도, 연소성 감소 |
| 특징 | • 석유류의 C/H 비 크기 : 중유 > 경유 > 등유 > 휘발유<br>• C/H 비가 클수록 : 이론공연비 감소, 휘도 및 방사율 증가, 매연 발생률 증가<br>• 석유의 분별증류 시 종류 : LPG, 휘발유, 나프타, 등유, 경유, 중유, 아스팔트 |

| 핵심이론 3 | 연소 계산

### (1) 이론산소량★★★

① 고체 · 액체 연료

㉠ 산소무게/연료무게(kg/kg)

$$O_o = 2.667\text{C} + 8\text{H} + \text{S} - \text{O}$$

㉡ 산소부피/연료무게($Sm^3$/kg)

$$O_o = 1.867\text{C} + 5.6\text{H} + 0.7\text{S} - 0.7\text{O}$$

여기서, $O_o$ : 이론산소량
C, H, S, O : 탄소(C), 수소(H), 황(S), 산소(O)의 함량

② 기체 연료

$$\text{C}_m\text{H}_n + \left(m + \frac{n}{4}\right)\text{O}_2 \rightarrow m\text{CO}_2 + \frac{n}{2}\text{H}_2\text{O}$$

여기서, $\text{C}_m\text{H}_n$ : 탄화수소의 함량
$m$, $n$ : 상수
$O_2$, $CO_2$, $H_2O$ : 산소($O_2$), 이산화탄소($CO_2$), 물($H_2O$)의 함량

㉠ 산소무게/연료무게(kg/kg)

$$\left(m + \frac{n}{4}\right) \times \frac{32}{12m + n}$$

㉡ 산소부피/연료무게($Sm^3$/kg)

$$\left(m + \frac{n}{4}\right) \times \frac{22.4}{12m + n}$$

㉢ 산소부피/연료부피($Sm^3$/$Sm^3$)

$$\left(m + \frac{n}{4}\right)$$

## (2) 공기량 ★★★

### ① 이론공기량

㉠ 최종 부피 단위

$$A_o = O_o \div 0.21$$

㉡ 최종 무게 단위

$$A_o = O_o \div 0.232$$

여기서, $A_o$ : 이론공기량, $O_o$ : 이론산소량

### ② 공기비

$$m = \frac{A}{A_o} = \frac{N_2}{N_2 - 3.76(O_2 - 0.5CO)}$$

여기서, $A$ : 실제 공기량, $A_o$ : 이론공기량
$N_2$, $O_2$, $CO$ : 질소($N_2$), 산소($O_2$), 일산화탄소($CO$)의 함량

 **참고**

**공기비가 큰 경우 발생하는 현상**
- 희석효과가 커져, 에너지 및 열 손실이 커진다.
- $NO_2$, $SO_2$의 함량이 증가한다.
- 연소실 내 연소온도가 감소한다.
- 배기가스 온도 및 매연 발생량이 감소한다.

### ③ 등가비

$$\phi = \frac{1}{m} = \frac{실제\ 연료량/산화제}{이상적\ 연료량/산화제}$$

 **참고**

**연소상태**
- $\phi > 1$ : 과잉 연료로 불완전연소
- $\phi = 1$ : 완전연소
- $\phi < 1$ : 적은 연료로 과잉 공기

### (3) 연소가스 양★★★

① 이론 건연소가스 양

$$G_{od} = (1-0.232)A_o + CO_2 + SO_2$$
$$= (1-0.232)A_o + 3.667C + 2S \cdots kg/kg$$
$$G_{od} = (1-0.21)A_o + CO_2 + SO_2$$
$$= (1-0.21)A_o + 1.867C + 0.7S \cdots Sm^3/kg$$

② 실제 건연소가스 양

$$G_d = (m-0.232)A_o + CO_2 + SO_2$$
$$= (m-0.232)A_o + 3.667C + 2S \cdots kg/kg$$
$$G_d = (m-0.21)A_o + CO_2 + SO_2$$
$$= (m-0.21)A_o + 1.867C + 0.7S \cdots Sm^3/kg$$

③ 이론 습연소가스 양

$$G_{ow} = (1-0.232)A_o + CO_2 + SO_2 + H_2O$$
$$= (1-0.232)A_o + 3.667C + 2S + 9H \cdots kg/kg$$
$$G_{ow} = (1-0.21)A_o + CO_2 + SO_2 + H_2O$$
$$= (1-0.21)A_o + 1.867C + 0.7S + 11.2H \cdots Sm^3/kg$$

④ 실제 습연소가스 양

$$G_w = (m-0.232)A_o + CO_2 + SO_2 + H_2O$$
$$= (m-0.232)A_o + 3.667C + 2S + 9H \cdots kg/kg$$
$$G_w = (m-0.21)A_o + CO_2 + SO_2 + H_2O$$
$$= (m-0.21)A_o + 1.867C + 0.7S + 11.2H \cdots Sm^3/kg$$

여기서, $A_o$ : 이론공기량
$CO_2$, $SO_2$, $H_2O$ : 이산화탄소($CO_2$), 이산화황($SO_2$), 물($H_2O$)의 발생량
C, S, H : 탄소(C), 황(S), 수소(H)의 함량

### (4) 최대탄산가스 양★★

$$(CO_2)_{max}(\%) = \frac{CO_2}{G_{od}} \times 100 = \frac{21(CO_2 + CO)}{21 - O_2 + 0.395CO}$$

여기서, $G_{od}$ : 이론 건연소가스 양
$CO_2$, $CO$, $O_2$ : 이산화탄소($CO_2$), 일산화탄소($CO$), 산소($O_2$)의 발생량

### (5) Rosin 식

① 고체 연료

$$A_o = 1.01 \times \frac{Hl}{1,000} + 0.5 \quad \cdots \quad Sm^3/kg$$

$$G_o = 0.89 \times \frac{Hl}{1,000} + 1.65 \quad \cdots \quad Sm^3/kg$$

② 액체 연료

$$A_o = 0.85 \times \frac{Hl}{1,000} + 2 \quad \cdots \quad Sm^3/kg$$

$$G_o = 1.1 \times \frac{Hl}{1,000} \quad \cdots \quad Sm^3/kg$$

여기서, $A_o$ : 이론공기량
$G_o$ : 이론가스 양
$Hl$ : 저위발열량

## 핵심이론 4 | 공연비, 연소온도, 연소실 열발생률, 열효율 계산

### (1) 공연비

$$AFR_v = \frac{m_a \times 22.4}{m_f \times 22.4} \quad \cdots \text{ 부피}$$

$$AFR_m = \frac{M_A \times m_a}{M_F \times m_f} \quad \cdots \text{ 무게}$$

여기서, $m_a$ : 공기 몰수, $m_f$ : 연료 몰수
$M_A$ : 공기 질량, $M_F$ : 연료 질량

### (2) 연소온도

$$t = \frac{Hl}{G \times C_p} + t_a$$

여기서, $Hl$ : 저위발열량(kcal/Sm³)
$G$ : 연소가스량(Sm³/Sm³)
$C_p$ : 평균정압비열(kcal/Sm³·℃)
$t_a$ : 실제 온도(℃)

### (3) 연소실 열발생률

$$Q = \frac{Hl \times G_m}{V}$$

여기서, $Q$ : 열발생률(kcal/m³·hr)
$Hl$ : 저위발열량(kcal/kg)
$G_m$ : 연료 사용량(kg/hr)
$V$ : 연소실 부피(m³)

### (4) 열효율

$$\eta = \frac{\text{유효열}}{\text{공급열}} = \frac{t_f - t_g}{t_f - t_{SL}}$$

여기서, $t_f$ : 연소온도(℃)
$t_g$ : 배기가스 온도(℃)
$t_{SL}$ : 슬러지 온도(℃)

### 핵심이론 5 | 소각공정

**(1) 소각공정의 정의**

소각공정이란 폐기물을 산소와 접촉시켜 완전산화시키는 것으로, 감량화, 감용화, 안정화, 무해화 등을 하기 위한 공정이다.

>  **참고**
>
> 소각반응식
> 유기물질 + $O_2$ → $CO_2$ + $SO_2$ + $H_2O$ + 열

**(2) 연소실의 특성**

① 운전척도는 공기연료비, 혼합정도, 연소온도 등이다.
② 크기는 주입 폐기물 1톤당 0.4~0.6m³/day로 설계된다.
③ 주연소실의 연소온도는 약 600~1,000℃ 정도이다.
④ 직사각형, 수직원통형, 혼합형, 회전형 등이 있으며, 대부분 직사각형이다.
⑤ 내화재를 충전한 연소로와 워터월(water wall) 연소기로 구분된다.
⑥ Water wall 연소기는 여분의 공기가 많이 소요되지 않으므로, 대기오염물질 제거장치의 규모는 크지 않다.
⑦ 재는 유입되는 폐기물 부피의 약 5% 무게에 대해서는 13~20% 가량 생산된다.
⑧ 주입된 폐기물을 건조·휘발·점화시켜 연소시키는 1차 연소실과 1차 연소실에서 미연소된 부분을 연소시키는 2차 연소실로 구성되어 있다.

**(3) 연소실의 본체 형식**

| 형식 | 특성 |
| --- | --- |
| 역류식 | • 폐기물의 이송방향과 연소가스의 흐름방향이 반대인 형식<br>• 수분이 많고 저위발열량이 낮은 쓰레기에 적합<br>• 후연소 내의 온도 저하나 불완전연소가 발생할 수 있음 |
| 병류식 | • 폐기물의 이송방향과 연소가스의 흐름방향이 같은 형식<br>• 폐기물의 저위발열량이 높은 경우에 사용하기 적절 |
| 교류식 | • 역류식과 병류식의 중간 형식<br>• 중간정도의 발열량을 가지는 폐기물에 적합 |
| 복류식 | 2개의 출구를 가지고 있고 댐퍼의 개폐로 역류식, 병류식, 교류식으로 조절할 수 있어 폐기물의 질이나 저위발열량의 변동이 심할 경우에 사용 |
| 향류식 | • 폐기물의 이송방향과 연소가스의 흐름방향이 동일한 형식<br>• 복사열에 의한 건조에 유리하고, 난연성 또는 착화하기 어려운 폐기물에 적합한 형식 |

### (4) 소각로의 부식

| 구분 | 저온 부식 | 고온 부식 |
|---|---|---|
| 특징 | • 결로로 생성된 수분에 산성 가스 등의 부식성 가스가 용해되어 이온으로 해리되면서 금속부와 전기화학적 반응에 의한 금속염으로 저온 부식이 진행됨<br>• 150~320℃에서는 부식이 잘 일어나지 않고, 노점인 150℃ 이하의 온도에서 저온 부식이 발생함 | • 320℃ 이상에서는 소각재가 침착된 금속면에서 고온 부식이 발생하며, 480~700℃ 사이에서는 염화철이나 알칼리철 황산염 분해에 의한 부식이 발생함<br>• 600~700℃ 사이에서 고온 부식이 가장 잘 발생하며, 700℃ 이상에서는 가스층에서의 부식 속도와 같이 완만한 속도의 부식이 진행됨 |
| 방지대책 | • 내부식성 재질을 사용<br>• 가스를 재가열하여 가스 온도를 노점 이상으로 상승시킴<br>• 연소가스와의 접촉 방지 | • 공기주입량을 늘려서 화격자를 냉각시킴<br>• 화격자의 냉각률을 높임<br>• 화격자의 재질을 저니켈강, 고크로뮴으로 함<br>• 부식되는 부분에 고온 공기를 주입하지 않음 |

## 핵심이론 6 | 소각로의 종류 및 특성

 **정리**

소각로의 종류
- 화격자 소각로
- 고정상 소각로
- 유동층 소각로
- 회전로
- 다단로

### (1) 화격자 소각로

① 화격자 소각로의 원리

노 내에 고정 또는 가동 화격자를 설치하고 화격자 위에 소각하고자 하는 폐기물을 투입하여 소각하는 방법으로, 재가 화격자를 통하여 쉽게 떨어질 수 있도록 화격자 하부에 재 저류조가 설치되어 있다.

② 화격자가 갖추어야 할 기능

㉠ 쓰레기를 균일하게 이송시키는 기능

㉡ 쓰레기의 교반 및 혼합을 촉진하는 기능

㉢ 연소용 공기를 적절하게 분배하는 기능

③ 화격자 소각로의 장단점

| 장점 | 단점 |
| --- | --- |
| • 연속적인 소각 및 배출이 가능<br>• 경사 스토커(stoker)의 경우 수분이 많은 것, 발열량이 낮은 것도 어느 정도 소각 가능 | • 체류시간이 길고 교반력이 약해 국부가열의 염려가 있음<br>• 고온에서 기계적으로 구동하므로 금속부의 마모손실이 심함<br>• 플라스틱과 같은 물질은 화격자가 막힐 염려가 있음 |

④ 화격자 소각로의 종류

| 종류 | 특징 |
| --- | --- |
| 반전식 | 스토커식 소각로에 여러 개의 부채형 화격자를 노폭 방향으로 병렬 조합하고, 한 조의 화격자를 형성하여 편심 캠에 의한 역주행 화격자(grate)로 되어 있는 연소장치 |
| 계단식 | 가동 및 고정 화격자가 계단식으로 배열되고, 가동 화격자가 전후로 운동하면서 폐기물을 다음 계단으로 이동시키는 연소장치 |
| 역동식 | 같은 스토커상에서 건조, 연소 및 후연소가 연속적으로 일어나는 연소장치로, 쓰레기의 교반이나 연소조건이 양호하고 화격자가 자기 스스로 청정작용도 하며 소각률이 대단히 높음 |
| 이상식 | 소각로의 쓰레기 이동방식에 따라 구분한 화격자 종류 중 화격자를 무한궤도식으로 설치한 것으로, 건조, 연소 및 후연소의 각 스토커 사이에 높이 차이를 두어 낙하시킴으로써 쓰레기층을 뒤집으며 내구성이 좋은 구조로 되어 있는 연소장치 |
| 회전식 | 폐기물의 흐름방향이 경사진 원통을 회전시켜 폐기물을 교반·이송하는 소각로 |

⑤ 회전식 소각로의 장단점

| 장점 | 단점 |
| --- | --- |
| • 넓은 범위의 액상·고상 폐기물을 소각할 수 있음<br>• 소각대상물의 전처리과정이 불필요함<br>• 소각대상물에 관계없이 소각이 가능<br>• 연속적으로 재배출 가능<br>• 연소실 내 폐기물의 체류시간은 노의 회전속도를 조절함으로써 가능<br>• 용융상태의 물질에 의해 방해받지 않음<br>• 1,600℃에 달하는 온도에서도 작동될 수 있음 | • 처리량이 적은 경우 설치비가 높음<br>• 구형·원통형 물질은 완전연소가 끝나기 전에 굴러 떨어질 수 있음<br>• 공기 유출이 커 종종 대량의 과잉공기가 필요함<br>• 보수비가 높음 |

(2) 고정상 소각로

① 고정상 소각로의 원리

화상 위에서 소각물을 태우는 방식으로, 화격자에 적재가 불가능한 슬러지, 입자상 물질 등을 소각할 수 있으며, 구조에 따라 경사식, 수평식, 원호곡면식으로 구분한다.

② 고정상 소각로의 장단점

| 장점 | 단점 |
| --- | --- |
| • 플라스틱과 같이 열에 열화·용해되는 물질의 소각에 유리함<br>• 화격자에 적재가 불가능한 폐기물의 소각 가능 | • 연소효율이 좋지 않음<br>• 잔사의 용량이 많아짐<br>• 체류시간 길고 교반력이 약해 국부가열이 발생할 수 있음 |

(3) 유동층 소각로★★★

① 유동층 소각로의 원리

밑에서 가스를 주입하여 유동사를 띄워 가열시키고 상부에 폐기물을 투입하여 태우는 방식으로, 유기성 슬러지의 소각 시 많이 사용된다.

 참고

**유동층 소각로의 종류**
• 단탑형 : 열분해에 필요한 에너지를 공급하기 위해 부분연소와 열분해를 동시에 병용하는 방식
• 2탑형 : 열분해탑과 연소탑을 별개로 설치하여 두 개 사이에 모래를 순환하면서 연소탑에서 재의 연소와 열분해를 분리한 방식

② 유동층 소각로의 장단점

| 장점 | 단점 |
| --- | --- |
| • 소량의 과잉공기(1.2~1.3)로도 연소 가능<br>• 노 내의 기계적 가동부분이 없어 유지관리가 용이<br>• 열량이 적고, 난연성임<br>• 유동매체로 석회, 돌로마이트 등의 활성매체를 혼입함으로써 노 내에서 바로 탈황·탈염소·탈질 가능<br>• 유동매체의 열용량이 커서 액상·기상·고상 폐기물의 전소 및 혼소 가능<br>• 유동매체의 축열량이 높은 관계로 단기간 정지 후 가동 시 보조연료 사용 없이 정상 가동 가능 | • 유동매질의 손실로 인한 보충이 필요함<br>• 상으로부터 찌꺼기의 분리가 어려움<br>• 투입, 유동화를 위해 파쇄가 필요함<br>• 운전비, 동력비가 많이 소요됨<br>• 분진 발생량이 많음<br>• 유동상의 정비가 필요함 |

③ 층물질(충전재)이 갖추어야 하는 조건
　㉠ 비중이 작을 것
　㉡ 입도분포가 균일할 것
　㉢ 불활성일 것
　㉣ 열충격에 강하고, 융점이 높을 것
　㉤ 내마모성이 있을 것
　㉥ 가격이 저렴할 것

### (4) 회전로

① 회전로의 원리

경사진 구조로 되어 있으며, 넓은 범위의 액상·고상 폐기물을 소각할 수 있는 방식으로, 유해폐기물의 소각 처리에 많이 사용된다. 원통형 소각로의 길이와 직경의 비는 약 2~10, 회전 속도는 0.3~1.5rpm, 처리율은 45kg/hr~2ton/hr, 연소온도는 800~1,600℃ 정도이다.

② 회전로의 장단점

| 장점 | 단점 |
| --- | --- |
| • 조대폐기물을 전처리 없이 주입 가능<br>• 소각대상물에 관계없이 소각 가능<br>• 연속적으로 재배출 가능<br>• 연소실 내 폐기물의 체류시간은 노의 회전속도를 조절함으로써 가능<br>• 용융상태의 물질에 의해 방해받지 않음<br>• 공급장치의 대형 용기를 그대로 집어넣을 수 있음 | • 비교적 열효율이 낮음<br>• 대기오염 제어 시스템의 분진 부하율이 높음<br>• 설치비가 높음<br>• 공기 유출이 커 다량의 과잉공기가 필요<br>• 완전연소되기 전 대기 중으로 부유성 물질이 배출될 수 있음 |

### (5) 다단로

① 다단로의 원리

상부로부터 공급된 소각물을 고정상 노에서 교반 레이크로 회전 교반하여 배가스와의 접촉을 좋게 함으로써 균등건조를 통해 국부연소를 피하고, 노에서의 클링커 생성을 방지한다. 하수 슬러지의 소각 시 많이 사용하였었지만, 현재는 많이 사용하지 않는 방식이다.

② 다단로의 장단점

| 장점 | 단점 |
| --- | --- |
| • 수분 함량이 높은 폐기물의 연소 가능<br>• 체류시간이 길어 휘발성이 작은 폐기물의 연소에 유리함<br>• 물리·화학적 성분이 서로 다른 폐기물의 처리 가능<br>• 연소영역이 넓어 연소효율이 높음 | • 체류시간이 길어 온도반응이 느림<br>• 분진 발생률이 높음<br>• 유해폐기물의 완전분해를 위해 2차 연소실이 필요<br>• 움직이는 부분이 있어 유지비가 높음<br>• 보조연료의 사용 조절이 어려움 |

| 핵심이론 7 | 집진장치의 종류와 특성 |

| 집진장치 | 집진원리 | 장점 | 단점 |
| --- | --- | --- | --- |
| 중력<br>집진장치 | • 함진가스(50~100μm)를 중력으로 처리하는 장치<br>• 압력손실(5~10mmH$_2$O)이 적음<br>• 집진효율이 좋지 않아 전처리설비로 이용 | • 설치비가 저렴<br>• 압력손실이 적음<br>• 고온가스 처리에 용이 | • 시설 규모가 큰 편<br>• 집진효율이 낮음<br>• 먼지 및 유량변동의 적응성이 낮음 |
| 관성력<br>집진장치 | • 함진가스를 방해판에 충돌시켜 작용하는 관성력을 이용하여 처리하는 장치<br>• 집진효율이 좋지 않아 전처리설비로 이용 | • 설치비가 저렴<br>• 압력손실이 적음 | • 집진효율이 낮음<br>• 먼지 및 유량변동의 적응성이 낮음 |
| 원심력<br>집진장치 | • 선회운동을 이용하여 입자에 적용되는 원심력에 의해 함진가스를 처리하는 장치<br>• 사이클론식과 회전식이 있음 | • 설치면적이 작고, 운전비가 저렴<br>• 조작이 간단하고, 유지관리가 용이<br>• 건식 포집·제진 가능<br>• 고온가스 처리 가능 | • 온도가 높을수록 공기의 점도가 높아져 포집효율이 줄어듦<br>• 사이클론 내부에서 먼지는 벽면과 마찰을 일으켜 운동에너지를 상실함 |
| 세정<br>집진장치 | • 함진가스를 액적 및 액막 등으로 세정시켜 입자의 부착·응집을 일으켜 먼지를 분리하는 장치<br>• 입자 제거기전 : 관성충돌, 직접차단, 확산, 정전기력, 중력, 응집 등 | • 입자상·가스상 물질의 동시 처리 가능<br>• 점착성·조해성 분진 처리 가능<br>• 부식성 가스 중화 및 고온가스 냉각 가능 | • 소수성 먼지의 처리가 어려움<br>• 압력손실이 크고, 동력비가 많이 소요됨<br>• 폐수 발생으로 부식 발생 우려 |
| 여과<br>집진장치 | • 함진가스를 여과재를 이용하여 먼지를 분리·제거하는 장치<br>• 포집기전 : 관성충돌, 차단, 확산작용<br>• 미세한 입자는 확산작용에 의해 집진됨 | • 다양한 입자에 적용 가능<br>• 집진효율이 우수 | • 여과재비가 많이 소요됨<br>• 폭발성·점착성 분진 제거가 어려움 |
| 전기<br>집진장치 | 함진가스를 전기력에 의해 처리하는 장치 | • 건식·습식에 적용 가능<br>• 집진효율이 우수<br>• 보수가 간단하여 유지비가 적음 | • 설치비가 비쌈<br>• 소요면적이 큼<br>• 부하변동에 대한 적응성이 낮음 |

> **참고**
>
> 블로다운(blow down) 효과
> 사이클론의 더스트 박스(dust box), 멀티클론의 호퍼부에서 처리가스 양의 5~10%를 흡입하여 사이클론 내 난류를 억제시켜 집진된 먼지의 비산을 방지하는 방법

## 핵심이론 8 | 질소산화물($NO_x$) · 황산화물($SO_x$)

### (1) 생성원인
① **질소산화물** : 질소산화물의 90% 이상이 연료 연소에 의해 대기에 유입되며, 배출원으로는 자동차 배기가스, 공장 매연, 소각로 등이 있다. 질소산화물의 90~95%는 NO의 형태로 배출되며, 굴뚝에서 배출 시 $NO_2$의 형태로 산화된다.
② **황산화물** : 황을 함유한 연료인 석탄, 석유 등이 연소할 때 주로 배출되며, 황산화물의 대부분을 $SO_2$가 차지하기 때문에 대기오염과 관련하여 $SO_2$의 실측을 주로 한다. 인위적 배출원으로는 발전소, 석유정제 등과 같은 산업공정이 있고, 자연적 배출원으로는 화산, 온천 등이 있다.

### (2) 질소산화물 생성기구
① Thermal $NO_x$ : 대기 중의 질소가 고온 영역(1,200℃ 이상)에서 산화되어 발생하는 질소산화물
② Fuel $NO_x$ : 연료 자체가 함유하고 있는 질소 성분의 연소로 발생하는 질소산화물
③ Prompt $NO_x$ : 연료와 공기 중 질소의 결합으로 발생하는 질소산화물

### (3) 연소조절에 의한 질소산화물 저감방법
① 저과잉공기 연소
② 2단 연소법(초기 연소 시 산소농도 저감)
③ 배기가스 재순환 연소(화염온도 저감)
④ 버너 및 연소실 구조 개량
⑤ 희박 예혼합연소
⑥ 연소부분 냉각

### (4) 처리기술의 구분

| 구분 | 질소산화물 처리기술 | 황산화물 처리기술 |
| --- | --- | --- |
| 건식법 | • 선택적 촉매환원법<br>• 선택적 비촉매환원법<br>• 흡수법<br>• 흡착법<br>• 접촉분해법 | • 석회수법<br>• 산화망가니즈 · 구리법<br>• 흡착법(가열, 세척, 활성탄)<br>• 산화환원법 |
| 습식법 | • 착염생성흡수법<br>• 산화흡수법<br>• 액상환원법<br>• 산흡수법 | • 석회수법<br>• 암모니아 · 소듐법<br>• 산화마그네슘 · 칼슘법 |

> **참고**
>
> **중유탈황법**
> - 미생물에 의한 탈황
> - 방사선에 의한 탈황
> - 금속산화물 흡착에 의한 탈황
> - 접촉 수소화 탈황

### (5) 질소산화물 처리기술

① **선택적 촉매환원법(SCR ; Selective Catalytic Reduction)**

200~400℃의 범위에서 촉매($TiO_2$, $V_2O_5$)하에 환원제($NH_3$, $CO$ 등)를 사용하여 $NO_x$를 $N_2$로 전환시키는 기술이다. 배출가스의 온도가 낮아 제거효율 저하 및 저온 부식의 우려가 있고, 촉매독과 부착에 따른 폐색 및 압력손실을 방지하기 위해 유해가스와 분진 제거장치 후단에 설치되는 것이 일반적이며, 암모니아 슬립의 발생이 적다.

$$4NO + 4NH_3 + O_2 \rightarrow 4N_2 + 6H_2O$$
$$NO + NO_2 + 2NH_3 \rightarrow 2N_2 + 3H_2O$$
$$2NO_2 + 4NH_3 + O_2 \rightarrow 3N_2 + 6H_2O$$
$$6NO_2 + 8NH_3 \rightarrow 7N_2 + 12H_2O$$

② **선택적 비촉매환원법(SNCR ; Selective Non-Catalytic Reduction)**

촉매 사용 없이 환원제[$NH_3$, $(NH_2)_2CO$]를 사용하여 $NO_x$를 $N_2$로 전환시키는 기술이다. 운전온도는 900~1,000℃ 정도로 고온이며 설치공간이 좁고 설치비가 저렴하지만, 다이옥신의 제거가 매우 어렵고 암모니아 슬립이 발생한다. 질소산화물 제거효율에 미치는 대표적 인자는 온도, $NO_x$ 초기농도, 반응시간, 산소농도 등이 있다.

$$4NO + 2CO(NH_2)_2 + O_2 \rightarrow 4N_2 + 2CO_2 + 4H_2O$$

③ **비선택적 촉매환원법(NSCR ; Non-Selective Catalytic Reduction)**

산소를 소모한 후 환원제($CH_4$, $H_2$ 등)를 사용하여 $NO_x$를 $N_2$로 전환시키는 기술이다. $N_2O$ 제거에도 효과가 있으나, 장치 구동을 위한 연료 소모가 많고 일산화탄소와 같은 부산물이 많이 생성된다.

④ **활성탄 흡착법**

활성탄 사용 시 활성속도 및 흡착능력이 우수하지만, 폭발의 위험이 있고 재생하여 활용하기가 어렵다. 120~150℃에서 처리되며, 질소산화물과 황산화물을 동시에 제거할 수 있다.

## 핵심이론 9 | 다이옥신

### (1) 다이옥신의 생성원인

폐기물 소각로에서 염소를 함유한 PVC 및 폐플라스틱류의 연소, 자동차 배출가스, 금속 제조, 펄프 표백공정 등에서 발생한다. 투입 폐기물에 존재하던 다이옥신(PCDD)과 퓨란(PCDF)이 연소 시 파괴되지 않고 배기가스로 배출되며 저온에서 촉매화 반응에 의해 분진과 결합하여 형성된다.

### (2) 다이옥신의 특성

① 다이옥신(PCDD)의 이성체는 75개, 퓨란(PCDF)은 135개이다.
② 860~920℃에 도달하면 파괴된다.
③ 250~300℃에서 다이옥신 생성은 최대치가 된다.
④ 2,3,7,8-TCDD의 독성계수는 1이며, 여타 이성체는 1보다 작은 등가계수를 갖는다.
⑤ 한 개 또는 두 개의 산소원자와 1~8개의 염소원자가 결합된 두 개의 벤젠고리를 포함하고 있다.

**참고**

독성등가환산계수(TEF)
독성이 가장 강한 2,3,7,8-TCDD의 독성을 기준값 1로 하여 다른 다이옥신의 상대적 독성값을 나타내는 계수

| 다이옥신의 구조 |

### (3) 다이옥신의 제어방법

① 연소 전 제어(사전 방지)

폐기물의 사전 분리방법으로, 폐기물을 균질화한다.

② 연소단계 제어

㉠ 860~920℃에 도달하면 다이옥신과 퓨란이 파괴되고, 920~1,000℃에서는 염화벤젠류 등이 파괴되므로, 국부적 온도를 980℃보다 높여 열적으로 분해한다.

㉡ 소각로 상부에 2차 연소로를 설치하여 연소가스의 체류시간을 증가시킨다.

㉢ 연소 시 발생하는 미연분과 비산재의 양을 줄이고, 쓰레기 공급상태를 균질화한다.

㉣ 연소용 공기의 양과 분포를 적절하게 유지하고, 연소가스와 연소공기를 혼합한다.

③ 연소 후 제어

㉠ 촉매분해법 : $V_2O_5$, $TiO_2$ 등의 촉매를 사용하여 다이옥신을 분해하는 방법

㉡ 활성탄 흡착법 : 활성탄 분말의 흡착성을 이용하여 표면에 다이옥신을 흡착시켜 제거하는 방법

㉢ 광분해법 : 자외선(250~300nm)을 배기가스에 조사시켜 다이옥신의 결합을 파괴하는 방법

㉣ 고온 열분해법 : 배기가스 온도를 850℃ 이상으로 유지하여 다이옥신을 분해하는 방법

㉤ 초임계유체 분해법 : 초임계유체의 극대 용해도(374℃, 218atm)를 이용하여 다이옥신을 흡수·제거하는 방법

㉥ 오존산화법 : 용액 중 오존을 주입하여 다이옥신을 분해하는 방법

㉦ 생물학적 분해법 : 세균 등을 이용하여 다이옥신을 생물학적으로 분해하는 방법

## 핵심이론 10 | 폐열 회수설비

### (1) 보일러

① 보일러의 원리

연료의 연소열을 압력용기 속 물로 전달한 후 소요압력의 증기를 발생시키는 장치로, 발생한 증기는 저압 포화증기로서 공장 생산용 열원 및 난방용 등으로 광범위하게 사용된다. 또한 고압 과열증기로 만들어 증기 터빈으로 보내 동력을 발생시킨 후 그 배기를 생산용 열원으로 사용하기도 한다.

② 보일러의 종류

| 구분 | 종류 |
|---|---|
| 원통 보일러 | • 직립형 보일러(횡관식, 다관식)<br>• 노통 보일러(코시니, 랭커셔)<br>• 연관 보일러(횡연관, 기관차)<br>• 노통·연관 복합 보일러<br>• 자연순환 보일러(직관형, 곡관형, 방사형) |
| 수관 보일러 | • 강제순환 보일러<br>• 관류 보일러<br>• 간접가열 보일러<br>• 배열 보일러 |
| 특수 보일러 | • 특수연료 보일러<br>• 특수유체 보일러<br>• 기타(온수 보일러, 전기 보일러) |

(2) **열교환기**

① 열교환기의 원리

폐열을 전량 흡수하려면 열교환기의 부피가 상당히 커야 하므로 독자적인 폐열 회수시설로 사용하기보다는 보일러 등에 설치하여 보조적으로 폐열을 회수하는 데 이용한다.

② 열교환기의 종류별 특성★★

| 종류 | 특성 |
|---|---|
| 과열기 | • 방사형, 대류형, 방사·대류형으로 구분<br>• 부착위치에 따라 전열형태가 다름<br>• 방사과 대류형 과열기를 조합하여 보일러 부하변동에 대해 과열 증기의 온도변화가 비교적 균일함<br>• 보일러에서 발생하는 포화증기를 과열하여 수분을 제거한 후 과열도가 높은 증기를 얻기 위해 설치함 |
| 재열기 | • 과열기와 같은 구조로 되어 있으며, 과열기의 중간 또는 뒤에 배치함<br>• 증기 터빈 속에서 소정의 팽창을 하여 포화증기에 가까워진 증기를 도중에 이끌어내 재차 가열하여 터빈을 돌려 팽창시키는 경우에 사용함 |
| 절탄기<br>(economizer) | • 보일러 전열면을 통과한 연소가스의 여열로 보일러 급수를 예열하여 보일러의 효율을 높이는 장치로, 연도에 설치함<br>• 급수온도가 낮을 경우 저온부에 접하는 가스 온도가 노점에 달하여 절탄기를 부식시킴<br>• 통풍 저항의 증가와 굴뚝 가스의 온도 저하로 인한 굴뚝 통풍 감소에 대해 주의를 요함 |
| 공기예열기 | • 굴뚝 가스의 여열을 이용해 연소용 공기를 예열함으로써 보일러의 효율을 높이는 장치<br>• 연료의 착화·연소를 양호하게 하고, 연소온도를 높이는 부대효과가 있음<br>• 절탄기와 병용하는 경우 공기예열기를 저온축에 설치해야 함(공기로의 열전달이 물보다 작아 같은 열량의 회수에 큰 전열넓이가 필요하지만, 절연면의 온도가 많이 내려가지 않으므로 저온의 열회수에 적합) |

(3) 증기 터빈
  ① 증기 터빈의 원리
    증기의 열에너지를 회전운동으로 변환시키는 과정에서 먼저 증기의 속도에너지 변환을 필요로 한다.
  ② 증기 터빈의 종류

| 구분 | 종류 |
| --- | --- |
| 증기 작동방식 | • 충동 터빈<br>• 반동 터빈<br>• 혼합식 터빈 |
| 증기 이용방식 | • 배압 터빈<br>• 혼합 터빈<br>• 추기 복수 터빈<br>• 추기 배압 터빈<br>• 복수 터빈 |
| 증기 유동방향 | • 축류 터빈<br>• 반경류 터빈 |
| 피구동기 | • 발전용(직결형 터빈, 감속형 터빈)<br>• 기계구동형(급수펌프 구동 터빈, 압축기 구동 터빈) |
| 케이싱수 | • 1케이싱 터빈<br>• 2케이싱 터빈 |
| 흐름수 | • 단류 터빈<br>• 복류 터빈 |

# CHAPTER 4 폐기물 공정시험기준(방법)

Engineer Wastes Treatment

### 저자쌤의 이론학습 TIP

폐기물 공정시험기준은 실기 시험에서는 출제율이 낮으므로, 기출문제 위주로만 공부하도록 합니다.

## 핵심이론 1 일반시험기준

### 1 시료의 채취

- **시료의 분할채취방법**

① 구획법
   ㉠ 모아진 대시료를 네모꼴로 엷게, 균일한 두께로 편다.
   ㉡ 이것을 가로 4등분, 세로 5등분하여 20개의 덩어리로 나눈다.
   ㉢ 20개의 각 부분에서 균등한 양을 취한 후 혼합하여 하나의 시료로 만든다.

② 교호삽법
   ㉠ 분쇄한 대시료를 단단하고 깨끗한 평면 위에 원추형으로 쌓는다.
   ㉡ 원추를 장소를 바꾸어 다시 쌓는다.
   ㉢ 원추에서 일정한 양을 취하여 장방형으로 도포하고, 계속해서 일정한 양을 취하여 그 위에 입체로 쌓는다.
   ㉣ 육면체의 측면을 교대로 돌면서 각각 균등한 양을 취하여 두 개의 원추를 쌓는다.
   ㉤ 하나의 원추는 버리고 나머지 원추를 앞의 조작을 반복하면서 적당한 크기까지 줄인다.

③ 원추4분법
   ㉠ 분쇄한 대시료를 단단하고 깨끗한 평면 위에 원추형으로 쌓아 올린다.
   ㉡ 앞의 원추를 장소를 바꾸어 다시 쌓는다.
   ㉢ 원추의 꼭지를 수직으로 눌러서 평평하게 만들고, 이것을 부채꼴로 4등분한다.
   ㉣ 마주보는 두 부분을 취하고, 반은 버린다.
   ㉤ 반으로 줄어든 시료를 앞의 조작을 반복하여 적당한 크기까지 줄인다.

## 2 시료의 준비

### (1) 분석 기기 및 기구

① 진탕기

상온·상압에서 진탕횟수가 분당 약 200회, 진탕의 폭이 4~5cm이고, 진탕시간 6시간의 연속 진탕이 가능한 왕복진탕기를 사용한다.

② 마이크로파 분해장치

시료를 산과 함께 용기에 넣어 마이크로파를 가하면, 강산에 의해 시료가 산화되면서 빠른 진동과 충돌에 의하여 극성 성분들은 시료 내 다른 물질들과의 결합이 끊어져 이온상태로 수용액에 용해된다. 이 장치는 가열속도가 빠르고 재현성이 좋으며, 폐유 등 유기물이 다량 함유된 시료의 전처리에 이용된다.

### (2) 용출시험방법

① 시료 용액의 조제

시료의 조제방법에 따라 조제한 시료 100g 이상을 정확히 달아 정제수에 염산을 넣어 pH 5.8~6.3으로 맞춘 용매(mL)를 시료 : 용매 = 1 : 10($W : V$)의 비로 2,000mL 삼각플라스크에 넣어 혼합한다. 다만, 정제수의 pH가 5.8~6.3인 경우에는 정제수에 염산을 넣어 pH를 조정하지 않아도 된다.

② 용출조작

시료 용액의 조제가 끝난 혼합액을 상온·상압에서 진탕횟수가 분당 약 200회, 진탕의 폭이 4~5cm인 왕복진탕기(수평인 것)를 사용하여 6시간 동안 연속 진탕한 다음, 1.0$\mu$m의 유리섬유여과지로 여과하고 여과액을 적당량 취하여 용출실험용 시료 용액으로 한다. 다만, 여과가 어려운 경우에는 원심분리기를 사용하여 분당 3,000회전 이상으로 20분 이상 원심분리한 다음, 상등액을 적당량 취하여 용출실험용 시료 용액으로 한다.

③ 시험결과의 보정

항목별 시험기준 중 각 항의 규정에 따라 실험한 용출시험의 결과는 시료 중의 수분 함량 보정을 위해 함수율 85% 이상인 시료에 한하여 "15/{100− 시료의 함수율(%)}"을 곱하여 계산한 값으로 한다.

### 핵심이론 2 | 일반항목

### ─ 강열감량 및 유기물 함량 - 중량법

① 목적★

폐기물의 강열감량 및 유기물 함량을 측정하는 방법으로, 시료에 질산암모늄 용액(25%)을 넣고 가열하여 (600±25)℃의 전기로 안에서 3시간 강열하고 데시케이터에서 식힌 후 질량을 측정하여 증발용기의 질량 차이로부터 강열감량(%) 및 유기물 함량(%)을 구한다.

② 간섭물질

㉠ 눈에 보이는 이물질이 들어 있을 때에는 제거해야 한다.
㉡ 용기 벽에 부착하거나 바닥에 가라앉는 물질이 있는 경우에는 시료를 분취하는 과정에서 오차가 발생할 수 있다.

③ 시료 채취 및 관리

㉠ 시료는 유리병에 채취하고, 가능한 한 빨리 측정한다.
㉡ 시료를 보관하여야 할 경우 미생물에 의한 분해를 방지하기 위해 0~4℃에서 보관한다.
㉢ 시료는 24시간 이내에 증발 처리를 하는 것이 원칙이며, 부득이한 경우에는 최대 7일을 넘기지 말아야 한다. 시료를 분석하기 전에 상온이 되게 한다.

④ 관련 공식

$$강열감량(\%) \text{ 또는 유기물 함량}(\%) = \frac{(W_2 - W_3)}{(W_2 - W_1)} \times 100$$

여기서, $W_1$ : 뚜껑을 포함한 증발용기의 질량
$W_2$ : 강열 전의 뚜껑을 포함한 증발용기와 시료의 질량
$W_3$ : 강열 후의 뚜껑을 포함한 증발용기와 시료의 질량

# PART 2

# 과년도 출제문제

폐기물처리기사 실기

최근 폐기물처리기사 실기 기출복원문제

폐기물처리기사 실기시험은 필답형(주관식)으로 진행되며, 시험지는 공개되지 않습니다.
이 책에 수록된 기출문제는 수험생의 기억에 의해 복원한 것으로,
실제 출제된 문제와 내용이 일부 다를 수 있으며, 출제문제 수는 회차별로 차이가 있습니다.

Engineer Wastes Treatment

### 저자쌤의 문제풀이 TIP

실기시험에서는 "3가지를 서술하시오." "4가지를 쓰시오." 등과 같이, 기재해야 할 정답의 가짓수에 대한 조건이 문제에서 주어지는 경우가 있습니다. 책에서는 풀이만으로도 해당 문제의 답을 충분히 숙지할 수 있도록, 문제에서 주어진 조건에 관계없이 허용되는 정답의 내용을 되도록 모두 수록하여 풀이하였습니다.
실제 시험에서는 문제에서 주어진 조건을 잘 파악하시고, 주어진 조건에 맞게 정답을 기재하시기를 바랍니다.

# 2015 제1회 폐기물처리기사 실기 필답형 기출문제

## 01

연직차수막과 표면차수막을 비교한 다음 표에서 빈칸에 알맞은 내용을 적으시오.

| 구분 | 연직차수막 | 표면차수막 |
|---|---|---|
| 사용조건 | ( ① ) | ( ② ) |
| 지하수 집배수시설 | 필요하지 않다. | 필요하다. |
| 차수성 확인 | 지하에 매설되어 확인이 어렵다. | 시공 시 확인할 수 있지만, 매립 후에는 확인이 어렵다. |
| 경제성 | ( ③ ) | ( ④ ) |
| 보수 가능성 | 차수막 보강 시공이 가능하다. | 매립 전에는 가능하지만, 매립 후에는 어렵다. |

**✓ 풀이**
① 수평방향의 차수층이 존재하는 경우에 사용한다.
② 매립지 지반의 투수계수가 큰 경우에 사용한다.
③ 단위면적당 공사비는 비싸지만, 총 공사비는 저렴하다.
④ 단위면적당 공사비는 싸지만, 총 공사비는 고가이다.

## 02

용출시험을 통해 슬러지(함수율 90%)의 카드뮴 농도를 측정하였더니 0.25mg/L가 나왔을 때, 다음 물음에 답하시오.
(1) 수분 함량을 보정한 값을 구하시오.
(2) 지정폐기물로 분류할 수 있는지 여부를 쓰시오.

**✓ 풀이**
(1) $0.25\,\text{mg/L} \times \dfrac{15}{100-90} = 0.375\,\text{mg/L}$
(2) 카드뮴이 0.3mg/L 이상이므로, 지정폐기물로 분류한다.

## 03
임계속도가 26rpm일 경우, 트롬멜 스크린의 직경(m)을 구하시오.

**풀이**

$$N_c = \sqrt{\frac{g}{4\pi^2 r}} \times 60$$

$$26 = \sqrt{\frac{9.8}{4\pi^2 r}} \times 60 \implies r = 1.322\,\text{m}$$

∴ 트롬멜 스크린의 직경 $= 2r = 2 \times 1.322 = 2.644\,\text{m} ≒ 2.64\,\text{m}$

## 04
폐기물 매립지의 입지 선정 시 기준항목 3가지를 서술하시오.

**풀이**
- 덮개 흙의 조달 용이도
- 우수 배제 용이도
- 충분한 부지 확보 가능성
- 토공량
- 바닥층의 토양 특성
- 지하수의 용도
- 최고지하수위
- 교통 편의성
- 시각적 은폐
- 폐기물의 운반거리 및 수집효율
- 수림 상태
- 특정 동식물의 서식현황
- 매립지 주변의 주민 거주현황
- 매립지 주변의 토지 이용현황
- 매립 후 부지 사용
- 지역계획과의 연관성
- 바람 방향
- 사후관리 용이도
- 접근로
- 재해에 대한 안전성
- 침출수 처리를 위한 인근 폐수처리장의 유무

## 05

95%의 폐기물을 3cm보다 작게 파쇄하려고 할 때 특성입자의 크기(cm)를 구하시오. (단, $n=1$이며, Rosin-Rammler 모델을 적용한다.)

**풀이**

$$y = f(x) = 1 - \exp\left[-\left(\frac{x}{x_0}\right)^n\right]$$

$$0.95 = 1 - \exp\left[-\left(\frac{3}{x_0}\right)^1\right] \Rightarrow \text{계산기의 Solve 기능 사용}$$

∴ 특성입자의 크기 $x_0 = 1.0014 ≒ 1.00\,\text{cm}$

## 06

분자식이 $[C_6H_7O_2(OH)_3]_5$인 폐기물 1ton을 호기성 퇴비할 때, 필요한 산소량(kg)을 구하시오. (단, 최종 화학식은 $[C_6H_7O_2(OH)_3]_2$이며, 무게는 400kg이다.)

**풀이** 〈반응식〉 $[C_6H_7O_2(OH)_3]_5 + 18O_2 \rightarrow [C_6H_7O_2(OH)_3]_2 + 18CO_2 + 15H_2O$

810kg : 18×32kg

1,000kg : $X$

∴ 필요한 산소량 $X = \dfrac{1,000 \times 18 \times 32}{810} = 711.1111 ≒ 711.11\,\text{kg}$

## 07

1차 연소실과 보조연료를 사용하는 2차 연소실을 갖춘 소각로에서, 1차 연소실은 30%의 과잉공기, 2차 연소실은 50%의 과잉공기로 연소되고 있을 때, 이 소각로의 총 과잉공기율(%)을 구하시오.

**풀이** 1차 연소실의 공급 공기량 $= 1.3A_o$

2차 연소실까지의 공급 공기량 $= 1.3A_o \times 1.5 = 1.95A_o$

∴ 과잉공기율 $= \dfrac{1.95A_o - A_o}{A_o} \times 100 = 95\%$

## 08

BOD 농도가 3,000mg/L인 침출수를 처리효율이 80%인 혐기성 소화시설에서 1차로 처리한 후, 처리효율이 50%인 폭기시설에서 2차로 처리하고, 3차로 약품 처리를 하여 최종 방류수의 BOD를 30mg/L 이하로 유지하기 위한 약품 처리효율(%)을 구하시오.

**풀이**  1차 처리 후 BOD 농도 $= 3,000 \times (1-0.80) = 600\,\text{mg/L}$

2차 처리 후 BOD 농도 $= 600 \times (1-0.50) = 300\,\text{mg/L}$

∴ 약품 처리효율 $= \left(1 - \dfrac{30}{300}\right) \times 100 = 90\%$

## 09

연직차수막과 표면차수막을 각각 그림으로 그려서 설명하시오.

**풀이**  ① 연직차수막 : 수평방향으로 차수층이 존재할 경우에 사용한다.

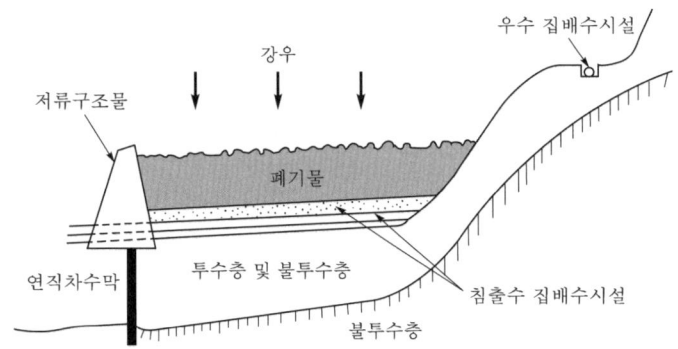

② 표면차수막 : 매립지 지반의 투수계수가 큰 경우에 사용한다.

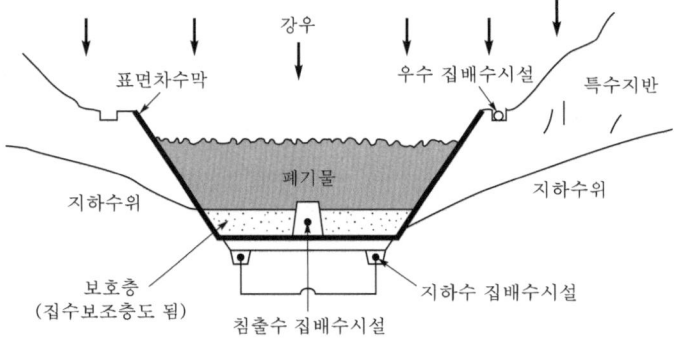

## 10
소각로에서 연소가스 냉각설비에 이용되는 방식 2가지를 적으시오.

**풀이**
- 수분사식
- 공기혼입식
- 폐열보일러식

## 11
열분해공정의 장점 3가지를 서술하시오. (단, 소각과 비교하여 쓰시오.)

**풀이**
- 불균일한 폐기물을 안정적으로 처리한다.
- 대기로 방출되는 가스가 적다.
- 생성되는 오일, 가스의 재자원화가 가능하다.
- 배기가스 중 질소산화물, 염화수소의 양이 적다.
- 환원성 분위기로 3가크로뮴($Cr^{3+}$)이 6가크로뮴($Cr^{6+}$)으로 변화하지 않는다.
- 황분, 중금속분이 재 중에 고정된다.

## 12
전기 집진장치의 원리를 서술하시오.

**풀이** 분진을 함유한 배출가스가 유입되어 방전극과 집진판 사이를 통과하게 되는데, 이때 분진은 코로나 방전에 의해 발생한 이온에 의해 대전되며, 정전기력에 의해 집진판으로 이동하여 집진된다.

## 13
유기성 고형화에 사용되는 고화제 4가지를 적으시오.

**풀이**
- 요소
- 폼알데하이드
- 폴리에스터
- 에폭시
- 아크릴아마이드겔

## 14
매립구조에 의한 매립의 종류 5가지를 적으시오.

**풀이**
- 혐기성 매립
- 혐기성 위생매립
- 개량 혐기성 위생매립
- 준호기성 매립
- 호기성 매립

## 15
분해연소에 대해 서술하시오.

**풀이** 연소 초기에 열분해에 의하여 가연성 가스가 생성되고, 이것이 긴 화염을 발생시키면서 연소하는 형태로, 분해연소를 하는 것으로는 목재, 석탄, 타르 등이 있다.

## 16
인구 50만명인 도시에서 1인당 하루 1kg의 생활폐기물이 발생하며, 이 폐기물의 밀도는 500kg/m³이다. 발생된 폐기물은 Trench법을 이용하여 깊이 5m인 매립지에 처리하며, 이 중 1m는 복토층으로 사용된다. 생활폐기물을 압축 처리하면 원래 부피의 2/3로 줄어들고, 이 상태에서 다시 분쇄하면 부피는 압축된 부피의 1/2로 줄어든다. 이 도시에서 발생한 폐기물을 압축만 하여 매립하는 경우에 비해, 압축 후 분쇄까지 하여 매립할 경우 연간 얼마만큼의 매립면적(m²)의 축소가 가능한지 구하시오.

**풀이**
- 압축 처리만 하였을 경우의 매립면적

$$A_T = \frac{1\,\text{kg}}{\text{인}\cdot\text{일}} \left|\frac{\text{m}^3}{500\,\text{kg}}\right| \frac{1}{4\,\text{m}} \left|\frac{365\,\text{day}}{\text{year}}\right| \frac{2}{3} \left|500{,}000\text{인}\right. = 60833.3333\,\text{m}^2/\text{year}$$

- 압축 후 분쇄 처리하였을 경우의 매립면적

$$A_T = \frac{1\,\text{kg}}{\text{인}\cdot\text{일}} \left|\frac{\text{m}^3}{500\,\text{kg}}\right| \frac{1}{4\,\text{m}} \left|\frac{365\,\text{day}}{\text{year}}\right| \frac{2}{3} \left|\frac{1}{2}\right| 500{,}000\text{인} = 30416.6667\,\text{m}^2/\text{year}$$

∴ 연간 축소되는 매립면적 = 60833.3333 − 30416.6667 = 30416.6666 ≒ 30416.67 m²

## 17

고형화(고화) 처리방법의 정의를 쓰고, 장점과 단점을 1가지씩 적으시오.

**풀이**  ① 정의
고체를 포함한 충분한 양의 고화제를 유독물질에 첨가하여 폐기물을 물리·화학적으로 안정화시켜 환경오염의 피해를 막는 방법이다.

② 장점
- 건설비가 저렴하다.
- 하수의 성상 변화에 적용성이 우수하다.
- 전반적으로 환경영향이 적다.
- 폐기물의 물리적 성질 변화로 취급이 용이하다.
- 폐기물 내 오염물질의 용해도가 감소한다.
- 매립지 복토재 등에 재이용이 가능하다.

③ 단점
- 넓은 부지면적이 필요하다.
- 고화물의 시장 안정성이 낮다.
- 고화체 등 부자재 투입으로 인해 감량효과가 적다.
- 처리 부산물을 재이용하지 못하면 추가 처분비가 필요하다.
- 열을 이용한 처리방안보다 처리주기가 긴 편이다.
- 슬러지 고화에 대한 자료가 부족하다.

# 2015 제2회 폐기물처리기사 실기 필답형 기출문제

## 01

A지역의 1인당 하루 생활폐기물 발생량은 1.2kg이고, 폐기물의 밀도는 300kg/m³이다. 이 지역은 인구 10만명을 대상으로 생활폐기물을 수거하며, 압축비가 2.0인 수거차량(적재용량 11m³)을 1대 운행하고 있다. 이 차량의 적재함 이용률은 90%이며, 수거작업에는 5명의 인부가 함께 참여할 때, 생활폐기물을 원활히 수거하기 위해서는 일주일에 최소 몇 회 이상 수거작업을 해야 하는지 구하시오.

**◎ 풀이**

일주일 기준 최소 수거횟수 = $\dfrac{1.2\,\text{kg}}{\text{인}\cdot\text{일}} \Big| \dfrac{100{,}000\,\text{인}}{} \Big| \dfrac{\text{m}^3}{300\,\text{kg}} \Big| \dfrac{1}{2} \Big| \dfrac{\text{회}}{11\,\text{m}^3 \times 1 \times 0.90} \Big| \dfrac{7\,\text{일}}{\text{주}}$

= 141.4141 회/주

∴ 142회 이상

## 02

C 86%, H 11%, S 3%의 함량을 갖는 중유 1kg을 연소하였다. 건조배기가스 중 $SO_2$의 농도(ppm)를 구하시오. (단, 배출가스 조성은 $CO_2 + SO_2$는 13%, $O_2$는 3%, CO는 0%이다.)

**◎ 풀이**

$O_o = 1.867\,C + 5.6\,H + 0.7\,S - 0.7\,O$
$= 1.867 \times 0.86 + 5.6 \times 0.11 + 0.7 \times 0.03 = 2.2426\,\text{Sm}^3$

$A_o = O_o \div 0.21 = 2.2426 \div 0.21 = 10.679\,\text{Sm}^3$

$m = \dfrac{N_2}{N_2 - 3.76(O_2 - 0.5\,CO)} = \dfrac{84}{84 - 3.76(3 - 0.5 \times 0)} = 1.1551$

$G_d = (m - 0.21)\,A_o + 1.867\,C + 0.7\,S$
$= (1.1551 - 0.21) \times 10.679 + 1.867 \times 0.86 + 0.7 \times 0.03$
$= 11.7193\,\text{Sm}^3$

∴ $SO_2(\text{ppm}) = \dfrac{SO_2}{G_d} \times 10^6 = \dfrac{0.7 \times 0.03}{11.7193} \times 10^6 = 1791.9159 \fallingdotseq 1791.92\,\text{ppm}$

## 03

폐기물의 부피감소율이 75%일 때, 압축비(CR)를 구하시오.

✅ 풀이  압축비 $CR = \dfrac{100}{100 - VR} = \dfrac{100}{100 - 75} = 4$

## 04

고체 및 액체 연료의 이론공기량($Sm^3/kg$) 공식을 유도하시오. (단, 연료 조성은 C, H, O, S, W이며, 산소 함량은 21%이다.)

✅ 풀이
- ⟨반응식⟩  $C + O_2 \rightarrow CO_2$
  12kg : $22.4 Sm^3$
  C : ①

  $① = \dfrac{22.4\,C}{12} = 1.867\,C\,Sm^3/kg$

- ⟨반응식⟩  $H_2 + 0.5 O_2 \rightarrow H_2O$
  2kg : $0.5 \times 22.4\,Sm^3$
  H : ②

  $② = \dfrac{0.5 \times 22.4\,H}{2} = 5.6\,H\,Sm^3/kg$

- ⟨반응식⟩  $S + O_2 \rightarrow SO_2$
  32kg : $22.4\,Sm^3$
  S : ③

  $③ = \dfrac{22.4\,S}{32} = 0.7\,S\,Sm^3/kg$

- ⟨반응식⟩  $O_2 \rightarrow O_2$
  32kg : $22.4\,Sm^3$
  O : ④

  $④ = \dfrac{22.4\,S}{32} = 0.7\,O\,Sm^3/kg$

- 이론산소량 $= ① + ② + ③ - ④ = 1.867\,C + 5.6\,H + 0.7\,S - 0.7\,O$
- 이론공기량 $= O_o \div 0.21$
  $= (1.867\,C + 5.6\,H + 0.7\,S - 0.7\,O) \div 0.21$
  $= 8.8905\,C + 26.6667\,H + 3.3333\,S - 3.3333\,O$

$\therefore A_o = 8.89\,C + 26.67\,H + 3.33\,S - 3.33\,O\,(Sm^3/kg)$

## 05

유기물($C_6H_{12}O_6$) 1mol이 혐기성 분해될 때 다음 식처럼 중간 생성물이 발생할 경우, 아세트산 및 수소로부터 생성되는 $CO_2$와 $CH_4$의 몰비를 구하시오.

$$C_6H_{12}O_6 + 2H_2O \rightarrow 2CH_3COOH + 4H_2 + 2CO_2$$

**풀이** $2CH_3COOH + 4H_2 + 2CO_2 \rightarrow 3CH_4 + CO_2 + 2H_2O$ 이므로,
$CO_2 : CH_4 = 25\% : 75\%$

## 06

C 50%, H 20%, O 5%, S 5%, N 10%, W 10%의 함량을 갖는 폐기물 1ton을 1.5의 공기비로 연소할 때, 다음 물음에 답하시오.
(1) 이론 습연소가스량(ton)을 구하시오.
(2) 실제 습연소가스량(ton)을 구하시오.

**풀이** (1) $O_o = 2.667\,C + 8\,H + S - O = 2.667 \times 0.50 + 8 \times 0.20 + 0.05 - 0.05 = 2.9335\,ton$
$A_o = O_o \div 0.232 = 2.9335 \div 0.232 = 12.6444\,ton$
∴ 이론 습연소가스량 $G_{ow}$
$= (1 - 0.232)A_o + CO_2 + H_2O + SO_2 + N_2$
$= (1 - 0.232) \times 12.6444 + 2.667 \times 0.50 + (8 \times 0.20 + 0.10) + 0.05 + 0.10$
$= 13.6444 ≒ 13.64\,ton$

(2) $O_o = 2.667\,C + 8\,H + S - O = 2.667 \times 0.50 + 8 \times 0.20 + 0.05 - 0.05 = 2.9335\,ton$
$A_o = O_o \div 0.232 = 2.9335 \div 0.232 = 12.6444\,ton$
∴ 실제 습연소가스량 $G_w$
$= (m - 0.232)A_o + CO_2 + H_2O + SO_2 + N_2$
$= (1.5 - 0.232) \times 12.6444 + 2.667 \times 0.50 + (8 \times 0.20 + 0.10) + 0.05 + 0.10$
$= 19.9666 ≒ 19.97\,ton$

## 07

독성이 가장 강한 2,3,7,8-TCDD의 독성을 기준값 1로 하여 다른 다이옥신의 상대적 독성값을 나타내는 계수는 무엇인지 적으시오.

**풀이** 독성등가환산계수(TEF)

## 08

프로페인 1mol이 완전연소한다고 할 때, 다음 물음에 답하시오. (단, 공기는 1mol의 산소와 3.76mol의 질소로 구성된다.)
(1) 실제 완전연소반응식을 쓰시오. (단, 질소를 포함한다.)
(2) 부피기준 AFR(부피)을 구하시오.
(3) 무게기준 AFR(무게)을 구하시오.

**풀이** (1) $C_3H_8 + 5O_2 + 5 \times 3.76N_2 \rightarrow 3CO_2 + 4H_2O + 5 \times 3.76N_2$

(2) $AFR_v = \dfrac{m_a \times 22.4}{m_f \times 22.4} = \dfrac{5 \div 0.21 \times 22.4}{1 \times 22.4} = 23.8095 ≒ 23.81$

(3) $AFR_w = \dfrac{m_a \times M_A}{m_f \times M_F} = \dfrac{5 \times 32 \div 0.232}{1 \times 44} = 15.6740 ≒ 15.67$

## 09

다음 [조건]을 이용하여 중간 복토재의 양(ton/year)을 구하시오.

[조건]
- 인구 : 100,000명
- 폐기물 발생량 : 2kg/인·일
- 폐기물 밀도 : 500kg/m³
- 1단의 높이 : 3m
- 중간 복토 높이 : 30cm
- 복토재의 밀도 : 2,000kg/m³
- 매립지 면적 : 10,000m²

**풀이**

폐기물 발생량($m^3$/year) = $\dfrac{2\,kg}{인·일} | \dfrac{100,000인}{} | \dfrac{m^3}{500\,kg} | \dfrac{365일}{year} = 146,000\,m^3/year$

폐기물 높이 = $\dfrac{146,000\,m^3}{year} | \dfrac{}{10,000\,m^2} = 14.6\,m/year$

단수 = $\dfrac{14.6\,m}{year} | \dfrac{}{3\,m} = 4.8667/year \Rightarrow 4단$

∴ 중간 복토재의 양 = $\dfrac{10,000\,m^2}{} | \dfrac{2,000\,kg}{m^3} | \dfrac{ton}{10^3 kg} | \dfrac{0.3\,m \times 4}{} = 24,000\,ton/year$

## 10

함수율 40%인 쓰레기 1ton을 건조시켜 함수율 15%인 쓰레기를 만들 때, 증발된 수분량(kg)을 구하시오.

**풀이**  $V_1(100 - W_1) = V_2(100 - W_2)$

$1,000 \text{kg} \times (100 - 40) = V_2 \times (100 - 15)$

$V_2 = 1,000 \text{kg} \times \dfrac{100 - 40}{100 - 15} = 705.8824 \text{kg}$

∴ 증발된 수분량 $= 1,000 - 705.8824 = 294.1176 ≒ 294.12 \text{kg}$

## 11

4성분 중 수분 10%, 회분 30%, 휘발분 10%, 고정탄소 50%인 폐기물을 연소할 경우 고위발열량(kcal/kg)을 구하시오. (단, 휘발분은 C 50%, H 15%, O 25%, S 10%이고, Dulong 식을 사용한다.)

**풀이** 고위발열량 $Hh(\text{kcal/kg}) = 81\text{C} + 340\left(\text{H} - \dfrac{\text{O}}{8}\right) + 25\text{S}$

$= 81 \times (50 + 10 \times 0.50) + 340\left(10 \times 0.15 - \dfrac{10 \times 0.25}{8}\right) + 25 \times (10 \times 0.10)$

$= 4883.75 \text{ kcal/kg}$

## 12

유동층 소각로의 장점 6가지를 서술하시오.

**풀이**
- 소량의 과잉공기(1.2~1.3)로도 연소가 가능하다.
- 노 내의 기계적 가동부분이 없어 유지관리가 용이하다.
- 열량이 적고, 난연성이다.
- 유동매체로 석회, 돌로마이트 등의 활성매체를 혼입함으로써 노 내에서 바로 탈황·탈염소·탈질이 가능하다.
- 유동매체의 열용량이 커서 액상·기상·고상 폐기물의 전소 및 혼소가 가능하다.
- 유동매체의 축열량이 높아 단기간 정지 후 가동 시 보조연료 사용 없이 정상 가동이 가능하다.

## 13

이론연소가스량 20Sm³/Sm³, 가스 평균정압비열 0.75kcal/Sm³·℃, 저위발열량 15,000kcal/Sm³인 연료를 연소 시 이론연소온도(℃)를 구하시오. (단, 공기 온도는 20℃이며, 공기는 예열하지 않고, 연소가스는 해리되지 않는다.)

**풀이** 이론연소온도 $t = \dfrac{Hl}{G \times C_p} + t_a = \dfrac{15,000}{20 \times 0.75} + 20 = 1,020\,℃$

## 14

직경이 3.2m인 트롬멜 스크린의 최적속도(rpm)을 구하시오.

**풀이** $N = N_c \times 0.45$

여기서, $N_c$ : 임계속도(rpm)$\left( = \sqrt{\dfrac{g}{4\pi^2 r}} \times 60 \right)$

$\therefore N = \left( \sqrt{\dfrac{9.8}{4\pi^2 \times 1.6}} \times 60 \right) \times 0.45 = 10.635 ≒ 10.64\,\text{rpm}$

## 15

다음 물음에 대한 알맞은 용어를 각각 [보기]에서 골라 적으시오.

[보기] EPA, RDF, PET, SRF, Magnetic separation, Eddy-current separation, Trommel screen, MBT, SCR, EPR, SDR

(1) 알루미늄캔 등의 선별방법
(2) 가연분을 선별 후 만든 폐기물 고체 연료
(3) 생산자 책임 재활용제도
(4) 기계·생물학적으로 처리하는 생활폐기물 전처리공정
(5) 폐플라스틱 원료가 60% 이상 함유된 연료

**풀이** (1) Eddy-current separation
 (2) RDF
 (3) EPR
 (4) MBT
 (5) RPF

## 16

해안매립공법 3가지를 쓰고, 각각의 특징을 서술하시오.

**❖ 풀이**  ① 수중투기공법, 내수배제공법 : 고립된 매립지 내의 해수를 그대로 둔 채 폐기물을 투기하는 내륙매립과 같은 형태의 방법으로, 오염된 내수를 처리해야 하며, 지반 개량이 필요한 지역과 대규모 매립지 등에 적합하다.
② 순차투입공법 : 호안에서부터 순차적으로 폐기물을 투입하여 육지화를 진행하는 방법으로, 수심이 깊은 처분장은 건설비 과다로 내수를 완전히 배제하기가 어려워 해당 공법을 사용하는 경우가 많다.
③ 박층뿌림공법 : 밑면이 뚫린 바지선 등으로 쓰레기를 박층으로 떨어뜨려 뿌려줌으로써 바다 지반의 하중을 균등하게 해주는 방법으로, 폐기물 지반의 안정화 및 매립부지 조기 이용에 유리한 방법이다.

## 17

C 86%, H 14%의 함량을 갖는 연료 1kg을 연소하였더니 배기가스가 13.5Sm³ 발생하였다. 배기가스 중 $CO_2$(%)를 구하시오.

**❖ 풀이**  $CO_2(\%) = \dfrac{CO_2}{G} \times 100 = \dfrac{1.867 \times 0.86}{13.5} \times 100 = 11.8935 ≒ 11.89\%$

## 18

100ton/day로 유입되는 폐기물을 소각하여 처리하고자 한다. 이때 소각로의 길이(m)를 구하시오. (단, 화격자 연소율은 150kg/m² · hr이고, 화격자의 폭은 3m이며, 연속 운전이다.)

**❖ 풀이**  소각로의 길이 $= \dfrac{100{,}000\,\text{kg}}{\text{day}} \Big| \dfrac{\text{m}^2 \cdot \text{hr}}{150\,\text{kg}} \Big| \dfrac{\text{day}}{24\,\text{hr}} \Big| \dfrac{1}{3\,\text{m}} = 9.2593 ≒ 9.26\,\text{m}$

# 2015 제4회 폐기물처리기사 실기 필답형 기출문제

## 01
매립지 사후관리에서 필요한 모니터링 항목 3가지를 적으시오.

**풀이**
- 매립지 최종 덮개설비의 안정성
- 유출수
- 지하수 검사
- 불포화층
- 발생가스
- 인근 지표수

## 02
폐기물의 압축비가 1.3일 때 부피감소율(%)을 구하시오.

**풀이** 부피감소율 $VR = 100\left(1 - \dfrac{1}{CR}\right) = 100\left(1 - \dfrac{1}{1.3}\right) = 23.0769 ≒ 23.08\%$

## 03
침출수 발생량에 영향을 주는 인자 5가지를 적으시오.

**풀이**
- 유출량
- 강우량
- 증발산량
- 폐기물 내 수분
- 폐기물 또는 복토의 수분 보유능력

## 04

쓰레기를 매립지까지 운반하는 데 3,000원/km · ton의 비용이 소요되지만, 중간 위치에 적환장을 설치하여 운반하면 적환장으로부터 매립지까지 운반하는 데 2,000원/km · ton의 비용이 소요된다고 한다. 적환장 운영비용이 7,000원/ton인 경우, 적환장 설치 전과 후의 총 운영비용이 같아지는 적환장 설치 지점은 쓰레기 발생 지점으로부터 몇 km 떨어져 있는지 구하시오. (단, 쓰레기 발생 지점으로부터 매립장까지의 거리는 20km이며, 설치비용은 고려하지 않는다.)

**풀이** 적환장 설치 전 총 운영비용(운반비) = $\dfrac{3{,}000원}{km \cdot ton} \Big| \dfrac{20\,km}{} = 60{,}000원/ton$

$60{,}000원/ton = 3{,}000원/km \cdot ton \times x(km) + 2{,}000원/km \cdot ton \times (20-x)km + 7{,}000원/ton$
$\qquad\qquad\qquad = 3{,}000x원/ton + 40{,}000원/ton - 2{,}000x원/ton + 7{,}000원/ton$

$13{,}000원/ton = 1{,}000x원/ton$

∴ 쓰레기 발생 지점으로부터 적환장 설치 지점까지의 거리 = 13km

## 05

다음 [조건]을 이용하여 10,000명당 필요한 매립지 최소면적($m^2$/year)을 구하시오. (단, 복토는 고려하지 않는다.)

[조건]
- 인구 : 1,000,000명
- 30일 청소차 : 20대
- 청소차 1대 100회, 용적 8$m^3$
- 25m까지 굴착하며, 지상으로의 매립은 없음

**풀이** 매립지 최소면적($m^2$/year) = $\dfrac{8\,m^3}{회}\Big|\dfrac{100회}{대}\Big|\dfrac{20대}{30\,day}\Big|\dfrac{365\,day}{year}\Big|\dfrac{1}{25\,m}\Big|\dfrac{1}{1{,}000{,}000인} \times \dfrac{10{,}000인}{10{,}000인}$

$\qquad\qquad\qquad\qquad = 77.8667 ≒ 77.87\,m^2/year \cdot 10{,}000인$

## 06

Fenton 산화법에 사용되는 약품 및 처리방법을 서술하시오.

**풀이** ① 약품 : 철염($FeSO_4$), 과산화수소($H_2O_2$)
② 처리방법 : pH 조정조(pH 3~5) → 급속 교반조 → 중화조 → 완속 교반조 → 침전조

## 07

폐기물 발생량이 3,526,000ton/year이고, 수거대상 인구가 8,575,632명이며, 가구당 인원이 4.96명인 도시 폐기물을 처리하기 위하여 수거인부 6,230명이 동원되었다. 다음 물음에 답하시오. (단, 연간 작업시간은 365일이며, 1명의 인부가 1일 8시간 작업한다고 가정한다.)
(1) 1인 1일 폐기물 배출량(kg/인·일)을 구하시오.
(2) 수거인부 1명당 1일 수거량(ton/인·일)을 구하시오.
(3) MHT를 구하시오.

**◆ 풀이**

(1) 1인 1일 폐기물 배출량 $= \dfrac{3,526,000\,\text{ton}}{\text{year}} \bigg| \dfrac{}{8,575,632\text{인}} \bigg| \dfrac{\text{year}}{365\text{일}} \bigg| \dfrac{10^3\,\text{kg}}{\text{ton}}$

$\qquad = 1.1265 \fallingdotseq 1.13\,\text{kg/인·일}$

(2) 수거인부 1명당 1일 수거량 $= \dfrac{3,526,000\,\text{ton}}{\text{year}} \bigg| \dfrac{}{6,230\text{인}} \bigg| \dfrac{\text{year}}{365\text{일}}$

$\qquad = 1.5506 \fallingdotseq 1.55\,\text{ton/인·일}$

(3) $\text{MHT} = \dfrac{\text{쓰레기 수거인부(man)} \times \text{수거시간(hr)}}{\text{총 쓰레기 수거량(ton)}}$

$\qquad = \dfrac{6,230\text{명}}{} \bigg| \dfrac{8\,\text{hr}}{\text{일}} \bigg| \dfrac{365\text{일}}{\text{year}} \bigg| \dfrac{\text{year}}{3,526,000\,\text{ton}}$

$\qquad = 5.1593 \fallingdotseq 5.16$

## 08

탈수 케이크(20℃) 100kg을 함수율 80%에서 20%로 건조시킬 경우의 열량(kcal)을 구하시오. (단, 비열 0.8kcal/kg·℃, 증발온도 70℃, 증발잠열 557kcal/kg, 열손실 50%이다.)

**◆ 풀이**

승온열량 $= Cm\Delta t = 0.8 \times \left(100\,\text{kg} \times \dfrac{1}{1-0.80}\right) \times (70-20)\,℃ \div 0.50 = 40,000\,\text{kcal}$

건조 후 케이크 $= 500\,\text{kg} \times \dfrac{(1-0.80)}{(1-0.20)} = 125\,\text{kg}$

증발시켜야 할 수분량 $= 500 - 125 = 375\,\text{kg}$

증발열량 $= Cm = 557 \times 375 \div 0.50 = 417,750\,\text{kcal}$

∴ 총 열량 $= 40,000 + 417,750 = 457,750\,\text{kcal}$

## 09

폐기물 고형화의 목적 4가지와 적용대상 폐기물 2가지를 적으시오.

✅ 풀이　① 목적
- 폐기물 내 오염물질의 용해도를 감소시킨다.
- 오염물질의 손실과 전달이 발생할 수 있는 표면적을 감소시킨다.
- 폐기물을 다루기 용이하게 한다.
- 폐기물의 독성을 감소시킨다.

② 적용대상 폐기물
- 방사능물질
- 중금속
- 무기화합물

## 10

매립지의 환경오염을 최소화하기 위해 설치하는 주요 시설물 6가지를 적으시오.

✅ 풀이
- 저류구조물
- 침출수 집배수설비
- 우수 집배수설비
- 덮개설비
- 발생가스 대책설비
- 차수설비

## 11

소각 후 발생하는 다이옥신을 처리하기 위한 방법 3가지를 적으시오.

✅ 풀이
- 촉매분해법
- 활성탄 흡착법
- 초임계유체 분해법
- 생물학적 분해법
- 광분해법
- 오존산화법
- 고온 열분해법

## 12

시간당 100kg의 폐기물을 소각 처리하고자 한다. 폐기물의 조성이 C 85%, H 10%, O 5%일 때, 다음 물음에 답하시오. (단, 배기가스의 분석 결과 $CO_2$는 12%, $O_2$는 4%, $N_2$는 84%이며, 연소온도는 20℃이다.)
(1) 이론공기량($Sm^3/kg$)을 구하시오.
(2) 실제 공기량($m^3/hr$)을 구하시오.

◆ 풀이 (1) $O_o = 1.867\,C + 5.6\,H + 0.7\,S - 0.7\,O$

$\qquad = 1.867 \times 0.85 + 5.6 \times 0.10 - 0.7 \times 0.05 = 2.112\,Sm^3/kg$

∴ 이론공기량 $A_o = O_o \div 0.21 = 2.112 \div 0.21 = 10.0571 ≒ 10.06\,Sm^3/kg$

(2) $m = \dfrac{N_2}{N_2 - 3.76(O_2 - 0.5\,CO)} = \dfrac{84}{84 - 3.76(4 - 0.5 \times 0)} = 1.2181$

∴ 실제 공기량 $A = m\,A_o = 1.2181 \times \dfrac{10.0571\,Sm^3}{kg} \bigg| \dfrac{100\,kg}{hr} \bigg| \dfrac{273+20}{273}$

$\qquad = 1314.8030 ≒ 1314.80\,m^3/hr$

## 13

폐기물 매립 시 파쇄의 장점 3가지를 적으시오.

◆ 풀이
- 폐기물 혼합율이 좋아져 호기성 조건을 유지할 수 있다.
- 비표면적의 증가로, 매립 시 조기 안정화에 유리하다.
- 폐기물 밀도가 증가하여 안정적이다.
- 복토 요구량이 절감된다.
- 압축작업 없이 고밀도의 매립이 가능하다.

## 14

폐기물 1kg에 고화제 0.4kg을 첨가하여 고화 처리를 하였더니, 폐기물의 부피는 처음 부피의 1.5배가 되었다. 다음 물음에 답하시오.
(1) 혼합률을 구하시오.
(2) 부피변화율을 구하시오.

◆ 풀이 (1) 혼합률 $= \dfrac{0.4}{1} = 0.4$

(2) 부피변화율 $= \dfrac{1.5}{1} = 1.5$

## 15
차수막 손상의 원인 3가지를 적으시오.

✅ **풀이**
- 돌기물에 의한 손상
- 지반 침하에 의한 손상
- 지지력 부족에 의한 손상
- 지반 변동에 의한 손상
- 양압력에 의한 손상

## 16
유해폐기물의 고형화 처리방법 3가지를 적으시오.

✅ **풀이**
- 유기중합체법
- 피막형성법
- 열가소성 플라스틱법
- 시멘트기초법
- 유리화법
- 자가시멘트법
- 석회기초법

## 17
혐기성 소화의 장점 3가지를 서술하시오. (단, 호기성 소화와 비교하여 작성하고, 규모 및 건설비용은 제외한다.)

✅ **풀이**
- 유효한 자원($CH_4$)을 생성한다.
- 슬러지 생성량이 적다.
- 동력 및 유지관리비가 적게 소모된다.
- 슬러지 탈수성이 양호하다.
- 병원균 사멸률이 높다.
- 유기물 농도가 높아도 낮은 에너지로 처리가 가능하다.

## 18

합성차수막에서 결정도(crystallinity)가 증가할수록 나타나는 성질 6가지를 적으시오.

**◆ 풀이**
- 인장강도가 증가한다.
- 열에 대한 저항성이 증가한다.
- 화학물질에 대한 저항성이 증가한다.
- 투수계수가 감소한다.
- 충격에 약해진다.
- 단단해진다.

## 19

다음 [조건]을 이용하여 Rietema 식에 의한 선별효율(%)를 구하시오.

[조건]
- 투입량 : 100ton(회수 : 30ton, 제거 : 70ton)
- 회수량 중 회수대상 물질 : 회수량의 90%
- 회수량 중 제거대상 물질 : 회수량의 10%

**◆ 풀이**  $x_1 = 30\,\text{ton}$,  $x_2 = 30 \times 0.90 = 27\,\text{ton}$

$y_1 = 70\,\text{ton}$,  $y_3 = 30 - 27 = 3\,\text{ton}$

∴ Rietema의 선별효율 $E(\%) = x_{회수율} - y_{회수율}$

$$= \left( \frac{x_2}{x_1} - \frac{y_3}{y_1} \right) \times 100$$

$$= \left( \frac{27}{30} - \frac{3}{70} \right) \times 100$$

$$= 85.7143 ≒ 85.71\%$$

# 2016 제1회 폐기물처리기사 실기 필답형 기출문제

## 01
폐기물의 에너지를 회수하는 방법 3가지를 적으시오.

✅ 풀이
- 소각
- 열분해
- 혐기성 소화
- RDF

## 02
유동층 소각로의 장점 3가지를 서술하시오.

✅ 풀이
- 소량의 과잉공기(1.2~1.3)로도 연소가 가능하다.
- 노 내의 기계적 가동부분이 없어 유지관리가 용이하다.
- 열량이 적고, 난연성이다.
- 유동매체로 석회, 돌로마이트 등의 활성매체를 혼입함으로써 노 내에서 바로 탈황·탈염소·탈질이 가능하다.
- 유동매체의 열용량이 커서 액상·기상·고상 폐기물의 전소 및 혼소가 가능하다.
- 유동매체의 축열량이 높아 단기간 정지 후 가동 시 보조연료 사용 없이 정상 가동이 가능하다.

## 03
폐기물 처리 시 발생하는 악취를 처리하기 위한 방법 3가지를 적으시오.

✅ 풀이
- 세정법
- 활성탄 흡착법
- 직접연소법
- 오존산화법
- 생물탈취법
- 토양탈취법

## 04

최종 복토의 목적 4가지를 적으시오.

✅ 풀이
- 매립가스 포집시설의 부압 확보를 위한 대기 유입 방지
- 악취 발생 방지
- 우수 침투 방지
- 경관 향상

## 05

함수율이 80%인 쓰레기 100kg을 건조시켜 함수율이 40%인 쓰레기로 만들었을 경우, 증발된 수분량(kg)을 구하시오.

✅ 풀이

$V_1(100 - W_1) = V_2(100 - W_2)$

$100\,\text{kg} \times (100 - 80) = V_2 \times (100 - 40)$

$V_2 = 100\,\text{kg} \times \dfrac{100 - 80}{100 - 40} = 33.3333\,\text{kg}$

∴ 증발된 수분량 $= 100 - 33.3333 = 66.6667 ≒ 66.67\,\text{kg}$

## 06

고체·액체·기체의 연소형태를 각각 1가지씩 적으시오.

✅ 풀이
- 고체의 연소형태 : 표면연소, 분해연소, 내부연소
- 액체의 연소형태 : 증발연소, 분해연소, 액면연소, 심지연소
- 기체의 연소형태 : 확산연소, 예혼합연소

## 07

500가구(가구당 4명)의 쓰레기 발생량이 1.5kg/인·일이고, 쓰레기의 밀도는 500kg/m³이며, 적재용량이 10m³일 때, 30일간 발생된 쓰레기 운반에 필요한 소요차량 대수를 구하시오. (단, 압축비는 2이며, 차량 이용률은 0.67이다.)

✅ 풀이

소요차량 대수 $= \dfrac{1.5\,\text{kg}}{\text{인} \cdot \text{일}} \Big| \dfrac{\text{m}^3}{500\,\text{kg}} \Big| \dfrac{(500 \times 4)\text{인}}{} \Big| \dfrac{\text{대}}{10\,\text{m}^3} \Big| \dfrac{1}{0.67} \Big| \dfrac{1}{2} \Big| \dfrac{30\,\text{일}}{} = 13.4328 ≒ 14\,\text{대}$

## 08

폐기물 매립 시 발생하는 악취물질 4가지를 적으시오.

**풀이**
- 암모니아($NH_3$)
- 황화수소($H_2S$)
- 메틸메르캅탄($CH_3SH$)
- 트라이메틸아민[$(CH_3)_3N$]
- 황화메틸($CH_3SCH_3$)

## 09

220만 인구 규모를 갖는 도시의 쓰레기 발생량이 1.5kg/인·일인 경우, 수거인부가 하루 1,800명이 동원되었을 때 MHT를 구하시오. (단, 1일 작업시간은 8시간이다.)

**풀이**
$$MHT = \frac{쓰레기\ 수거인부(man) \times 수거시간(hr)}{총\ 쓰레기\ 수거량(ton)}$$

$$= \frac{1,800명}{} \left| \frac{인 \cdot 일}{1.5\,kg} \right| \frac{}{2,200,000인} \left| \frac{8\,hr}{일} \right| \frac{10^3\,kg}{ton}$$

$$= 4.3636 ≒ 4.36$$

## 10

팽화제(bulking agent)의 특성 3가지를 적으시오.

**풀이**
- 수분 조절
- C/N 비 개선
- 공기통로 형성

## 11

다음 설명에 알맞은 매립공법을 적으시오.

> 폐기물을 매립하기 전에 감용화 목적으로 먼저 압축시킨 후 포장하여 처리하는 방법으로, 폐기물의 운반이 쉬우며 지가가 비쌀 경우 유효한 방법이다.

**풀이** 압축매립 공법

## 12

폐유기용제 처리방법 3가지를 적으시오.

✅ 풀이
① 기름과 물 분리가 가능한 것은 기름과 물 분리방법으로 사전 처분하여야 한다.
② 할로겐족으로 액체상태의 것은 다음의 어느 하나에 해당하는 방법으로 처분하여야 한다.
- 고온 소각하여야 한다.
- 증발·농축 방법으로 처분한 후 그 잔재물은 고온 소각하여야 한다.
- 분리·증류·추출·여과의 방법으로 정제한 후 그 잔재물은 고온 소각하여야 한다.
- 중화·산화·환원·중합·축합의 반응을 이용하여 처분하여야 하며, 처분 후 발생하는 잔재물은 고온 소각하거나, 응집·침전·여과·탈수의 방법으로 다시 처분한 후 그 잔재물은 고온 소각하여야 한다.
③ 할로겐족으로 고체상태의 것은 고온 소각하여야 한다.
④ 그 밖의 폐유기용제로서 액체상태의 것은 다음의 어느 하나에 해당하는 방법으로 처분하여야 한다.
- 소각하여야 한다.
- 증발·농축 방법으로 처분한 후 그 잔재물은 소각하여야 한다.
- 분리·증류·추출·여과의 방법으로 정제한 후 그 잔재물은 소각하여야 한다.
- 중화·산화·환원·중합·반응을 이용하여 처분하여야 하며, 처분 후 발생하는 잔재물은 소각하거나, 응집·침전·여과·탈수의 방법으로 다시 처분한 후 그 잔재물은 소각하여야 한다.
⑤ 그 밖의 폐유기용제로서 고체상태의 것은 소각하여야 한다.

## 13

쓰레기 발생량 예측방법 3가지를 적으시오.

✅ 풀이
- 동적모사모델(dynamic simulation model)
- 다중회귀모델(multiple regression model)
- 경향법(trend method)

## 14

폐수 중 부유입자를 응집하기 위해 사용하는 응집제로 황산알루미늄을 사용하는 이유를 서술하시오.

✅ 풀이 황산알루미늄을 사용하는 이유는 가격이 저렴하고, 대부분의 현탁성 물질 및 부유물질 제거에 효과적이며, 부식성이 없어 취급이 용이하기 때문이다.

## 15

다음은 침출수 특성에 관한 내용이다. 빈칸에 들어갈 알맞은 용어를 적거나 고르시오.
(1) 침출수는 (　　)의 영향을 가장 많이 받는다.
(2) 침출수는 생물학적 처리만으로 처리가 (가능/불가능)하다.
(3) 침출수 내 BOD는 시간이 흐를수록 (증가/감소)한다.
(4) 침출수는 초반에 (산성/중성/알칼리성) 또는 (산성/중성/알칼리성)이지만, 시간이 지날수록 (산성/중성/알칼리성)을 나타낸다.
(5) 침출수 내 암모니아성 질소 농도보다 질산성 질소 농도가 더 (높다/낮다).
(6) 매립 후 시간이 흐를수록 COD/TOC 비율은 (증가/감소)한다.

**풀이**　(1) 강우량
　　　　(2) 불가능
　　　　(3) 감소
　　　　(4) 산성, 중성, 알칼리성
　　　　(5) 낮다
　　　　(6) 감소

## 16

매립구조에 의한 매립종류 3가지를 쓰고, 특징을 간단히 서술하시오.

**풀이**　① 혐기성 매립 : 산간지, 저습지에 폐기물을 투기하는 방법으로, 환경에 미치는 영향이 크며, 하천, 산 등에 불법 투기하는 경우 문제가 된다.
　　　　② 혐기성 위생매립 : 폐기물을 2~3m의 높이로 쌓고, 50cm 정도로 복토를 하는 방법으로, 악취, 파리 발생 및 화재 문제는 해결되지만, 침출수 문제가 발생할 수 있으며, BOD와 질소 함량이 높다.
　　　　③ 개량 혐기성 위생매립 : 혐기성 위생매립의 침출수 문제 등을 보완하기 위하여 일반적으로 매립장 밖에 저류조를 설치하고 바닥 저부에 침출수를 배제하는 집수관을 설치하여 오수를 관리하고 대책을 세우는 방법으로, 현재 시행되고 있는 위생매립의 대부분이 여기에 속한다.
　　　　④ 준호기성 매립 : 오수를 가능한 빨리 매립지 밖으로 배제하기 위하여 폐기물층과 저부의 수압을 저감시켜 토양으로의 오수 침투를 방지함과 동시에 집수단계에서 침출수를 정화할 수 있도록 집수장치를 설계한 구조로, 개량형 위생매립에 비하여 침출액의 수질이 매립장 내에서 1/5~1/10 정도로 정화된다.
　　　　⑤ 호기성 매립 : 매립층에 강제로 공기를 불어 넣어 폐기물을 빠르게 분해하여 안정화시키는 방법으로, 혐기성 매립에 비해 3배 빠른 속도로 안정화가 진행된다. 매립 종료 1년 후 침출수의 BOD가 가장 낮게 유지되는 매립방법이며, 폭기를 진행하므로 운전비가 높고, 적절한 매립 순서와 방법을 사용하여야 한다.

## 17

시간당 100kg의 폐기물을 소각 처리하고자 한다. 폐기물의 조성이 C 38%, H 10%, O 24%, S 3%, 수분 15%, Ash 10%일 때, 소각에 필요한 공기량($Sm^3/hr$)을 구하시오. (단, 배기가스의 분석 결과 $SO_2+CO_2$는 19.5%, $O_2$는 0.5%, $N_2$는 80%이다.)

**풀이**
$$O_o = 1.867\,C + 5.6\,H + 0.7\,S - 0.7\,O$$
$$= 1.867 \times 0.38 + 5.6 \times 0.10 + 0.7 \times 0.03 - 0.7 \times 0.24 = 1.1225\,Sm^3/kg$$
$$A_o = O_o \div 0.21 = 1.1225 \div 0.21 = 5.3452\,Sm^3/kg$$
$$m = \frac{N_2}{N_2 - 3.76(O_2 - 0.5\,CO)} = \frac{80}{80 - 3.76(0.5 - 0.5 \times 0)} = 1.0241$$
$$A = mA_o = 1.0241 \times 5.3452 = 5.4740\,Sm^3/kg$$
∴ 필요한 공기량 $= 5.4740\,Sm^3/kg \times 100\,kg/hr = 547.4\,Sm^3/hr$

## 18

슬러지 함수율 80%와 볏짚 함수율 20%를 질량비 1 : 2로 혼합한다고 할 때, 혼합 함수율(%)을 구하시오.

**풀이**
혼합 함수율 $W_m = \dfrac{W_1 Q_1 + W_2 Q_2}{Q_1 + Q_2} = \dfrac{80\% \times 1 + 20\% \times 2}{1 + 2} = 40\%$

## 19

열분해와 소각에 대하여 다음 물음에 답하시오.
(1) 열분해와 소각의 차이점 3가지를 적으시오.
(2) 열분해 생성물 3가지를 적으시오.

**풀이** (1) • 열분해는 소각보다 대기로 방출되는 가스가 적다.
- 열분해는 소각보다 배기가스 중 질소산화물, 염화수소의 양이 적다.
- 열분해는 황분, 중금속분이 재 중에 고정된다.
- 열분해는 무산소 또는 산소가 부족한 상태이며, 소각은 충분한 산소가 필요하다.

(2) • 기체 : 수소($H_2$), 메테인($CH_4$), 일산화탄소(CO), 암모니아($NH_3$), 황화수소($H_2S$) 등
- 액체 : 식초산, 아세톤, 오일, 메탄올, 타르, 방향성 물질 등
- 고체 : 탄소(char), 불연성 물질

# 2016 제4회 폐기물처리기사 실기 필답형 기출문제

## 01
퇴비 숙성도 판단방법 3가지를 적으시오.

**풀이**
- 산소이용률
- 온도
- 이산화탄소($CO_2$) 농도
- 냄새 및 색깔

## 02
소각시설의 구성요소 중 통풍설비에 해당되는 설비의 종류 3가지를 적으시오.

**풀이**
- 압입송풍기
- 연돌
- 통풍덕트
- 배출가스덕트

## 03
포졸란에 대해 다음 물음에 답하시오.
(1) 포졸란의 정의(특성)을 간략하게 서술하시오.
(2) 포졸란의 종류를 쓰시오.
(3) 포졸란의 주요 조성은 무엇으로 되어 있는지 적으시오.

**풀이**
(1) 포졸란은 자신만으로는 수경성을 갖지 않고, 물에 용해 되어 있는 수산화칼슘과 상온에서 서서히 반응하여 물에 녹지 않는 화합물을 만들 수 있는 미분상태의 물질이다.
(2) 응회암, 규조토
(3) 실리카($SiO_2$)

## 04
소각로에서 연소가스 냉각설비에 이용되는 방식 2가지를 적으시오.

**풀이**
- 수분사식
- 공기혼입식
- 폐열보일러식

## 05
쓰레기의 입도를 분석하였더니 입도누적곡선상에서 10%, 20%, 40%, 50%, 60%, 70%, 90%의 입경이 각각 2mm, 6mm, 8mm, 10mm, 14mm, 16mm, 20mm이었다면, 이 쓰레기의 유효입경과 균등계수를 구하시오.

**풀이**
① 유효입경 $D_{10} = 2\,\text{mm}$
② 균등계수 $C_u = \dfrac{D_{60}}{D_{10}} = \dfrac{14}{2} = 7$

## 06
연직차수막의 시공법 3가지를 적으시오.

**풀이**
- 강널말뚝 공법
- Earth dare 공법
- Grout 공법

## 07
매립지에서 침출된 침출수의 농도가 반으로 감소하는 데 약 2.96년이 걸린다면, 이 침출수의 농도가 99% 분해되는 데 걸리는 시간(year)을 구하시오. (단, 1차 반응 기준이다.)

**풀이**
1차 반응식 $\ln \dfrac{C_t}{C_o} = -k \cdot t$

이때, $k = \dfrac{\ln \dfrac{C_t}{C_o}}{-t} = \dfrac{\ln \dfrac{1}{2}}{-2.96\,\text{year}} = 0.2342\,\text{year}^{-1}$

$\therefore t = \dfrac{\ln \dfrac{C_t}{C_o}}{-k} = \dfrac{\ln \dfrac{1}{100}}{-0.2342} = 19.6634 ≒ 19.66\,\text{year}$

## 08

저위발열량이 5,000kcal/kg이고, 수분이 20%인 폐기물을 5ton/hr로 소각하고 있다. [조건]이 아래와 같을 때, 다음 물음에 답하시오. (단, 소각로의 열손실은 5%이고, 소각재가 가지고 나가는 열량은 소각 폐기물 저위발열량의 10%이다.)

[조건]
- 공기비 : 2
- 이론공기량 : 5.5Sm³/kg
- 습연소가스량 : 13.2Sm³/kg
- 습연소가스량의 비열 : 0.35kcal/Sm³·℃
- 폐기물 및 연소공기의 온도 : 20℃
- 폐기물의 비열 : 0.4kcal/kg·℃
- 연소공기의 비열 : 0.31kcal/Sm³·℃

(1) 소각로 입열량(kcal/hr)을 구하시오. (단, 입열량=폐기물 발열량+폐기물 현열+연소공기 현열)
(2) 배기가스 온도(℃)를 구하시오. (단, 출열량=열손실+소각재 보유열+연소가스 보유열)

**풀이**

(1) 폐기물 발열량 $= \dfrac{5{,}000\,\text{kcal}}{\text{kg}} \Big| \dfrac{5\,\text{ton}}{\text{hr}} \Big| \dfrac{10^3\,\text{kg}}{\text{ton}} = 25{,}000{,}000\,\text{kcal/hr}$

폐기물 현열 $= \dfrac{0.4\,\text{kcal}}{\text{kg}\cdot\text{℃}} \Big| \dfrac{5\,\text{ton}}{\text{hr}} \Big| \dfrac{10^3\,\text{kg}}{\text{ton}} \Big| \dfrac{20\,\text{℃}}{} = 40{,}000\,\text{kcal/hr}$

연소공기 현열 $= \dfrac{0.31\,\text{kcal}}{\text{Sm}^3\cdot\text{℃}} \Big| \dfrac{5.5\,\text{Sm}^3}{\text{kg}} \Big| \dfrac{2\,(\text{공기비})}{} \Big| \dfrac{5\,\text{ton}}{\text{hr}} \Big| \dfrac{10^3\,\text{kg}}{\text{ton}} \Big| \dfrac{20\,\text{℃}}{} = 341{,}000\,\text{kcal/hr}$

∴ 소각로 입열량 $= 25{,}000{,}000 + 40{,}000 + 341{,}000 = 25{,}381{,}000\,\text{kcal/hr}$

(2) 연소가스 보유열 $= 25{,}381{,}000 - 25{,}381{,}000 \times 0.05 - 25{,}000{,}000 \times 0.10$
$= 21{,}611{,}950\,\text{kcal/hr}$

∴ 배기가스 온도 $= \dfrac{21{,}611{,}950\,\text{kcal}}{\text{hr}} \Big| \dfrac{\text{kg}}{13.2\,\text{Sm}^3} \Big| \dfrac{\text{hr}}{5\,\text{ton}} \Big| \dfrac{\text{ton}}{10^3\,\text{kg}} \Big| \dfrac{\text{Sm}^3\cdot\text{℃}}{0.35\,\text{kcal}} - 20\,\text{℃}$
$= 915.5823 ≒ 915.58\,\text{℃}$

## 09

매립장에 차수막을 설치하지 않아도 되는 투수계수의 기준을 적으시오.

**풀이** $10^{-7}\,\text{cm/sec}$ 미만

## 10

침출수 중 $Cr^{6+}$ 20mg/L를 $FeSO_4$로 환원응집 처리하고자 한다. 침출수 $1m^3$당 소요되는 $FeSO_4$의 양(g)을 구하시오. (단, Cr의 원자량은 52, Fe의 원자량은 56이다.)

**풀이**

〈반응식〉 $H_2Cr_2O_7 + 6FeSO_4 + 6H_2SO_4 \rightarrow Cr_2(SO_4)_3 + 3Fe_2(SO_4)_3 + 7H_2O$

$Cr^{6+}$와 $FeSO_4$의 비율은 2 : 6이므로,

$Cr^{6+}$ : $FeSO_4$
$2 \times 52g$ : $6 \times 152g$
Cr 양 : $X$

➡ Cr 양 $= \dfrac{20\,mg}{L} \Big| \dfrac{1\,m^3}{} \Big| \dfrac{g}{10^3 mg} \Big| \dfrac{10^3 L}{m^3} = 20\,g$

∴ 소요되는 $FeSO_4$의 양 $X = \dfrac{20\,g \times 6 \times 152\,g}{2 \times 52\,g} = 175.3846 ≒ 175.38\,g$

## 11

내화벽돌의 종류 2가지를 적으시오.

**풀이**
- 점토질 벽돌
- 고알루미나 벽돌
- 규석 벽돌
- 마그네시아질 벽돌

## 12

총괄열전달계수가 35kcal/$m^2$ · hr · ℃인 열교환기를 사용하여 연소가스를 650℃에서 250℃로 냉각시키면서 냉각수 150ton/hr를 50℃에서 150℃로 예열시키고자 할 때, 예열기의 열교환 소요면적($m^2$)을 구하시오. (단, 물의 비열은 1kcal/kg · ℃이고, 가스 · 물의 흐름 방향은 병류이다.)

**풀이**

대수온도차 $= \dfrac{\Delta t_1 - \Delta t_2}{\ln\left(\dfrac{\Delta t_1}{\Delta t_2}\right)} = \dfrac{(650-50)℃ - (250-150)℃}{\ln\left(\dfrac{(650-50)℃}{(250-150)℃}\right)} = 279.0553℃$

∴ 소요면적 $= \dfrac{Q}{K \cdot \Delta t} = \dfrac{1\,kcal/kg \cdot ℃ \times 150,000\,kg/hr \times (150-50)℃}{35\,kcal/m^2 \cdot hr \cdot ℃ \times 279.0553℃}$

$= 1535.7939 ≒ 1535.79\,m^2$

## 13

자력 선별기를 이용하여 철 성분을 선별하고자 한다. 다음 [조건]을 이용하여 물음에 답하시오.

[조건]
- 투입량 : 400ton/day
- 투입량 중 철 성분 : 20%
- 회수량 : 80ton/day
- 회수량 중 철 성분 : 80%

(1) Worrell 식에 의한 선별효율(%)을 구하시오.
(2) Rietema 식에 의한 선별효율(%)을 구하시오.

◆ 풀이 (1) $x_1 = 80\,\text{ton/day}$, $x_2 = 80 \times 0.80 = 64\,\text{ton/day}$
$y_1 = 320\,\text{ton/day}$, $y_2 = (320-16)\,\text{ton/day} = 304\,\text{ton/day}$
∴ Worrell의 선별효율 $E(\%) = x_{회수율} \times y_{기각률}$

$$= \left(\frac{x_2}{x_1} \times \frac{y_2}{y_1}\right) \times 100$$

$$= \left(\frac{64}{80} \times \frac{304}{320}\right) \times 100 = 76\%$$

(2) $x_1 = 80\,\text{ton/day}$, $x_2 = 80 \times 0.80 = 64\,\text{ton/day}$
$y_1 = 320\,\text{ton/day}$, $y_3 = 16\,\text{ton/day}$
∴ Rietema의 선별효율 $E(\%) = x_{회수율} - y_{회수율}$

$$= \left(\frac{x_2}{x_1} - \frac{y_3}{y_1}\right) \times 100$$

$$= \left(\frac{64}{80} - \frac{16}{320}\right) \times 100 = 75\%$$

## 14

함수율이 80%인 쓰레기를 1,000kg/hr로 건조시켜 함수율이 65%인 쓰레기로 만들 때, 건조 후 쓰레기의 중량(kg/hr)을 구하시오.

◆ 풀이 $V_1(100-W_1) = V_2(100-W_2)$
$1,000\,\text{kg/hr} \times (100-80) = V_2(100-65)$
∴ 건조 후 쓰레기의 중량 $V_2 = 571.4286 ≒ 571.43\,\text{kg/hr}$

## 15

복토 중 $Fe_2O_3$가 $H_2S$와 반응하여 흑색의 황화철과 수용성 황산제일철이 발생할 때의 반응식을 쓰시오.

◆ 풀이   $4Fe_2O_3 + 8H_2S \rightarrow FeSO_4 + 7FeS + 8H_2O$

## 16

10ton/hr로 유입되는 폐기물(유기물 46%, 수분 38%)을 소각하여 처리하고자 한다. 유기물 연소 시 50%의 물이 생성되며, 건조 유기물의 발열량은 4,500kcal/kg이라고 할 때, 연소가스 열량(kcal/hr)을 구하시오. (단, 복사 열손실 5%, 미연소 열손실 10%이고, 증발잠열 600kcal/kg이다.)

◆ 풀이
- 유기물 $= \dfrac{10\,\text{ton}}{\text{hr}} \Big| \dfrac{10^3\,\text{kg}}{\text{ton}} \Big| \dfrac{46}{100} = 4,600\,\text{kg/hr}$

- 수분 $= \dfrac{10\,\text{ton}}{\text{hr}} \Big| \dfrac{10^3\,\text{kg}}{\text{ton}} \Big| \dfrac{38}{100} + \dfrac{4,600\,\text{kg}}{\text{hr}} \Big| \dfrac{50}{100} = 6,100\,\text{kg/hr}$

- ∴ 연소가스 열량 $= \left( \dfrac{4,600\,\text{kg}}{\text{hr}} \Big| \dfrac{4,500\,\text{kcal}}{\text{kg}} \Big| \dfrac{(100-5-10)}{100} \right) - \left( \dfrac{6,100\,\text{kg}}{\text{hr}} \Big| \dfrac{600\,\text{kcal}}{\text{kg}} \right)$
  $= 13,935,000\,\text{kcal/hr}$

## 17

어느 도시의 1인당 하루 생활폐기물 발생량은 1.5kg이고, 이 폐기물의 밀도는 380kg/m³이며, 발생된 폐기물은 Trench법을 이용하여 깊이 5m인 매립지에 처리한다. 생활폐기물을 압축 처리하면 원래 부피의 2/3로 줄어들고, 이 상태에서 다시 분쇄하면 부피는 압축된 부피의 1/3로 줄어든다. 이 도시에서 발생한 폐기물을 압축만 하여 매립하는 경우에 비해, 압축 후 분쇄까지 하여 매립할 경우 연간 얼마만큼의 매립면적(m²)의 축소가 가능한지 구하시오. (단, 도시 인구는 150,000명이다.)

◆ 풀이
- 압축 처리만 하였을 경우의 매립면적

  $A_T = \dfrac{1.5\,\text{kg}}{\text{인}\cdot\text{일}} \Big| \dfrac{\text{m}^3}{380\,\text{kg}} \Big| \dfrac{1}{5\text{m}} \Big| \dfrac{365\,\text{day}}{\text{year}} \Big| \dfrac{2}{3} \Big| 150,000\,\text{인} = 28815.7895\,\text{m}^2/\text{year}$

- 압축 후 분쇄 처리하였을 경우의 매립면적

  $A_T = \dfrac{1.5\,\text{kg}}{\text{인}\cdot\text{일}} \Big| \dfrac{\text{m}^3}{380\,\text{kg}} \Big| \dfrac{1}{5\text{m}} \Big| \dfrac{365\,\text{day}}{\text{year}} \Big| \dfrac{2}{3} \Big| \dfrac{1}{3} \Big| 150,000\,\text{인} = 9605.2632\,\text{m}^2/\text{year}$

- ∴ 연간 축소되는 매립면적 $= 28815.7895 - 9605.2632 = 19210.5263 ≒ 19210.53\,\text{m}^2/\text{year}$

## 18

퇴비화의 영향인자 3가지를 쓰고, 각 인자별 최적의 운전범위를 적으시오.

✔ 풀이
- C/N 비 : 25~40
- 함수율 : 50~60%
- pH : 6.5~8.0
- 온도 : 45~65℃
- 입자 크기 : 0.65~2.54cm
- 산소 함량 : 폐기물 중량의 5~15%

## 19

다음은 혐기성 소화의 분해원리를 설명한 것이다. 빈칸에 알맞은 내용을 적으시오.

유기물은 가수분해되어 고분자물질을 ( ① )화시켜, 이 생성물은 ( ② )공정에서 유기산과 저급 지방산을 생성하고, 이를 ( ③ )공정에서 메테인균이 반응하여 ( ④ ) 60~70%, ( ⑤ ) 30~40%가 생성된다.

✔ 풀이
① 저분자
② 산 생성
③ 메테인 생성
④ 메테인
⑤ 이산화탄소

## 20

100m³/day로 유입되는 분뇨를 처리하고자 한다. 분뇨의 고형물 함량은 5%이고, 휘발성 고형물은 67%이며, VS 1kg당 0.72m³의 가스가 발생하는 경우 1일당 가스 발생량(m³)을 구하시오. (단, 소화율은 56%이고, 분뇨의 비중은 1이다.)

✔ 풀이

$$\text{가스 발생량} = \frac{100\,\text{m}^3}{\text{day}} \left| \frac{1{,}000\,\text{kg}}{\text{m}^3} \right| \frac{5_{\text{고형물}}}{100_{\text{분뇨}}} \left| \frac{67_{\text{VS}}}{100_{\text{고형물}}} \right| \frac{56}{100} \left| \frac{0.72\,\text{m}^3}{\text{kg}_{\text{VS}}} \right| = 1350.72\,\text{m}^3/\text{day}$$

# 2017 제1회 폐기물처리기사 실기 필답형 기출문제

## 01

성분이 C 11.7%, H 1.8%, O 8.8%, N 0.4%, S 0.1%, 수분 65%, 회분 12%인 폐기물을 연소할 때, 다음 물음에 답하시오. (단, Dulong 식을 사용한다.)
(1) 고위발열량(kcal/kg)을 구하시오.
(2) 저위발열량(kcal/kg)을 구하시오.

**◆ 풀이**

(1) $Hh(\text{kcal/kg}) = 81\text{C} + 340\left(\text{H} - \dfrac{\text{O}}{8}\right) + 25\text{S}$

$= 81 \times 11.7 + 340\left(1.8 - \dfrac{8.8}{8}\right) + 25 \times 0.1 = 1188.2\,\text{kcal/kg}$

(2) $Hl(\text{kcal/kg}) = Hh - 6(9\text{H} + W)$

$= 1188.2 - 6(9 \times 1.8 + 65) = 701\,\text{kcal/kg}$

## 02

인구가 20,000명인 어느 도시에서 배출되는 폐기물량은 1.2kg/인·일이고, 밀도는 350kg/m³일 때, 다음 물음에 답하시오.
(1) 소각로에서 처리하는 가연성 폐기물의 양(ton/day)을 구하시오. (단, 폐기물 중 가연분은 80%이다.)
(2) 폐기물을 20년간 매립할 경우 필요한 매립면적(m²)을 구하시오. (단, 매립지 높이는 20m이다.)

**◆ 풀이**

(1) 가연성 폐기물의 양 $= \dfrac{1.2\,\text{kg}}{\text{인·일}} \bigg| \dfrac{200{,}000\,\text{인}}{} \bigg| \dfrac{\text{ton}}{10^3\,\text{kg}} \bigg| \dfrac{80}{100}$

$= 192\,\text{ton/day}$

(2) 매립면적 $= \dfrac{1.2\,\text{kg}}{\text{인·일}} \bigg| \dfrac{200{,}000\,\text{인}}{} \bigg| \dfrac{\text{m}^3}{350\,\text{kg}} \bigg| \dfrac{}{20\,\text{m}} \bigg| \dfrac{365\,\text{일}}{\text{year}} \bigg| \dfrac{20\,\text{year}}{}$

$= 250285.7143 \fallingdotseq 250285.71\,\text{m}^2$

## 03
열분해장치의 종류를 상에 따라 3가지 적으시오.

✅ 풀이
- 고정상
- 유동층
- 회전로식

## 04
LCA의 정의를 간단히 쓰고, 구성요소 4가지를 적으시오.

✅ 풀이
① 정의 : 원료 취득 시 연구개발, 제품의 생산·포장·수송·유통·판매 과정, 소비자 사용, 폐기까지의 전체 과정에서 환경에 미치는 영향을 평가하고 최소화하기 위한 조직적인 방법론이다.
② 구성요소
- 1단계 : 목적 및 범위 설정
- 2단계 : 목록분석
- 3단계 : 영향평가
- 4단계 : 결과해석

## 05
혐기성 소화의 장점과 단점을 3가지씩 서술하시오. (단, 호기성 소화와 비교하여 작성하고, 규모 및 건설비용은 제외한다.)

✅ 풀이
① 장점
- 유효한 자원($CH_4$)을 생성한다.
- 슬러지 생성량이 적다.
- 동력 및 유지관리비가 적게 소모된다.
- 슬러지 탈수성이 양호하다.
- 병원균 사멸률이 높다.
- 유기물 농도가 높아도 낮은 에너지로 처리가 가능하다.

② 단점
- 악취($H_2S$, $NH_3$, $CH_3SH$)가 발생한다.
- 처리수의 수질이 나쁘다.
- 반응조 크기가 크다.
- 초기 운전 시 온도, 부하량에 대한 적응시간이 오래 걸린다.

## 06

강열감량의 정의를 서술하시오.

● 풀이  강열감량이란 건조된 소각재를 650℃의 온도로 가열했을 때 감소되는 무게를 백분율로 나타낸 값이다.

## 07

20cm의 폐기물을 2cm로 파쇄하는 데 소요되는 에너지는 10cm인 폐기물을 2cm로 파쇄하는 데 소요되는 에너지의 몇 배인지 구하시오. (단, Kick의 법칙을 이용하며, $n=1$이다.)

● 풀이
$$E = C\ln\left(\frac{L_1}{L_2}\right)$$
- $E_1 = C\ln\left(\dfrac{20}{2}\right)$
- $E_2 = C\ln\left(\dfrac{10}{2}\right)$

$$\therefore \frac{E_1}{E_2} = \frac{C\ln\left(\dfrac{20}{2}\right)}{C\ln\left(\dfrac{10}{2}\right)} = 1.4307 \fallingdotseq 1.43 \text{배}$$

## 08

분자식이 $[C_6H_7O_2(OH)_3]_7$인 폐기물 1,134kg이 호기성 산화할 때 필요한 산소량(kg)을 구하시오. (단, 반응식은 다음과 같다.)

$$[C_6H_7O_2(OH)_3]_7 + 24O_2 \rightarrow [C_6H_7O_2(OH)_3]_4 + 18CO_2 + 15H_2O$$

● 풀이  $[C_6H_7O_2(OH)_3]_7 + 24O_2 \rightarrow [C_6H_7O_2(OH)_3]_4 + 18CO_2 + 15H_2O$
  1,134kg : 24×32kg
  1,134kg : $X$

$\therefore$ 필요한 산소량 $X = \dfrac{1{,}134\,\text{kg} \times 24 \times 32\,\text{kg}}{1{,}134\,\text{kg}} = 768\,\text{kg}$

## 09

침출수 발생량에 영향을 주는 인자 5가지를 적으시오.

**풀이**
- 유출량
- 강우량
- 증발산량
- 폐기물 내 수분
- 폐기물 또는 복토의 수분보유능력

## 10

소각장에서의 다이옥신 발생 원인 3가지를 적으시오.

**풀이**
- 고온 영역에서 클로로벤젠, PCBs 등과 유사한 전구물질로 인하여 생성되는 경우
- 폐기물 중 함유된 다이옥신류가 분해되지 않고 그대로 배출되는 경우
- 벤젠핵을 갖고 있는 전구물질과 염소화합물의 de novo 합성하는 경우
- 소각로 내 불완전연소의 미연분과 염소가 결합하는 경우

## 11

고형물 농도가 40kg/m³인 슬러지를 하루에 500m³ 탈수시키고자 한다. 이때 슬러지 중 고형물에 대해 소석회를 중량기준으로 30% 첨가(첨가된 소석회의 50%가 고형물)하여 함수율 78%의 탈수 케이크를 얻었다. 다음 물음에 답하시오. (단, 겉보기 여과속도는 20kg/m² · hr이고, 비중은 1.0이며, 탈수기는 하루 8시간 가동한다.)
(1) 여과기의 최소면적(m²)을 구하시오.
(2) 탈수 케이크의 양(ton/day)을 구하시오.

**풀이**
(1) 총 고형물 $= \dfrac{500\,\text{m}^3}{\text{day}} \Big| \dfrac{40\,\text{kg}}{\text{m}^3} + \dfrac{500\,\text{m}^3}{\text{day}} \Big| \dfrac{40\,\text{kg}}{\text{m}^3} \Big| \dfrac{30}{100} \Big| \dfrac{50}{100} = 23{,}000\,\text{kg/day}$

여과율 $= \dfrac{20\,\text{kg}}{\text{m}^2 \cdot \text{hr}} \Big| \dfrac{8\,\text{hr}}{\text{day}} = 160\,\text{kg/m}^2 \cdot \text{day}$

∴ 여과기의 최소면적 $= \dfrac{\text{총 고형물}}{\text{여과율}} = \dfrac{23{,}000\,\text{kg/day}}{160\,\text{kg/m}^2 \cdot \text{day}} = 143.75\,\text{m}^2$

(2) 탈수 케이크의 양 = 총 고형물 ÷ (1 − 함수율%)
= 23,000 kg/day ÷ (1 − 0.78)
= 104545.4545 kg/day ➡ 104.55 ton/day

## 12

트롬멜 스크린의 선별효율에 영향을 주는 인자 5가지를 적으시오.

◆ 풀이
- 회전속도(도시 폐기물은 5~6rpm이 적정)
- 폐기물 부하, 특성
- 체의 눈 크기
- 직경
- 경사도(주로 2~3°)

## 13

소각로에서 40ton/hr의 폐기물을 처리하고 있다. 연소실 내부 온도는 1,000℃이고, 연소가스는 평균적으로 1.5초 동안 연소실 내부에 체류한다고 할 때, 발생 가스량($m^3$)을 구하시오. (단, 가스 밀도는 1.292kg/$Sm^3$이다.)

◆ 풀이

$$발생\ 가스량 = \frac{40,000\,\text{kg}}{\text{hr}} \Big| \frac{\text{Sm}^3}{1.292\,\text{kg}} \Big| \frac{273+1,000}{273} \Big| \frac{\text{hr}}{3,600\,\text{sec}} \Big| \frac{1.5\,\text{sec}}{}$$

$$= 60.1523 ≒ 60.15\,\text{m}^3$$

## 14

지역특성을 이용한 위생매립의 종류 3가지를 쓰고, 각각의 특성을 간단히 서술하시오.

◆ 풀이
- 도랑식 : 도랑을 약 2.5~7m 정도의 깊이로 파고 폐기물을 묻은 후 다지고 흙을 덮는 방법으로, 매립 후 흙이 남아 복토재로 이용이 가능하다.
- 지역식(평지) : 매립의 가장 보편적인 형태로 폐기물을 다진 후에 흙을 덮는 방법이다.
- 경사식 : 어느 경사면에 폐기물을 쌓은 후 다지고, 그 위에 흙을 덮는 방법이다.
- 계곡매립식 : 협곡 및 계곡을 매립지로 활용하는 방법이다.

## 15

소각 시 발생하는 고형 잔류물 3가지를 쓰고, 고형 잔류물을 관리해야 하는 이유를 적으시오.

◆ 풀이
① 고형 잔류물 : 클링커, 소각재, 비산재
② 관리해야 하는 이유 : 중금속 및 다이옥신류 등이 다량 함유되어 있기 때문

## 16

다음 [보기]의 물질 중 와전류 선별기를 사용하여 구리와 같은 곳으로 선별되는 것을 모두 고르시오.

[보기] 구리, 철, 돌, 납, 니켈, 나무, 종이, 천, 유리, 도자기, 알루미늄

✔ 풀이   구리, 납, 니켈, 알루미늄

## 17

매립지 사후관리에서 필요한 모니터링 항목 3가지를 적으시오.

✔ 풀이   • 매립지 최종 덮개설비의 안정성
• 유출수
• 지하수 검사
• 불포화층
• 발생가스
• 인근 지표수

## 18

다음은 C/N 비에 대한 내용이다. 빈칸에 들어갈 알맞은 내용을 적으시오.

• C/N 비가 ( ① ) 이상일 경우 질소가 결핍되어 퇴비화 반응이 느려진다.
• C/N 비가 ( ② ) 이하일 경우 질소가 암모니아로 변해 효과가 저하된다.

✔ 풀이   ① 80, ② 20

# 2017 제2회 폐기물처리기사 실기 필답형 기출문제

## 01
폐기물 고형화의 목적 4가지 및 적용대상 폐기물 2가지를 적으시오.

**풀이**
① 목적
- 폐기물 내 오염물질의 용해도를 감소시킨다.
- 오염물질의 손실과 전달이 발생할 수 있는 표면적을 감소시킨다.
- 폐기물을 다루기 용이하게 한다.
- 폐기물의 독성을 감소시킨다.

② 적용대상 폐기물
- 방사능물질
- 중금속
- 무기화합물

## 02
대기오염물질 중 질소산화물 저감방법 3가지를 적으시오.

**풀이**
- 저과잉공기 연소
- 2단 연소법(초기 연소 시 산소농도 저감)
- 배기가스 재순환 연소(화염온도 저감)
- 버너 및 연소실 구조 개량
- 희박 예혼합연소
- 연소부분 냉각

## 03
1982년 세베소 사건을 계기로 1989년 체결된 국제조약으로, 유해폐기물의 국가 간 이동 및 그 처분의 규제에 관한 내용을 담고 있는 협약은 무엇인지 적으시오.

**풀이** 바젤 협약

## 04

저류구조물이 갖추어야 할 기능 3가지를 적으시오.

**풀이**
- 폐기물 유출 및 제방의 붕괴를 방지할 것
- 폐기물 계획 매립량을 저류할 수 있을 것
- 침출수의 유출 및 누수를 방지할 수 있을 것
- 매립지 내 침수 예상 시 안전하게 저수할 것
- 매립이 종료된 후 폐기물을 안전하게 저류할 것

## 05

폐플라스틱의 자원화방법 3가지를 쓰시오.

**풀이**
- 용융재생법
- 열분해공정
- 용해재생법
- 파쇄재생법
- 소각공정

## 06

용출시험의 목적을 적으시오.

**풀이** 지정폐기물의 판정이나 매립방법을 결정하기 위한 시험에 적용한다.

## 07

매립지의 환경오염을 최소화하기 위해 설치하는 주요 시설물 6가지를 적으시오.

**풀이**
- 저류구조물
- 침출수 집배수설비
- 우수 집배수설비
- 덮개설비
- 발생가스 대책설비
- 차수설비

## 08
폐열보일러의 유지관리대책 3가지를 적으시오.

**풀이**
- 저온부식대책
- 고온부식대책
- 부하변동대책
- 파쇄 및 마모 대책

## 09
유해하지는 않지만 생활환경에 영향을 주는 물질을 발생시키는 폐기물을 매립하는 방법을 적으시오.

**풀이** 관리형 매립지

## 10
주어진 [조건]을 이용하여 다음 물음에 답하시오.

[조건]
- 투입량 : 2ton/hr
- 회수량 : 800kg/hr
- 회수량 중 회수대상 물질 : 600kg/hr
- 제거량 중 회수대상 물질 : 100kg/hr

(1) Worrell 식에 의한 선별효율(%)을 구하시오.
(2) Rietema 식에 의한 선별효율(%)을 구하시오.

**풀이** (1) $x_1 = 700\,\text{kg/hr}$, $x_2 = 600\,\text{kg/hr}$
$y_1 = 1{,}300\,\text{kg/hr}$, $y_2 = (1{,}200 - 100)\,\text{kg/hr} = 1{,}100\,\text{kg/hr}$
∴ Worrell의 선별효율 $E(\%)$
$$= x_{\text{회수율}} \times y_{\text{기각률}} = \left(\frac{x_2}{x_1} \times \frac{y_2}{y_1}\right) \times 100 = \left(\frac{600}{700} \times \frac{1{,}100}{1{,}300}\right) \times 100 = 72.5275 ≒ 75.53\%$$

(2) $x_1 = 700\,\text{kg/hr}$, $x_2 = 600\,\text{kg/hr}$
$y_1 = 1{,}300\,\text{kg/hr}$, $y_3 = (800 - 600)\,\text{kg/hr} = 200\,\text{kg/hr}$
∴ Rietema의 선별효율 $E(\%)$
$$= x_{\text{회수율}} - y_{\text{회수율}} = \left(\frac{x_2}{x_1} - \frac{y_3}{y_1}\right) \times 100 = \left(\frac{600}{700} - \frac{200}{1{,}300}\right) \times 100 = 70.3297 ≒ 70.33\%$$

## 11

100,000명이 살고 있는 도시의 1인당 1일 평균 생활폐기물 배출량은 1.2kg이고, 폐기물의 밀도는 0.55ton/m³이다. 이 폐기물은 전량 위생매립 처리되며, 매립 전 압축공정을 통해 부피를 40% 감소시킨 후 매립하고 있다. 이때, 압축 전 상태로 매립하는 경우와 비교하여 압축 후 매립하는 경우 연간 매립용적(m³)이 얼마나 축소가 가능한지 구하시오.

**풀이**

- 압축 처리 전 매립용적 $V_T = \dfrac{1.2\,\text{kg}}{\text{인}\cdot\text{일}}\Big|\dfrac{\text{m}^3}{550\,\text{kg}}\Big|\dfrac{365\,\text{day}}{\text{year}}\Big|\dfrac{100{,}000\,\text{인}}{}$

  $= 79636.3636\,\text{m}^3/\text{year}$

- 압축 처리 후 매립용적 $V_T = \dfrac{1.2\,\text{kg}}{\text{인}\cdot\text{일}}\Big|\dfrac{\text{m}^3}{550\,\text{kg}}\Big|\dfrac{365\,\text{day}}{\text{year}}\Big|\dfrac{100{,}000\,\text{인}}{}\Big|\dfrac{60}{100}$

  $= 47781.8182\,\text{m}^3/\text{year}$

∴ 연간 축소되는 매립용적 $= 79636.3636 - 47781.8182 = 31854.5454 ≒ 31854.55\,\text{m}^3/\text{year}$

## 12

연료($C_8H_9$)를 연소시킬 경우 필요한 이론공기량($Sm^3/kg$)을 구하시오.

**풀이**

〈반응식〉 $C_8H_9 + 10.25O_2 \rightarrow 8CO_2 + 4.5H_2O$

$\quad\quad\quad\quad 105\,\text{kg} : 10.25 \times 22.4\,\text{Sm}^3$

이론공기량 $A_o = O_o \div 0.21 = \dfrac{10.25 \times 22.4\,\text{Sm}^3}{105\,\text{kg}} \div 0.21 = 10.4127 ≒ 10.41\,\text{Sm}^3/\text{kg}$

## 13

강우량이 1,200mm/year, 증산량이 700mm이고, 유출률이 연평균 강수량의 15%일 경우, 예상되는 연간 침출수량(m³)을 구하시오. (단, 매립면적은 80ha, 토양 수분 저장량은 180mm이다.)

**풀이** $L = P(1-r) - ET - S$

$\quad\quad = 1{,}200(1-0.15) - 700 - 180$

$\quad\quad = 140\,\text{mm/year}$

∴ 연간 침출수량 $= \dfrac{140\,\text{mm}}{\text{year}}\Big|\dfrac{\text{m}}{10^3\,\text{mm}}\Big|\dfrac{80\,\text{ha}}{}\Big|\dfrac{10^4\,\text{m}^2}{\text{ha}} = 112{,}000\,\text{m}^3/\text{year}$

## 14

200ton/day의 폐기물을 소각할 때, 다음 [조건]을 이용하여 소각로에서 발생하는 열손실(kcal/day)을 구하시오.

[조건]
- 조성 : 수분 40%, 유기물(VS) 45%, 무기물(FS) 15%
- 저위발열량 : 1,600kcal/kg
- 재의 강열감량 : 가연분의 5%
- 소각재의 비열 : 0.25kcal/kg · ℃
- 주입공기온도 : 50℃
- 소각재 배출온도 : 400℃
- 복사 열손실 : 총 열유입량의 0.5%

✓ 풀이

- 복사 열손실 $= \dfrac{1,600\,\text{kcal}}{\text{kg}} \Big| \dfrac{200\,\text{ton}}{\text{day}} \Big| \dfrac{10^3\,\text{kg}}{\text{ton}} \Big| \dfrac{0.5}{100} = 1,600,000\,\text{kcal/day}$

- 소각재 열손실 $= \dfrac{0.25\,\text{kcal}}{\text{kg}\cdot\text{℃}} \Big| \dfrac{200\,\text{ton}}{\text{day}} \Big| \dfrac{10^3\,\text{kg}}{\text{ton}} \Big| \dfrac{45}{100} \Big| \dfrac{5}{100} \Big| (400-50)\,\text{℃} = 393,750\,\text{kcal/day}$

∴ 총 열손실 $= 1,600,000 + 393,750 = 1,993,750\,\text{kcal/day}$

## 15

C 86%, H 12%, S 2%의 함량을 갖는 중유 1kg을 연소하였다. 건조배기가스 중 $SO_2$(%)를 구하시오. (단, 배출가스 조성은 $CO_2+SO_2$는 13%, $O_2$는 3%, $N_2$는 84%이다.)

✓ 풀이

$O_o = 1.867\,C + 5.6\,H + 0.7\,S - 0.7\,O = 1.867 \times 0.86 + 5.6 \times 0.12 + 0.7 \times 0.02 = 2.2916\,\text{Sm}^3$

$A_o = O_o \div 0.21 = 2.2916 \div 0.21 = 10.9124\,\text{Sm}^3$

$m = \dfrac{N_2}{N_2 - 3.76(O_2 - 0.5\,CO)} = \dfrac{84}{84 - 3.76(3 - 0.5 \times 0)} = 1.1551$

$G_d = (m - 0.21)A_o + 1.867\,C + 0.7\,S$
$= (1.1551 - 0.21) \times 10.9124 + 1.867 \times 0.86 + 0.7 \times 0.02$
$= 11.9329\,\text{Sm}^3$

∴ $SO_2(\%) = \dfrac{SO_2}{G_d} \times 100 = \dfrac{0.7 \times 0.02}{11.9329} \times 100 = 0.1173 ≒ 0.12\%$

## 16

[조건]이 다음과 같을 경우, 폐수를 혐기성 소화할 때 발생하는 메테인의 양(L/day)을 구하시오. (단, 0℃, 1atm 기준이다.)

[조건]
- 폐수 유량 = 1m³/day
- 폐수 비중 = 1
- 유입 BOD = 20,000ppm
- 유출 BOD = 10,000ppm

✔ 풀이

$$\text{메테인의 양} = \frac{1\text{m}^3}{\text{day}} \left| \frac{1,000\,\text{kg}}{\text{m}^3} \right| \frac{(20,000-10,000)}{10^6} \left| \frac{0.35\,\text{m}^3}{\text{kg}} \right| \frac{10^3\text{L}}{\text{m}^3} = 3,500\,\text{L/day}$$

## 17

함수율이 90%인 폐기물을 건조시켜 처음 무게의 1/4로 줄이고자 한다면, 건조 후 폐기물의 함수율(%)은 얼마로 해야 하는지 구하시오. (단, 폐기물의 비중은 1이다.)

✔ 풀이

$V_1(100-W_1) = V_2(100-W_2)$

$V_1(100-90) = \frac{1}{4} V_1(100-X)$

∴ $X = 60\%$

## 18

퇴비화의 영향인자 3가지를 쓰고, 각 인자별 최적의 운전범위를 적으시오.

✔ 풀이
- C/N 비 : 25~40
- 함수율 : 50~60%
- pH : 6.5~8.0
- 온도 : 45~65℃
- 입자 크기 : 0.65~2.54cm
- 산소 함량 : 폐기물 중량의 5~15%

## 2017 제4회 폐기물처리기사 실기 필답형 기출문제

### 01

300ton/day의 폐기물을 연속 소각 처리하여 폐기물 무게의 80%가 감량되었다. 소각로에서 발생하는 재는 5분에 1회씩 배출되어 냉각장치에서 수분 50%와 섞여 처리될 때, 이송용 컨베이어에서 1회에 이송하는 재의 양($m^3$/회)을 구하시오. (단, 냉각재의 겉보기비중은 1ton/$m^3$이다.)

◆ 풀이  재의 양 = $\dfrac{300\,\text{ton}}{\text{day}} \Big| \dfrac{20}{100} \Big| \dfrac{150}{100} \Big| \dfrac{m^3}{1\,\text{ton}} \Big| \dfrac{5\,\min}{회} \Big| \dfrac{hr}{60\,\min} \Big| \dfrac{day}{24\,hr} = 0.3125 ≒ 0.31\,m^3/회$

### 02

유기물($C_{50}H_{100}O_{40}N$) 1톤을 호기성 소화로 완전분해한다고 할 때, 이론산소량(kg/ton)을 구하시오.

◆ 풀이  〈반응식〉 $C_{50}H_{100}O_{40}N + 54.25O_2 \rightarrow 50CO_2 + 48.5H_2O + NH_3$
  1,354 kg : 54.25 × 32 kg
  1,000 kg : $X$

∴ 이론산소량 $X = \dfrac{1,000\,kg \times 54.25 \times 32\,kg}{1,354\,kg} = 1282.1270 ≒ 1282.13\,kg/ton$

### 03

차수막에 사용하는 점토의 조건 3가지를 적으시오. (단, 입도가 2.5cm일 경우는 제외한다.)

◆ 풀이
- 액성한계 : 30% 이상
- 소성지수 : 10% 이상~30% 미만
- 투수계수 : $10^{-7}$ cm/sec 미만
- 점토 및 미사토 함유량 : 20% 이상
- 자갈 함유량 : 10% 미만

## 04

연직차수막과 표면차수막을 비교하여 서술하시오.

✅ 풀이

| 구분 | 연직차수막 | 표면차수막 |
|---|---|---|
| 사용조건 | 수평방향의 차수층이 존재하는 경우에 사용한다. | 매립지 지반의 투수계수가 큰 경우에 사용한다. |
| 지하수 집배수시설 | 필요하지 않다. | 필요하다. |
| 차수성 확인 | 지하에 매설되어 확인이 어렵다. | 시공 시 확인할 수 있지만, 매립 후에는 확인이 어렵다. |
| 경제성 | 단위면적당 공사비는 비싸지만, 총 공사비는 저렴하다. | 단위면적당 공사비는 싸지만, 총 공사비는 고가이다. |
| 보수 가능성 | 차수막 보강 시공이 가능하다. | 매립 전에는 가능하지만, 매립 후에는 어렵다. |

## 05

폐기물 파쇄의 목적 3가지를 적으시오.

✅ 풀이
- 압축 시 밀도 증가율이 크므로 운반비를 감소할 수 있다.
- 특정 성분을 분리하고, 입자 크기를 균일화한다.
- 겉보기비중이 증가하고, 부피가 감소하여 운반·저장 효율이 증가한다.
- 비표면적의 증가로, 소각 및 매립 시 조기 안정화에 유리하다.
- 물질별 분리로 고순도의 유가물 회수가 가능하다.
- 조대쓰레기에 의한 소각로의 손상을 방지한다.

## 06

폐유의 처리방법 3가지를 적으시오.

✅ 풀이
- 유수분리 후 유분 소각(여액은 수질오염 방지시설에서 처리)
- 응집·침전 후 잔재물 소각
- 증발·농축 후 소각
- 분리·증류·추출·여과·열분해로 정제
- 소각·안정화 처리

## 07

다음 선택적 촉매환원법(SCR) 및 선택적 무촉매환원법(SNCR)의 특성에 대한 표에서, 빈칸에 들어갈 알맞은 내용을 [보기]에서 골라 번호를 적으시오.

[보기]
① 초기 90% 정도
② 30~70%
③ 850~950℃
④ 250~400℃
⑤ 백연현상
⑥ 압력손실이 큼
⑦ 거의 없음
⑧ 제거 가능

| 구분 | SNCR | SCR |
|---|---|---|
| 저감효율 | (1) | (2) |
| 운전온도 | (3) | (4) |
| 다이옥신 제어 | (5) | (6) |
| 단점 | (7) | (8) |

✔ 풀이  (1) ②, (2) ①
(3) ③, (4) ④
(5) ⑦, (6) ⑧
(7) ⑤, (8) ⑥

## 08

함수율이 95%인 폐기물을 탈수시켜 함수율이 75%인 폐기물을 만들 때, 폐기물의 부피감소율(%)을 구하시오.

✔ 풀이  $V_1(100-W_1) = V_2(100-W_2)$
여기서, $V_1$ : 탈수 전 부피
$V_2$ : 탈수 후 부피
$V_1(100-95) = V_2(100-75)$
$\dfrac{V_2}{V_1} = \dfrac{(100-95)}{(100-75)} = \dfrac{5}{25}$
∴ 부피감소율 $VR(\%) = \left(1 - \dfrac{\text{탈수 후 부피}}{\text{탈수 전 부피}}\right) \times 100 = \left(1 - \dfrac{5}{25}\right) \times 100 = 80\%$

## 09

함수율이 40%인 쓰레기 100ton을 탈수시켜 함수율 10%인 쓰레기로 만들 때, 탈수 후 쓰레기의 중량(ton)을 구하시오.

**풀이**  $V_1(100-W_1) = V_2(100-W_2)$
$100 \times (100-40) = V_2(100-10)$
∴ 탈수 후 쓰레기의 중량 $V_2 = 66.6667 ≒ 66.67\,\text{ton}$

## 10

고형물 농도가 80kg/m³인 농축 슬러지를 1시간에 10m³를 탈수시키려 한다. 슬러지 중의 고형물당 소석회 첨가량을 중량기준으로 15% 첨가했을 때 함수율 75%의 탈수 cake가 얻어졌다. 이 탈수 cake의 비중을 1로 할 경우, 발생 cake의 양(ton/day)을 구하시오.

**풀이**  소석회 첨가 후 고형물 $= \dfrac{80\,\text{kg}}{\text{m}^3} \Big| \dfrac{10\,\text{m}^3}{\text{hr}} \Big| \dfrac{115}{100} = 920\,\text{kg/hr}$

∴ 발생 cake의 양 $= \dfrac{920\,\text{kg}}{\text{hr}} \Big| \dfrac{\text{ton}}{10^3\,\text{kg}} \Big| \dfrac{100_{SL}}{25_{TS}} \Big| \dfrac{24\,\text{hr}}{\text{day}} = 88.32\,\text{ton/day}$

## 11

유해폐기물의 고형화 처리방법 3가지를 적으시오.

**풀이**
- 유기중합체법
- 피막형성법
- 열가소성 플라스틱법
- 시멘트기초법
- 유리화법
- 자가시멘트법
- 석회기초법

## 12

통풍 형식 4가지를 적으시오.

✅ 풀이
- 흡인통풍
- 압입통풍
- 자연통풍
- 평형통풍

## 13

소각로 연소실 내에서 연소가스와 폐기물의 이동방향에 따른 조작방식 4가지를 적으시오.

✅ 풀이
- 역류식
- 병류식
- 교류식
- 복류식

## 14

화학적으로 제거되는 메커니즘을 화학식으로 나타내시오. (단, HCl은 $Ca(OH)_2$로, $SO_2$는 $CaCO_3$로 제거한다.)

✅ 풀이
- $2HCl + Ca(OH)_2 \rightarrow CaCl_2 + 2H_2O$
- $SO_2 + CaCO_3 + 0.5O_2 \rightarrow CaSO_4 + CO_2$

## 15

추출용매가 되기 위한 조건 4가지를 적으시오.

✅ 풀이
- 용해도가 낮을 것
- 밀도가 물과 다를 것
- 분배계수가 높을 것
- 끓는점이 낮을 것
- 비극성일 것

## 16

COD/TOC<2.0, BOD/COD<1.0이며, 매립연한이 10년 이상인 곳에서 발생된 침출수에 적용 가능한 처리공법 3가지를 적으시오.

✅ 풀이
- 역삼투공법
- 이온교환수지법
- 화학적 산화법
- 활성탄 흡착법

## 17

매립가스의 종류 5가지를 적으시오.

✅ 풀이
- 암모니아($NH_3$)
- 황화수소($H_2S$)
- 이산화탄소($CO_2$)
- 메테인($CH_4$)
- 메틸메르캅탄($CH_3SH$)

## 18

강열감량의 정의를 서술하시오.

✅ 풀이  강열감량이란 건조된 소각재를 650℃의 온도로 가열했을 때 감소되는 무게를 백분율로 나타낸 값이다.

# 2018 제1회 폐기물처리기사 실기 필답형 기출문제

## 01
$C_xH_y$인 탄화수소 $1Sm^3$의 완전연소에 필요한 이론공기량($Sm^3$)을 구하시오.

◆ 풀이  〈반응식〉 $C_xH_y + \left(x+\dfrac{y}{4}\right)O_2 \rightarrow xCO_2 + \dfrac{y}{2}H_2O$

$A_o = O_o \div 0.21$

$\quad = \left(x+\dfrac{y}{4}\right) \div 0.21$

$\quad = \dfrac{1}{0.21}x + \dfrac{1}{4} \times \dfrac{1}{0.21}y$

$\quad = 4.7619x + 1.1905y$

$\quad \fallingdotseq (4.76x + 1.19y)Sm^3$

## 02
다음은 퇴비화의 조건에 대한 내용이다. 빈칸에 알맞은 내용을 쓰시오.

| 구분 | 적정 조건 |
|---|---|
| 온도 | ( ① ) |
| 수분 함량 | ( ② ) |
| C/N 비 | ( ③ ) |
| ( ④ ) | 폐기물 중량의 5~15% |

◆ 풀이  ① 60~70℃
② 50~60%
③ 25~40
④ 산소 함량

## 03

쓰레기의 유기물질 함량이 94%, 유기물질 중 리그닌 함량이 21.9%일 경우, 생물분해성 분율을 구하시오.

**풀이**  생물분해성 분율 $BF = 0.83 - 0.028LC$
$= 0.83 - 0.028 \times 0.219$
$= 0.8239 ≒ 0.82$

## 04

유동층 소각로에서 사용되는 유동매체의 특성 5가지를 쓰시오. (단, 공급의 안정 및 가격 관련 내용은 제외한다.)

**풀이**
- 비중이 작을 것
- 입도분포가 균일할 것
- 불활성일 것
- 열충격에 강하고, 융점이 높을 것
- 내마모성이 있을 것

## 05

연소 시 과잉공기량이 지나치게 클 경우 나타나는 현상 3가지를 서술하시오.

**풀이**
- 연소실의 온도가 저하된다.
- 배기가스에 의한 열손실이 발생한다.
- 배기가스 온도가 감소한다.
- 연소효율이 감소한다.

## 06

통기개량제의 정의를 서술하시오.

**풀이**  통기개량제란 부숙토 제조 원료에 첨가하여 호기성 상태를 유지할 수 있도록 공극 형성을 유도하는 물질로서, 톱밥, 왕겨, 볏집, 나무껍질 등을 말한다.

## 07
**Pipeline의 장점을 5가지 적으시오.**

**풀이**
- 자동화·무공해화가 가능하다.
- 눈에 띄지 않으며, 악취와 소음을 저감할 수 있다.
- 대용량 수송이 가능하다.
- 차량 수송에 따른 에너지 소비가 절감된다.
- 교통체증 문제를 저감할 수 있다.

## 08
**폐기물 자원화의 목적 3가지를 적으시오.**

**풀이**
- 처리비용 감소
- 환경오염 감소
- 에너지 회수

## 09
**준호기성 매립구조의 특성 4가지를 서술하시오.**

**풀이**
- 오수를 가능한 빨리 매립지 밖으로 배제한다.
- 폐기물층과 저부의 수압을 저감시켜 토양으로의 오수 침투를 방지한다.
- 집수단계에서 침출수를 정화할 수 있도록 집수장치를 설계한 구조이다.
- 개량형 위생매립에 비하여 침출액의 수질이 매립장 내에서 1/5~1/10 정도로 정화된다.
- 호기성 조건 시 집수장치의 부식 및 마모가 적다.

## 10
**폐기물 A, B, C의 부피비가 3 : 2 : 1이고, 발열량(밀도)이 각각 4,000kcal/kg(600kg/m³), 5,000kcal/kg(500kg/m³), 6,000kcal/kg(400kg/m³)일 경우, 혼합 폐기물의 발열량(kcal/kg)을 구하시오.**

**풀이**
혼합 폐기물의 발열량 $= \dfrac{(600 \times 3 \times 4,000) + (500 \times 2 \times 5,000) + (400 \times 1 \times 6,000)}{(600 \times 3) + (500 \times 2) + (400 \times 1)}$

$= 4562.5 \, \text{kcal/kg}$

## 11

열분해공정의 장점 4가지를 서술하시오. (단, 소각과 비교하여 쓰시오.)

✅ 풀이
- 불균일한 폐기물을 안정적으로 처리한다.
- 대기로 방출되는 가스가 적다.
- 생성되는 오일, 가스의 재자원화가 가능하다.
- 배기가스 중 질소산화물, 염화수소의 양이 적다.
- 환원성 분위기로 3가크로뮴($Cr^{3+}$)이 6가크로뮴($Cr^{6+}$)으로 변화하지 않는다.
- 황분, 중금속분이 재 중에 고정된다.

## 12

폐기물 10ton에서 메테인이 회수되고 있다. 다음 [조건]에서 회수된 메테인의 가치(원/day)를 구하시오.

[조건]
- 폐기물 함수율 = 30%
- VS = TS의 85%
- VS 중 생물학적 분해 가능한 유기물(BVS) = VS의 70%
- 생물학적 분해 가능한 유기물(BVS)의 전환율 = 90%
- 가스 발생량 = 0.5m³/kg$_{BVS}$
- 에너지 함량 = 5,250kcal/m³
- 경제적 가치 = 5,500원/10⁵kcal
- 고형물 체류시간 = 30day

✅ 풀이

$$BVS = \frac{10,000\,kg}{30\,day} \left| \frac{70_{TS}}{100_{폐기물}} \right| \frac{85_{VS}}{100_{TS}} \left| \frac{70_{BVS}}{100_{VS}} \right| \frac{90}{100} = 124.95\,kg/day$$

∴ 회수된 메테인의 가치 = $\frac{124.95\,kg_{BVS}}{day} \left| \frac{0.5\,m^3}{kg_{BVS}} \right| \frac{5,250\,kcal}{m^3} \left| \frac{5,500원}{10^5 kcal} \right.$

= 18039.6563 ≒ 18039.66원/day

## 13

CEI와 USI의 정의를 각각 쓰시오.

✅ 풀이
- CEI : 가로의 청소상태를 기준으로 하는 지역사회 효과지수이다.
- USI : 사람들의 만족도를 설문하는 것으로, 사용자 만족도지수이다.

## 14

활성탄-백필터를 이용하여 다이옥신을 제거할 경우의 장점 4가지를 적으시오.

**풀이**
- 활성탄 주입량에 따라 다이옥신 제거효율이 정해진다.
- 운전온도, 체류시간이 짧아 다이옥신 재형성 방지에 유리하다.
- 미세한 분진의 포집도 가능하다.
- 건설비가 절약된다.

## 15

매립장 침출수의 BOD 농도가 3,000mg/L이고, 80%의 처리효율을 갖는 혐기성 소화시설에서 1차 처리 후 50%의 처리효율을 갖는 장기 포기시설에서 2차 처리한다. 그 후 약품 처리시설로 처리하여 최종 농도가 30mg/L 이하가 되도록 하려면, 약품 처리시설의 처리효율(%)은 얼마 이상이어야 하는지 구하시오.

**풀이**

$$\eta_T = \left(1 - \frac{C_o}{C_i}\right) = \left(1 - \frac{30}{3,000}\right) = 0.99$$

$\eta_T = 1 - (1-\eta_1)(1-\eta_2)(1-\eta_3)$ 이므로,

$0.99 = 1 - (1-0.80)(1-0.50)(1-\eta_3)$

∴ $\eta_3 = 0.90$

따라서, 약품 처리시설의 처리효율은 90% 이상이어야 한다.

## 16

해안매립공법 3가지를 서술하시오.

**풀이**
① 수중투기공법, 내수배제공법 : 고립된 매립지 내의 해수를 그대로 둔 채 폐기물을 투기하는 내륙매립과 같은 형태의 방법으로, 오염된 내수를 처리해야 하며, 지반 개량이 필요한 지역과 대규모 매립지 등에 적합하다.

② 순차투입공법 : 호안에서부터 순차적으로 폐기물을 투입하여 육지화를 진행하는 방법으로, 수심이 깊은 처분장은 건설비 과다로 내수를 완전히 배제하기가 어려워 해당 공법을 사용하는 경우가 많다.

③ 박층뿌림공법 : 밑면이 뚫린 바지선 등으로 쓰레기를 박층으로 떨어뜨려 뿌려줌으로써 바다 지반의 하중을 균등하게 해주는 방법으로, 폐기물 지반의 안정화 및 매립부지 조기 이용에 유리한 방법이다.

## 17

선별공정표의 빈칸을 다음 [보기]를 참고하여 적으시오.

[보기] Cyclone, Magnetic Separator, Shredder, Trommel, Air classifiers

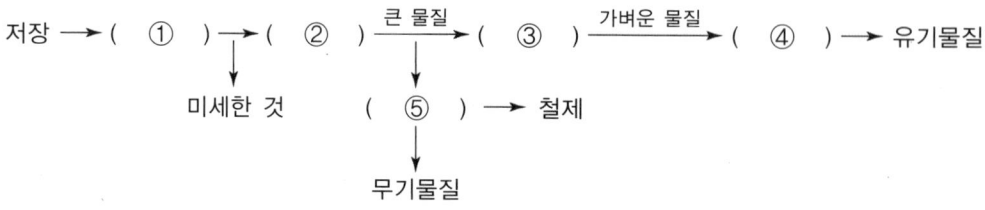

✔ 풀이　① Shredder
　　　　② Trommel
　　　　③ Air classifiers
　　　　④ Cyclone
　　　　⑤ Magnetic separator

## 18

관리형 매립지의 최종 복토층 4단계와 단계별 최소두께를 적으시오.

✔ 풀이
- 가스배제층 : 30cm
- 차단층 : 45cm
- 배수층 : 30cm
- 식생대층 : 60cm

# 2018 제2회 폐기물처리기사 실기 필답형 기출문제

## 01
고형물 함량에 따라 폐기물을 3가지로 구분하여 쓰시오.

✔ 풀이
- 고상 폐기물 : 고형물 함량 15% 이상
- 반고상 폐기물 : 고형물 함량 5~15%
- 액상 폐기물 : 고형물 함량 5% 미만

## 02
완전연소의 조건인 3T가 무엇을 의미하는지 적으시오.

✔ 풀이
- 온도(Temperature)
- 시간(Time)
- 혼합(Turbulence)

## 03
LFG(Land Fill Gas)로부터 수분과 이산화탄소의 물리적 제거공정을 각각 3가지씩 적으시오.

✔ 풀이
- 수분 : 흡수, 흡착, 응축
- 이산화탄소 : 흡수, 흡착, 막분리, 저온분리

## 04
폐기물을 수평으로 깔아 압축한 후 복토를 교대로 쌓는 방법으로, 좁은 산간, 협곡, 폐광산 등의 매립지에서 사용하는 매립공법을 적으시오.

✔ 풀이  샌드위치 공법

## 05

유해성 폐기물의 판단기준 4가지를 적으시오.

**풀이**
- 폭발성
- 인화성
- 부식성
- ep 독성
- 반응성
- 난분해성
- 용출특성

## 06

피압대수층에서 우물을 파서 0.02m³/sec을 양수하려고 한다. 60m 떨어진 지점에서의 관측정 수위는 0.3m이고, 30m 떨어진 지점에서의 관측정 수위는 0.5m이며, 피압대수층의 두께는 10m라고 할 때, 투수계수(cm/sec)를 구하시오. (단, 투수계수 공식은 다음과 같다.)

$$K = \frac{2.302Q}{2\pi H(S_i - S_o)} \times \log \frac{r_2}{r_1}$$

**풀이**

$$K = \frac{2.302Q}{2\pi H(S_i - S_o)} \times \log \frac{r_2}{r_1} = \frac{2.302 \times 0.02}{2\pi \times 10 \times (0.5 - 0.3)} \times \log \frac{60}{30} = 1.1029 \times 10^{-3} \text{m/sec}$$

$$\therefore \text{투수계수} = \frac{1.1029 \times 10^{-3} \text{m}}{\text{sec}} \Big| \frac{100 \text{cm}}{\text{m}} = 0.1103 ≒ 0.11 \text{cm/sec}$$

## 07

다음은 질소산화물 제거방법에 대한 표이다. 빈칸에 알맞은 내용을 적으시오.

| 공정방법 | 제거법 | 사용약품 |
|---|---|---|
| 건식법 | ( ① ) | 암모니아수, 요소수 |
| 건식법 | ( ② ) | 암모니아수 |
| 습식법 | 산화흡수환원법 | ( ③ ) |

**풀이**
① 선택적 비촉매환원법(SNCR)
② 선택적 촉매환원법(SCR)
③ 아황산염, 싸이오황산소듐, 황화소듐

## 08

주어진 [보기]에 따라, 분뇨 처리시설의 시운전 순서를 알맞게 나열하여 번호를 쓰시오.

[보기]
① 30℃로 가온하여 소화
② 소화조 탱크에 물을 채워 누수 확인
③ pH, 온도, 가스 생성물 등을 확인하여 소화과정 확인
④ 분뇨와 슬러지 투입
⑤ 가온장치의 작동 확인

**풀이** ② → ⑤ → ④ → ① → ③

## 09

다이옥신 제거방법을 연소 전, 연소과정, 연소 후로 나누어 서술하시오.

**풀이**
① 연소 전 제거(사전 방지)
  폐기물의 사전 분리방법으로, 폐기물을 균질화한다.
② 연소단계 제거
  • 860~920℃에 도달하면 다이옥신과 퓨란이 파괴되고, 920~1,000℃에서는 염화벤젠류 등이 파괴되므로, 국부적 온도를 980℃보다 높여 열적으로 분해한다.
  • 소각로 상부에 2차 연소로를 설치하여 연소가스의 체류시간을 증가시킨다.
  • 연소 시 발생하는 미연분과 비산재의 양을 줄이고, 쓰레기 공급상태를 균질화한다.
  • 연소용 공기의 양과 분포를 적절하게 유지하고, 연소가스와 연소공기를 혼합한다.
③ 연소 후 제거
  • 촉매분해법 : 오산화바나듐($V_2O_5$), 이산화티타늄($TiO_2$) 등의 촉매를 사용하여 다이옥신을 분해하는 방법
  • 활성탄 흡착법 : 활성탄 분말의 흡착성을 이용하여 표면에 다이옥신을 흡착시켜 제거하는 방법
  • 광분해법 : 자외선(250~300nm)을 배기가스에 조사시켜 다이옥신의 결합을 파괴하는 방법
  • 고온 열분해법 : 배기가스 온도를 850℃ 이상으로 유지하여 다이옥신을 분해하는 방법
  • 초임계유체 분해법 : 초임계유체의 극대 용해도(374℃, 218atm)를 이용하여 다이옥신을 흡수·제거하는 방법
  • 오존산화법 : 용액 중 오존을 주입하여 다이옥신을 분해하는 방법
  • 생물학적 분해법 : 세균 등을 이용하여 다이옥신을 생물학적으로 분해하는 방법

## 10

압축기에 쓰레기를 넣고 압축시킨 결과 압축비가 2였을 때, 부피감소율(%)을 구하시오.

◆ 풀이   부피감소율 $VR = 100\left(1 - \dfrac{1}{CR}\right) = 100\left(1 - \dfrac{1}{2}\right) = 50\%$

## 11

매립지에서 침출된 침출수의 농도가 반으로 감소하는 데 약 4.5년이 걸린다면, 이 침출수의 농도가 85% 분해되는 데 걸리는 시간(year)을 구하시오. (단, 1차 반응 기준이다.)

◆ 풀이   1차 반응식 $\ln\dfrac{C_t}{C_o} = -k \cdot t$

이때, $k = \dfrac{\ln\dfrac{C_t}{C_o}}{-t} = \dfrac{\ln\dfrac{1}{2}}{-4.5\,\text{year}} = 0.1540\,\text{year}^{-1}$

∴ 걸리는 시간 $t = \dfrac{\ln\dfrac{C_t}{C_o}}{-k} = \dfrac{\ln\dfrac{15}{100}}{-0.1540} = 12.3190 \fallingdotseq 12.32\,\text{year}$

## 12

분자식이 $[C_6H_7O_2(OH)_3]_5$인 폐기물 1ton을 호기성 퇴비할 때 필요한 산소량(kg)을 구하시오. (단, 최종 화학식은 $[C_6H_7O_2(OH)_3]_2$이며, 무게는 400kg이다.)

◆ 풀이   〈반응식〉 $[C_6H_7O_2(OH)_3]_5 + 18O_2 \rightarrow [C_6H_7O_2(OH)_3]_2 + 18CO_2 + 15H_2O$

810kg : 18×32kg
1,000kg : $X$

∴ 필요한 산소량 $X = \dfrac{1,000 \times 18 \times 32}{810} = 711.1111 \fallingdotseq 711.11\,\text{kg}$

## 13

소각로 연소실 내에서 연소가스와 폐기물의 이동방향에 따른 조작방식 4가지를 적으시오.

◆ 풀이
- 역류식
- 병류식
- 교류식
- 복류식

## 14
폐기물 고형화의 목적 3가지를 쓰시오.

**풀이**
- 폐기물 내 오염물질의 용해도를 감소시킨다.
- 오염물질의 손실과 전달이 발생할 수 있는 표면적을 감소시킨다.
- 폐기물을 다루기 용이하게 한다.
- 폐기물의 독성을 감소시킨다.

## 15
임계속도가 26rpm일 경우, 트롬멜 스크린의 직경(m)을 구하시오.

**풀이**

$$N_c = \sqrt{\dfrac{g}{4\pi^2 r}} \times 60$$

$$26 = \sqrt{\dfrac{9.8}{4\pi^2 r}} \times 60 \;\Rightarrow\; r = 1.322\,\text{m}$$

∴ 트롬멜 스크린의 직경 $= 2r = 2 \times 1.322 = 2.644 ≒ 2.64\,\text{m}$

## 16
매립지 가스 발생단계를 4단계로 구분하여 설명하시오.

**풀이**
① 호기성 단계(Ⅰ단계)
  - 매립물의 분해속도에 따라 수일에서 수개월 동안 계속된다.
  - 주요 생성기체는 $CO_2$이며, $CO_2$는 호기성 반응에 의해 생성되는데, 농도는 높은 경우 90%까지 나타나고, 온도는 70℃ 이상까지 올라가기도 한다.
  - 폐기물 내 수분이 많은 경우에는 반응이 가속화된다.
  - $O_2$가 대부분 소모되며, $N_2$의 양이 감소하기 시작한다.

② 혐기성 비메테인 단계(Ⅱ단계)
  - $CH_4$가 형성되지 않고, $SO_4^{2-}$와 $NO_3^-$가 환원되는 단계이다.
  - 주로 $CO_2$가 생성되며, 소량의 $H_2$가 생성된다.

③ 메테인 생성·축적 단계(Ⅲ단계)
  - $CO_2$ 농도가 최대이고, 침출수 pH가 가장 낮은 분해단계이다.
  - $CH_4$가 생성되는 혐기성 단계로서 온도가 55℃까지 증가한다.
  - $4H_2 + CO_2 \to CH_4 + 2H_2O$, $CH_3COOH \to CH_4 + CO_2$ 반응을 한다.

④ 정상 혐기성 단계(Ⅳ단계)
  $CH_4$와 $CO_2$ 함량이 정상 상태로 거의 일정하다.

## 17

에탄올($C_2H_5OH$) 10kg을 연소할 때 소모되는 공기량($Sm^3$)을 구하시오. (단, 공기비는 1.5이다.)

**풀이** 〈반응식〉 $C_2H_5OH + 3O_2 \rightarrow 2CO_2 + 3H_2O$
  46kg : $3 \times 22.4 Sm^3$
  10kg : $X$

$X = \dfrac{10\,kg \times 3 \times 22.4\,Sm^3}{46\,kg} = 14.6087\,Sm^3$

$A_o = O_o \div 0.21 = 14.6087 \div 0.21 = 69.5652\,Sm^3$

∴ 공기량 $A = mA_o = 1.5 \times 69.5652 = 104.3478 ≒ 104.35\,Sm^3$

# 2018 제4회 폐기물처리기사 실기 <sub>필답형 기출문제</sub>

## 01

배출가스 10,000m³/hr 중 HCl(순도 99%)의 농도는 1,500ppm이다. NaOH(순도 100%)를 이용하여 중화 처리하고자 할 때 필요한 NaOH의 양(kg/hr)을 구하시오. (단, 180℃, 1atm이다.)

◆ 풀이 〈반응식〉 NaOH + HCl → NaCl + H₂O
  40kg : 22.4Sm³
   $X$ : HCl의 양

HCl의 양 = $\dfrac{10,000\,\text{m}^3}{\text{hr}} \Big| \dfrac{1,500\,\text{mL}}{\text{m}^3} \Big| \dfrac{99}{100} \Big| \dfrac{273}{273+180} \Big| \dfrac{\text{m}^3}{10^6\,\text{mL}} = 8.9493\,\text{Sm}^3/\text{hr}$

∴ 필요한 NaOH의 양 $X = \dfrac{8.9493\,\text{Sm}^3/\text{hr} \times 40\,\text{kg}}{22.4\,\text{Sm}^3} = 15.9809 ≒ 15.98\,\text{kg/hr}$

## 02

직경이 3m인 트롬멜 스크린의 임계속도(rpm)를 구하시오.

◆ 풀이 임계속도 $N_c = \sqrt{\dfrac{g}{4\pi^2 r}} \times 60 = \sqrt{\dfrac{9.8}{4\pi^2 \times 1.5}} \times 60 = 24.4084 ≒ 24.41\,\text{rpm}$

## 03

활성탄 흡착법에 적용되는 물질의 특성 3가지를 적으시오

◆ 풀이
- 소수성 물질
- 분자량이 큰 물질
- 비극성 물질

## 04
**유동층 소각로의 장점·단점을 각각 3가지씩 서술하시오.**

**풀이** ① 장점
- 소량의 과잉공기(1.2~1.3)로도 연소가 가능하다.
- 노 내의 기계적 가동부분이 없어 유지관리가 용이하다.
- 열량이 적고, 난연성이다.
- 유동매체로 석회, 돌로마이트 등의 활성매체를 혼입함으로써 노 내에서 바로 탈황·탈염소·탈질이 가능하다.
- 유동매체의 열용량이 커서 액상·기상·고상 폐기물의 전소 및 혼소가 가능하다.
- 유동매체의 축열량이 높아 단기간 정지 후 가동 시 보조연료 사용 없이 정상 가동이 가능하다.

② 단점
- 유동매질의 손실로 인한 보충이 필요하다.
- 상으로부터 찌꺼기의 분리가 어렵다.
- 투입, 유동화를 위해 파쇄가 필요하다.
- 운전비, 동력비가 많이 소요된다.
- 분진 발생량이 많다.
- 유동상의 정비가 필요하다.

## 05
**폐기물 선별방법 6가지를 적으시오.**

**풀이**
- 손 선별
- 스크린 선별
- 풍력 선별
- 자력 선별
- 광학 선별
- 와전류 선별
- 관성 선별
- 스토너(stoner)
- 세카터(secator)

## 06

C 86%, H 14%의 함량을 갖는 연료 1kg을 연소하였더니 배기가스가 13.7Sm³ 발생하였다. 배기가스 중 $CO_2$(%)를 구하시오.

**풀이**
$$CO_2(\%) = \frac{CO_2}{G} \times 100 = \frac{1.867 \times 0.86}{13.7} \times 100 = 11.7199 ≒ 11.72\%$$

## 07

열분해공정의 장점 3가지를 서술하시오. (단, 소각과 비교하여 쓰시오.)

**풀이**
- 불균일한 폐기물을 안정적으로 처리한다.
- 대기로 방출되는 가스가 적다.
- 생성되는 오일, 가스의 재자원화가 가능하다.
- 배기가스 중 질소산화물, 염화수소의 양이 적다.
- 환원성 분위기로 3가크로뮴($Cr^{3+}$)이 6가크로뮴($Cr^{6+}$)으로 변화하지 않는다.
- 황분, 중금속분이 재 중에 고정된다.

## 08

소각장 내 쓰레기차 감시를 위한 CCTV를 설치하고자 한다. 다음 물음에 답하시오.
(1) CCTV의 설치장소를 적으시오.
(2) 소각로 내 CCTV의 설치목적을 적으시오.

**풀이** (1) 투입 호퍼
(2) 연소상태 및 화염 감시

## 09

유출계수가 0.8, 강우강도가 150mm/hr, 매립장 면적이 35km²일 때, 침출수 발생량(m³/sec)을 구하시오. (단, 합리식을 적용한다.)

**풀이**
$$배수면적 = \frac{35\,km^2}{} \Big| \frac{100\,ha}{1\,km^2} = 3{,}500\,ha$$

$$\therefore 침출수\ 발생량\ Q = \frac{1}{360}CIA = \frac{1}{360} \times 0.8 \times 150 \times 3{,}500 = 1166.6667 ≒ 1166.67\,m^3/sec$$

※ 위 식을 적용할 경우 단위를 통일 ➡ 강우강도 : mm/hr, 면적 : ha

## 10

다음 3가크로뮴의 침전반응식에서 괄호 안에 들어갈 물질을 적으시오.

$$2Cr^{3+} + 6OH^- \rightarrow 2(\qquad)$$

✅ 풀이   $Cr(OH)_3$

## 11

폐기물 발생량이 400톤/일이고, [조건]이 다음과 같을 경우, 폐기물의 운반에 필요한 일일 소요차량 대수(대)를 구하시오. (단, 예비차량은 3대이며, 일일 운전시간은 8시간이다.)

[조건]
- 운반거리 : 5km
- 1회 왕복시간 : 30분
- 적하시간 : 10분
- 적재용량 : 2톤
- 적재시간 : 20분

✅ 풀이

차량의 하루 운행횟수 $= \dfrac{8시간}{일} \left| \dfrac{60분}{시간} \right| \dfrac{1회}{(30+20+10)분} = 8회/일$

필요한 차량 수 $= \dfrac{400톤}{일} \left| \dfrac{대}{2톤} \right| \dfrac{일}{8회} = 25대$

※ 예비차량 3대를 더해준다.

∴ 일일 소요차량 대수 $= 25 + 3 = 28대$

## 12

다음 공정 중 선택적 촉매환원법(SCR)의 설치위치를 적으시오.

소각로 – 폐열보일러 – 반건식 반응탑 – 여과집진장치 – 송풍기 – 굴뚝

✅ 풀이   여과집진장치와 송풍기 사이에 설치한다.

## 13
집배수층의 특성 3가지를 적으시오.

**풀이**
- 재료 : 일반적으로 자갈을 많이 사용
- 바닥경사 : 2~4%
- 투수계수 : 최소 1cm/sec
- 두께 : 최소 30cm
- 재료의 입경 : 10~13mm 또는 16~32mm

## 14
소각 후 발생하는 다이옥신을 처리하기 위한 방법 3가지를 적으시오.

**풀이**
- 촉매분해법
- 활성탄 흡착법
- 초임계유체 분해법
- 생물학적 분해법
- 광분해법
- 오존산화법
- 고온 열분해법

## 15
다음은 폐기물의 분석절차이다. 빈칸에 알맞은 내용을 적으시오.

시료채취 → ( ① ) → ( ② ) → 건조 → 분류[( ③ ) 및 고형분)]
→ ( ④ ) → 화학적 조성 분석

**풀이**
① 밀도(겉보기밀도) 측정
② 물리적 조성
③ 수분
④ 전처리

## 16

다음 [조건]을 이용하여 물음에 답하시오.

[조건]
- 투입량 : 200ton(유리 : 8%)
- 총 회수량 : 20ton(유리 : 14.4ton)

(1) 유리의 회수율(%)을 구하시오.
(2) 유리의 순도(%)를 구하시오.
(3) Rietema의 선별효율(%)을 구하시오.

**풀이** (1) 유리의 회수율 $= \dfrac{14.4}{200 \times 0.08} \times 100 = 90\%$

(2) 유리의 순도 $= \dfrac{14.4}{20} \times 100 = 72\%$

(3) $x_1 = 16\,\text{ton}$, $x_2 = 14.4\,\text{ton}$
$y_1 = 184\,\text{ton}$, $y_3 = 5.6\,\text{ton}$

∴ Rietema의 선별효율 $E(\%) = x_{회수율} - y_{회수율}$

$$= \left(\dfrac{x_2}{x_1} - \dfrac{y_3}{y_1}\right) \times 100$$

$$= \left(\dfrac{14.4}{16} - \dfrac{5.6}{184}\right) \times 100 = 86.9565 ≒ 86.96\%$$

## 17

완성화된 퇴비(humus)의 특성 3가지를 적으시오.

**풀이**
- 병원균이 사멸되어 거의 없다.
- 물 보유력과 양이온 교환능력이 좋다.
- 악취가 없는 안정된 유기물이다.
- C/N 비가 낮다.
- 뛰어난 토양 개량제이다.
- 짙은 갈색을 띤다.

# 2019 제1회 폐기물처리기사 실기 필답형 기출문제

## 01

1kg의 유기물($C_6H_{12}O_6$)이 매립지에서 혐기성 분해 시 메테인가스가 0.8m³ 발생하고, 1차 반응에 의한 반감기가 20년이라고 할 때, 1년 후 매립지 내의 메테인가스량(m³)을 구하시오.

**풀이**

1차 반응식 $\ln \dfrac{C_t}{C_o} = -k \cdot t$

이때, $k = \dfrac{\ln \dfrac{C_t}{C_o}}{-t} = \dfrac{\ln \dfrac{1}{2}}{-20\,\text{year}} = 0.0347\,\text{year}^{-1}$

$\ln \dfrac{C_t}{1\text{kg}} = -0.0347 \times 1 \;\Rightarrow\; C_t = 0.9659\,\text{kg}$

∴ 메테인가스량 $= \dfrac{(1-0.9659)\text{kg}}{} \Big| \dfrac{0.8\,\text{m}^3}{\text{kg}} = 0.0273 ≒ 0.03\,\text{m}^3$

## 02

다음 [조건]의 매립지에서의 침출수 통과 연수를 구하시오.

[조건]
- 점토층 두께 = 0.9m
- 유효공극률 = 0.45
- 투수계수 = $10^{-7}$cm/sec
- 침출수 수두 = 30cm

**풀이**

$K = \dfrac{10^{-7}\,\text{cm}}{\text{sec}} \Big| \dfrac{3{,}600\,\text{sec}}{\text{hr}} \Big| \dfrac{24\,\text{hr}}{\text{day}} \Big| \dfrac{365\,\text{day}}{\text{year}} = 3.1536\,\text{cm/year}$

∴ 침출수 통과 연수 $t = \dfrac{nd^2}{K(d+h)} = \dfrac{0.45 \times 90^2}{3.1536 \times (90+30)} = 9.6318 ≒ 9.63\,\text{year}$

## 03

자원의 절약과 재활용 촉진에 관한 법상 바이오 고형 연료제품의 품질검사항목 중 금속성분 함유량을 조사해야 하는 금속성분 3가지를 적으시오.

✅ 풀이
- 수은
- 카드뮴
- 납
- 비소
- 크로뮴

## 04

수은을 1.3mg/L 함유하고 있는 폐수를 활성탄 흡착법을 이용하여 처리하고자 한다. 수은의 농도를 0.01mg/L까지 처리하고자 할 때 요구되는 활성탄의 양(mg/L)을 구하시오. (단, Freundlich 흡착식을 이용하고, $K=0.5$, $n=1$이다.)

✅ 풀이

$$\frac{X}{M} = KC^{\frac{1}{n}}$$

$$\frac{1.3-0.01}{M} = 0.5 \times 0.01^{\frac{1}{1}}$$

∴ 활성탄의 양 $M = 258\,\text{mg/L}$

## 05

다음은 폐기물 공정시험기준 중 용출시험에 대한 내용이다. 빈칸에 알맞은 내용을 적으시오.

- 시료의 조제방법에 따라 조제한 시료( ① ) 이상을 정확히 달아 정제수에 염산을 넣어 pH 5.8~6.3으로 맞춘 용매(mL)를 시료 : 용매 ( ② )($W:V$)의 비로 2,000mL 삼각플라스크에 넣어 혼합한다. 다만, 정제수의 pH가 5.8~6.3인 경우에는 정제수에 염산을 넣어 pH를 조정하지 않아도 된다.
- 시료 용액의 조제가 끝난 혼합액을 상온·상압에서 진탕횟수가 분당 약 200회, 진탕의 폭이 4~5cm인 왕복 진탕기(수평인 것)를 사용하여 ( ③ ) 동안 연속 진탕한 다음, 1.0m의 유리섬유여과지로 여과하고 여과액을 적당량 취하여 용출실험용 시료 용액으로 한다. 다만, 여과가 어려운 경우에는 원심분리기를 사용하여 분당 3,000회전 이상으로 20분 이상 원심분리한 다음, 상등액을 적당량 취하여 용출실험용 시료 용액으로 한다.

✅ 풀이
① 100g
② 1 : 10
③ 6시간

## 06

강수량이 1,250mm/year, 증발산량이 750mm이고, 유출률이 연평균강수량의 0%일 경우, 예상되는 연간 침출수량을 구하시오.

**풀이** 침출수량 $L = P(1-r) - ET - S$
$= 1,250(1-0) - 750 - 0$
$= 500\,\text{mm/year}$

## 07

열분해 영향인자 3가지를 적으시오.

**풀이**
- 온도
- 입자 크기
- 수분 함량

## 08

매립지 사후관리에서 필요한 모니터링 항목 3가지를 적으시오.

**풀이**
- 매립지 최종 덮개설비의 안정성
- 유출수
- 지하수 검사
- 불포화층
- 발생가스
- 인근 지표수

## 09

RDF 소각로 이용 시의 문제점 3가지를 서술하시오.

**풀이**
- 시설비가 고가이고, 숙련된 기술이 필요하다.
- 연료 공급의 신뢰성 문제가 있을 수 있다.
- 소각시설의 부식 발생으로 수명 단축의 우려가 있다.
- 염소(Cl) 함량이 많을수록 문제가 발생한다.
- 연소 분진과 대기오염에 대한 주의를 요한다.

## 10

압축기에 쓰레기를 넣고 압축시킨 결과, 부피가 5m³가 되었다. 압축비가 1.3일 때, 부피감소율(%)을 구하시오.

**풀이** 부피감소율 $VR = 100\left(1 - \dfrac{1}{CR}\right) = 100\left(1 - \dfrac{1}{1.3}\right) = 23.0769 ≒ 23.08\%$

## 11

다음 표는 중간처분시설 중 소각시설에 대한 내용이다. ①과 ②에 해당하는 소각시설은 무엇인지 각각 적으시오.

| 구분 | ( ① ) | ( ② ) |
| --- | --- | --- |
| 연소가스 체류시간 | 2초 이상 | 2초 이상 |
| 바닥재의 강열감량 | 10% 이하 | 5% 이하 |
| 온도 | 850℃ 이상 | 1,100℃ 이상 |

**풀이** ① 일반 소각시설
② 고온 소각시설

## 12

압축 전 부피를 $V_1$, 압축 후 부피를 $V_2$라고 할 때, 압축비를 이용하여 부피감소율을 함수로 표현하시오.

**풀이** 압축비 $CR = \dfrac{V_1}{V_2} = \dfrac{100}{100 - VR}$

$\dfrac{1}{CR} = \dfrac{100 - VR}{100} = 1 - \dfrac{VR}{100}$

$\dfrac{VR}{100} = 1 - \dfrac{1}{CR}$

$\therefore VR = 100\left(1 - \dfrac{1}{CR}\right)$

## 13

폐기물 처리시설의 종류 중 중간처분시설의 소각시설 3가지를 적으시오.

✅ 풀이
- 일반 소각시설
- 고온 소각시설
- 열분해 소각시설
- 고온 용융시설
- 열처리 조합시설

## 14

소각 및 열분해의 정의를 각각 서술하시오.

✅ 풀이
① 소각 : 폐기물을 불에 태워 기체 중에 고온 산화시키는 중간처리방법 중 하나로, 폐기물을 땅속에 묻는 것보다 부피 95% 이상, 무게 80% 이상을 줄일 수 있어 매립공간을 절약할 수 있는 효과적인 처리방법이다.
② 열분해 : 폐기물을 무산소상태 또는 공기가 부족한 상태에서 열(400~1,500℃)을 이용해 유용한 연료(기체, 액체, 고체)로 변형시키는 공정이다.

## 15

인구가 60,000명인 어느 도시의 폐기물 배출량이 2.5kg/인·일이다. 밀도가 250kg/m³인 쓰레기를 매립하고자 할 때, 다음 물음에 답하시오. (단, 매립깊이는 2.5m이고, 부피감소율은 45%이며, 차량 1대당 쓰레기 8ton을 수거한다.)
(1) 하루 폐기물 발생량(m³/day)을 구하시오.
(2) 필요 차량 수(대)를 구하시오.
(3) 연간 매립지의 필요 면적(m²/year)을 구하시오.

✅ 풀이

(1) 하루 폐기물 발생량 $= \dfrac{2.5\,\text{kg}}{\text{인}\cdot\text{일}} \Big| \dfrac{60{,}000\,\text{인}}{} \Big| \dfrac{\text{m}^3}{250\,\text{kg}} = 600\,\text{m}^3/\text{day}$

(2) 필요 차량 수 $= \dfrac{2.5\,\text{kg}}{\text{인}\cdot\text{일}} \Big| \dfrac{60{,}000\,\text{인}}{} \Big| \dfrac{\text{대}}{8{,}000\,\text{kg}} = 18.75 \Rightarrow 19\text{대}$

(3) 연간 매립지의 필요 면적 $= \dfrac{600\,\text{m}^3}{\text{day}} \Big| \dfrac{55}{100} \Big| \dfrac{}{2.5\,\text{m}} \Big| \dfrac{365\,\text{day}}{\text{year}} = 48{,}180\,\text{m}^2/\text{year}$

## 16

중금속계 유해폐기물의 물리·화학적 처리방법 중 전환방식 및 분리방식을 각각 3가지씩 적으시오.

✅ 풀이 ① 전환방식 : 중화, 산화, 환원, 전기분해
② 분리방식 : 침전, 응결침전, 흡착, 이온교환, 탈기, 거품 분류, 증발

## 17

다음 표의 빈칸에 알맞은 내용을 적으시오.

| 처리물질 | 처리방법 |
|---|---|
| ( ① ) | 전기집진, 여과집진 |
| 질소산화물 | 선택적 촉매환원법, 비선택적 촉매환원법, 무촉매환원법 |
| ( ② ) | 반건식 반응탑(활성탄 분무), 활성탄 흡착 + 백필터 |

✅ 풀이 ① 비산분진
② 다이옥신

# 2019 제2회 폐기물처리기사 실기 필답형 기출문제

## 01

다음은 열분해에 대한 설명이다. 빈칸에 알맞은 내용을 적으시오.

- 고온 시 가스 발생은 ( ① )은(는) 증가되고 $CO_2$는 감소된다.
- 저온 시 열분해라고 하며, 고온 시 ( ② )라 한다.

✅ 풀이 ① 수소($H_2$), ② 가스화

## 02

소각로 열교환기의 종류 3가지를 적으시오.

✅ 풀이
- 과열기
- 절탄기
- 재열기
- 공기예열기

## 03

매립지 선정 시 입지 배제기준 4가지를 적으시오.

✅ 풀이
- 100년 빈도의 홍수·범람 지역
- 습지대
- 지하수위가 1.5m 미만인 지역
- 단층 지역
- 고고학적 또는 역사학적으로 중요한 지역
- 멸종위기 생물 서식지역
- 생태학적 보호지역
- 호소 300m, 공원 및 공공시설 300m, 음용수 수원 600m, 비행장 3,000m 이내 지역

## 04

분자식이 [C₆H₇O₂(OH)₃]₅인 폐기물 1ton을 호기성 퇴비할 때 필요한 산소량(kg)을 구하시오. (단, 최종 화학식은 [C₆H₇O₂(OH)₃]₂이며, 무게는 400kg이다.)

**✓ 풀이**  〈반응식〉 [C₆H₇O₂(OH)₃]₅ + 18O₂ → [C₆H₇O₂(OH)₃]₂ + 18CO₂ + 15H₂O

810 kg : 18×32 kg
1,000 kg : $X$

∴ 필요한 산소량 $X = \dfrac{1,000 \times 18 \times 32}{810} = 711.1111 ≒ 711.11\,\text{kg}$

## 05

유출계수가 0.8, 강우강도가 150mm/hr, 매립장 면적이 35km²일 때, 침출수 발생량(m³/sec)을 구하시오. (단, 합리식을 적용한다.)

**✓ 풀이**  배수면적 $= \dfrac{35\,\text{km}^2}{} \Big| \dfrac{100\,\text{ha}}{1\,\text{km}^2} = 3,500\,\text{ha}$

∴ 침출수 발생량 $Q = \dfrac{1}{360}CIA = \dfrac{1}{360} \times 0.8 \times 150 \times 3,500 = 1166.6667 ≒ 1166.67\,\text{m}^3/\text{sec}$

※ 위 식을 적용할 경우 단위를 통일 ➡ 강우강도 : mm/hr, 면적 : ha

## 06

소각로에서 40ton/hr의 폐기물을 처리하고 있다. 연소실 내부 온도는 1,000℃이고, 연소가스는 평균적으로 1.5초 동안 연소실 내부에 체류한다고 할 때, 발생 가스량(m³)을 구하시오. (단, 가스 밀도는 1.292kg/Sm³이다.)

**✓ 풀이**  발생 가스량 $= \dfrac{40,000\,\text{kg}}{\text{hr}} \Big| \dfrac{\text{Sm}^3}{1.292\,\text{kg}} \Big| \dfrac{273+1,000}{273} \Big| \dfrac{\text{hr}}{3,600\,\text{sec}} \Big| \dfrac{1.5\,\text{sec}}{} = 60.1523 ≒ 60.15\,\text{m}^3$

## 07

다음 설명에 맞는 용어를 각각 적으시오.
(1) 150℃ 이하의 황산에 의한 부식
(2) 320℃ 이상에서 노면 부식

**✓ 풀이**  (1) 저온 부식
(2) 고온 부식

## 08

빈칸에 알맞은 공정을 적고, 각 공정의 종류를 2가지씩 적으시오.

슬러지 → 농축 → ( ① ) → ( ② ) → 탈수 → 건조 → ( ③ ) → 처분

✅ 풀이   ① 소화 : 혐기성 소화, 호기성 소화
② 개량 : 약품 처리, 세정, 열처리
③ 연소 : 소각, 열분해

## 09

퇴비화의 영향인자 3가지를 쓰고, 각 인자별 최적의 운전범위를 적으시오.

✅ 풀이
- C/N 비 : 25~40
- 함수율 : 50~60%
- pH : 6.5~8.0
- 온도 : 45~65℃
- 입자 크기 : 0.65~2.54cm
- 산소 함량 : 폐기물 중량의 5~15%

## 10

함수율 85%인 슬러지와 함수율 20%인 톱밥을 혼합하여 함수율 60%인 혼합 폐기물 100kg을 만들고자 한다. 이때 필요한 슬러지와 톱밥의 양(kg)을 각각 구하시오.

✅ 풀이

- $W_m = \dfrac{W_1 Q_1 + W_2 Q_2}{Q_1 + Q_2}$

  $60\% = \dfrac{85\% \times x + 20\% \times y}{x+y}$

  $60x + 60y = 85x + 20y$

  $40y = 25x$ ⋯ 식①

- $x + y = 100\,\text{kg}$

  $x = 100 - y$ ➡ 식①에 대입

  $40y = 25(100 - y) = 2,500 - 25y$

  $65y = 2,500$

  $y = 38.4615\,\text{kg}$

  $x = 100 - 38.4615 = 61.5385\,\text{kg}$

  ∴ 슬러지 = 61.54 kg, 톱밥 = 38.46 kg

## 11

주어진 선별대상 물질에 적절한 선별방법을 [보기]에서 골라 적으시오.

[보기] 와전류 선별, 자력 선별, 저온 파쇄, 체 선별, 정전기 선별, 용제 선별, 광학 선별, 반습식 선별

(1) 자갈 및 모래
(2) 종이 및 플라스틱
(3) 비철금속
(4) 색유리 및 보통유리
(5) 자동차 타이어
(6) 종이류
(7) 폐플라스틱(폐합성수지)
(8) 철

**풀이** (1) 체 선별
(2) 정전기 선별
(3) 와전류 선별
(4) 광학 선별
(5) 저온 파쇄
(6) 반습식 선별
(7) 용제 선별
(8) 자력 선별

## 12

다음 표를 이용하여 혼합 폐기물 200kg 소각 시의 발열량(kcal)을 구하시오.

| 종류 | 중량비(%) | 발열량(kcal/kg) |
| --- | --- | --- |
| 음식물 | 45 | 4,500 |
| 플라스틱 | 25 | 30,000 |
| 종이 | 20 | 18,000 |
| 목재 | 10 | 10,000 |

**풀이** 발열량 $= [4,500 \times 0.45 + 30,000 \times 0.25 + 18,000 \times 0.20 + 10,000 \times 0.10] \times 200\,\text{kg}$
$= 2,825,000\,\text{kcal}$

## 13

빈칸에 들어갈 알맞은 내용을 적으시오.

혐기성 분해 시 가스 생성량이 많아지면 유기물 농도가 ( ① )하고, 가스 생성량이 적을수록 유기물 농도가 ( ② )하며, 침출수의 온도가 높으면 혐기성 분해가 활발해 유출되는 유기물 농도는 ( ③ )된다.

✔ 풀이  ① 감소, ② 증가, ③ 감소

## 14

회전식 소각로의 특성 4가지를 쓰시오.

✔ 풀이
- 넓은 범위의 액상·고상 폐기물을 소각할 수 있다.
- 소각대상물의 전처리과정이 불필요하다.
- 소각대상물에 관계없이 소각이 가능하다.
- 연속적으로 재배출이 가능하다.
- 연소실 내 폐기물의 체류시간은 노의 회전속도를 조절함으로써 가능하다.
- 용융상태의 물질에 의해 방해받지 않는다.
- 1,600℃에 달하는 온도에서도 작동될 수 있다.
- 처리량이 적은 경우 설치비가 높다.
- 구형·원통형 물질은 완전연소가 끝나기 전에 굴러떨어질 수 있다.
- 공기유출이 커 종종 대량의 과잉공기가 필요하다.
- 보수비가 높다.

## 15

유동층 소각로에서 사용되는 대표적인 유동매체는 무엇인지 쓰고, 유동매체의 특성 3가지를 적으시오.

✔ 풀이
① 대표적인 유동매체 : 모래
② 특성
- 비중이 작을 것
- 입도분포가 균일할 것
- 불활성일 것
- 열충격에 강하고, 융점이 높을 것
- 내마모성이 있을 것
- 가격이 저렴할 것

## 16

시간당 100kg의 폐기물을 소각 처리하고자 한다. 폐기물의 조성이 C 86%, H 14%일 때, 소각에 필요한 공기량($Sm^3/hr$)을 구하시오. (단, 배기가스의 분석결과 $CO_2$는 12.5%, $O_2$는 3.5%, $N_2$는 84%이다.)

**풀이**

$O_o = 1.867\,\text{C} + 5.6\,\text{H} = 1.867 \times 0.86 + 5.6 \times 0.14 = 2.3896\,\text{Sm}^3/\text{kg}$

$A_o = O_o \div 0.21 = 2.3896 \div 0.21 = 11.3790\,\text{Sm}^3/\text{kg}$

$m = \dfrac{\text{N}_2}{\text{N}_2 - 3.76(\text{O}_2 - 0.5\text{CO})} = \dfrac{84}{84 - 3.76(3.5 - 0.5 \times 0)} = 1.1858$

$A = mA_o = 1.1858 \times 11.3790 = 13.4932\,\text{Sm}^3/\text{kg}$

∴ 필요한 공기량 $= 13.4932\,\text{Sm}^3/\text{kg} \times 100\,\text{kg/hr} = 1349.32\,\text{Sm}^3/\text{hr}$

## 17

Talbot 형에 의하여 20분간의 강우강도를 구한 후 강우량(mm)을 구하시오. (단, $a = 4{,}000$, $b = 30$이다.)

**풀이**

① 강우강도 $I = \dfrac{a}{t+b} = \dfrac{4{,}000}{20+30} = 80\,\text{mm/hr}$

② 강우량 $= \dfrac{80\,\text{mm}}{\text{hr}} \Big| \dfrac{20\,\text{min}}{} \Big| \dfrac{\text{hr}}{60\,\text{min}} = 26.6667 ≒ 26.67\,\text{mm}$

# 2019 제4회 폐기물처리기사 실기 필답형 기출문제

## 01

퇴비화의 영향인자 중 C/N 비에 대한 내용이다. 다음 물음에 답하시오.
(1) 퇴비화의 적정 C/N 비는 얼마인지 쓰시오.
(2) 적정 C/N 비보다 높을 경우의 상태변화 3가지를 쓰시오.
(3) 적정 C/N 비보다 낮을 경우의 상태변화 3가지를 쓰시오.

**풀이** (1) 25~40
(2) • 질소 결핍현상으로 퇴비화 반응이 느려진다.
  • 유기산의 생성으로 pH가 낮아진다.
  • 퇴비화 소요시간이 길어진다.
(3) • 질소가 암모니아로 변하여 pH가 증가한다.
  • 악취가 발생한다.
  • 유기물의 분해율이 낮아진다.

## 02

다음은 다이옥신류 등을 제거하기 위한 공정과 관련된 용어이다. 용어의 명칭을 각각 적으시오.
(1) QC/SD
(2) BF
(3) GH
(4) SCR
(5) A/C

**풀이** (1) 반건식 반응탑
(2) 백필터
(3) 가스열교환기
(4) 선택적 촉매환원법
(5) 활성탄

## 03

침출수 중 $Cr^{6+}$ 20mg/L를 $FeSO_4$로 환원응집 처리하고자 한다. 침출수 1m³당 소요되는 $FeSO_4$의 양(g)을 구하시오. (단, 원자량은 Cr 52, Fe 56이다.)

**풀이** 〈반응식〉 $H_2Cr_2O_7 + 6FeSO_4 + 6H_2SO_4 \rightarrow Cr_2(SO_4)_3 + 3Fe_2(SO_4)_3 + 7H_2O$

$Cr^{6+}$와 $FeSO_4$의 비율은 2 : 6이므로,

$Cr^{6+}$ : $FeSO_4$
$2 \times 52g$ : $6 \times 152g$
Cr 양 : $X$

➡ Cr 양 $= \dfrac{20\,\text{mg}}{L} | \dfrac{1\,\text{m}^3}{} | \dfrac{g}{10^3\,\text{mg}} | \dfrac{10^3 L}{m^3} = 20\,g$

∴ 소요되는 $FeSO_4$의 양 $X = \dfrac{20\,g \times 6 \times 152\,g}{2 \times 52\,g} = 175.3846 ≒ 175.38\,g$

## 04

함수율 80%인 슬러지 30ton과 함수율 95%인 음식물쓰레기 10ton을 혼합할 때의 폐기물 상을 적으시오.

**풀이** $W_m = \dfrac{W_1 \cdot Q_1 + W_2 \cdot Q_2}{Q_1 + Q_2} = \dfrac{80 \times 30 + 95 \times 10}{30 + 10} = 83.75\%$

고형물 함량 = 100 − 83.75 = 16.25%이므로, 고상 폐기물에 해당한다.

## 05

4성분 중 수분 10%, 회분 30%, 휘발분 10%, 고정탄소 50%인 폐기물을 연소할 경우, 고위발열량(kcal/kg)을 구하시오. (단, Dulong 식을 사용하며, 휘발분은 C 50%, H 15%, O 25%, S 10%이다.)

**풀이** 고위발열량 $Hh(\text{kcal/kg}) = 81C + 340\left(H - \dfrac{O}{8}\right) + 25S$

$= 81 \times (50 + 10 \times 0.50) + 340\left(10 \times 0.15 - \dfrac{10 \times 0.25}{8}\right) + 25 \times (10 \times 0.10)$

$= 4883.75\,\text{kcal/kg}$

## 06

다음 표를 이용하여 혼합 폐기물의 소각 시 발열량(kcal/kg)을 구하시오.

| 종류 | 구성비(%) | 발열량(kcal/kg) |
|---|---|---|
| 음식물 | 25 | 1,000 |
| 플라스틱 | 10 | 4,000 |
| 종이 | 5 | 8,000 |
| 연탄재 | 40 | 0 |
| 기타 | 20 | 2,000 |

◆ 풀이  발열량 $= (1,000 \times 0.25) + (4,000 \times 0.10) + (8,000 \times 0.05) + (0 \times 0.40) + (2,000 \times 0.20)$
$= 1,450 \, \text{kcal/kg}$

## 07

집배수층의 특성 3가지를 적으시오.

◆ 풀이
- 재료 : 일반적으로 자갈을 많이 사용
- 바닥경사 : 2~4%
- 투수계수 : 최소 1cm/sec
- 두께 : 최소 30cm
- 재료의 입경 : 10~13mm 또는 16~32mm

## 08

다음 내륙 매립방법에 대해 각각 간단히 서술하시오.
(1) 샌드위치 공법
(2) 셀 공법
(3) 압축매립 공법

◆ 풀이  (1) 샌드위치 공법 : 폐기물을 수평으로 깔아 압축한 후 복토를 교대로 쌓는 방법으로, 좁은 산간, 협곡, 폐광산 등의 매립지에서 사용할 수 있다.
(2) 셀 공법 : 1일 작업하는 셀(cell) 크기는 매립 처분량에 따라 결정되며 일일 복토 및 침출수 처리를 통해 위생적인 매립이 가능하다.
(3) 압축매립 공법 : 폐기물을 매립하기 전에 감용화 목적으로 먼저 압축시킨 후 포장하여 처리하는 방법으로, 폐기물의 운반이 쉬우며 지가가 비쌀 경우 유효한 방법이다.

## 09

다음 설명에 알맞은 매립공법을 적으시오.

> 폐기물을 매립하기 전에 감용화 목적으로 먼저 압축시킨 후 포장하여 처리하는 방법으로, 폐기물의 운반이 쉬우며 지가가 비쌀 경우 유효한 방법이다.

✅ 풀이   압축매립 공법

## 10

생활폐기물 발생에 영향을 주는 요소와 이유 3가지를 적으시오.

✅ 풀이
- 수집빈도 : 수집빈도가 높을수록 폐기물 발생량이 증가한다.
- 쓰레기통 크기 : 쓰레기통의 크기가 클수록 폐기물 발생량이 증가한다.
- 생활수준 및 문화수준 : 생활 및 문화 수준이 증가하면 폐기물 발생량이 증가한다.
- 도시 규모 : 도시의 규모가 클수록 폐기물 발생량이 증가한다.

## 11

100ton/day로 유입되는 폐기물을 소각하여 처리하고자 한다. 이때 소각로의 길이(m)를 구하시오. (단, 화격자 연소율은 150kg/m² · hr이고, 폭은 3m이며, 연속 운전을 한다.)

✅ 풀이

$$\text{소각로의 길이} = \frac{100,000\,\text{kg}}{\text{day}} \left| \frac{\text{m}^2 \cdot \text{hr}}{150\,\text{kg}} \right| \frac{\text{day}}{24\,\text{hr}} \left| \frac{1}{3\,\text{m}} \right. = 9.2593 \fallingdotseq 9.26\,\text{m}$$

## 12

분자식이 $[C_6H_7O_2(OH)_3]_5$인 폐기물 1ton을 호기성 퇴비할 때 필요한 산소량(kg)을 구하시오. (단, 최종 화학식은 $[C_6H_7O_2(OH)_3]_2$이며, 무게는 400kg이다.)

✅ 풀이   〈반응식〉 $[C_6H_7O_2(OH)_3]_5 + 18O_2 \rightarrow [C_6H_7O_2(OH)_3]_2 + 18CO_2 + 15H_2O$

810kg : 18×32kg
1,000kg : $X$

∴ 필요한 산소량 $X = \dfrac{1,000 \times 18 \times 32}{810} = 711.1111 \fallingdotseq 711.11\,\text{kg}$

## 13

유해폐기물의 고형화 처리방법 3가지를 적으시오.

**풀이**
- 유기중합체법
- 피막형성법
- 열가소성 플라스틱법
- 시멘트기초법
- 유리화법
- 자가시멘트법
- 석회기초법

## 14

매립지 가스 발생단계를 4단계로 구분하여 설명하시오.

**풀이**
① 호기성 단계(Ⅰ단계)
  - 매립물의 분해속도에 따라 수일에서 수개월 동안 계속된다.
  - 주요 생성기체는 $CO_2$이며, $CO_2$는 호기성 반응에 의해 생성되는데, 농도는 높은 경우 90%까지 나타나고, 온도는 70℃ 이상까지 올라가기도 한다.
  - 폐기물 내 수분이 많은 경우에는 반응이 가속화된다.
  - $O_2$가 대부분 소모되며, $N_2$의 양이 감소하기 시작한다.

② 혐기성 비메테인 단계(Ⅱ단계)
  - $CH_4$가 형성되지 않고, $SO_4^{2-}$와 $NO_3^-$가 환원되는 단계이다.
  - 주로 $CO_2$가 생성되며, 소량의 $H_2$가 생성된다.

③ 메테인 생성·축적 단계(Ⅲ단계)
  - $CO_2$ 농도가 최대이고, 침출수 pH가 가장 낮은 분해단계이다.
  - $CH_4$가 생성되는 혐기성 단계로서 온도가 55℃까지 증가한다.
  - $4H_2 + CO_2 \rightarrow CH_4 + 2H_2O$, $CH_3COOH \rightarrow CH_4 + CO_2$ 반응을 한다.

④ 정상 혐기성 단계(Ⅳ단계)
  $CH_4$와 $CO_2$ 함량이 정상 상태로 거의 일정하다.

## 15

폐유기용제 처리방법 중 할로겐족으로 액체상태인 것의 처분방법 3가지를 적으시오.

✅ 풀이
- 고온 소각하여야 한다.
- 증발·농축 방법으로 처분한 후 그 잔재물은 고온 소각하여야 한다.
- 분리·증류·추출·여과의 방법으로 정제한 후 그 잔재물은 고온 소각하여야 한다.
- 중화·산화·환원·중합·축합의 반응을 이용하여 처분하여야 하며, 처분 후 발생하는 잔재물은 고온 소각하거나, 응집·침전·여과·탈수의 방법으로 다시 처분한 후 그 잔재물은 고온 소각하여야 한다.

## 16

기호 $D_n$과 $d_n$을 사용하여 다음 집배수층의 조건을 각각 적으시오.
(1) 집배수층이 주변 물질에 의해 막히지 않기 위한 조건
(2) 집배수층의 투수성을 충분히 유지하기 위한 조건

✅ 풀이
(1) $\dfrac{D_{15}}{d_{85}} < 5$

(2) $\dfrac{D_{15}}{d_{15}} > 5$

## 17

파쇄 처리 시 문제점 3가지를 적으시오.

✅ 풀이
- 소음 발생
- 진동 발생
- 분진 발생
- 화재 및 폭발

## 18

매립지에서 혐기성 분해 시 발생하는 악취물질 3가지를 적으시오.

✅ 풀이
- 암모니아($NH_3$)
- 황화수소($H_2S$)
- 메틸메르캅탄($CH_3SH$)

# 2020 제1회 폐기물처리기사 실기 필답형 기출문제

## 01

강수량이 1,200mm/year, 증발산량이 740mm이고, 유출률이 연평균 강수량의 25%일 경우, 예상되는 연간 침출수량을 구하시오.

**풀이**  침출수량 $L = P(1-r) - ET - S$
$= 1,200(1-0.25) - 740 - 0$
$= 160 \, mm/year$

## 02

C 50%, H 20%, O 5%, S 5%, N 10%, W 10%의 함량을 갖는 폐기물 1ton을 1.5의 공기비로 연소할 때, 다음 물음에 답하시오.
(1) 이론 습연소가스량(ton)을 구하시오.
(2) 실제 습연소가스량(ton)을 구하시오.

**풀이** (1) $O_o = 2.667C + 8H + S - O = (2.667 \times 0.50) + (8 \times 0.20) + 0.05 - 0.05 = 2.9335 \, ton$
$A_o = O_o \div 0.232 = 2.9335 \div 0.232 = 12.6444 \, ton$
∴ 이론 습연소가스량 $G_{ow}$
$= (1 - 0.232)A_o + CO_2 + H_2O + SO_2 + N_2$
$= (1 - 0.232) \times 12.6444 + 2.667 \times 0.50 + (8 \times 0.20 + 0.10) + 0.05 + 0.10$
$= 13.6444 ≒ 13.64 \, ton$

(2) $O_o = 2.667C + 8H + S - O = (2.667 \times 0.50) + (8 \times 0.20) + 0.05 - 0.05 = 2.9335$
$A_o = O_o \div 0.232 = 2.9335 \div 0.232 = 12.6444 \, ton$
∴ 실제 습연소가스량 $G_w$
$= (m - 0.232)A_o + CO_2 + H_2O + SO_2 + N_2$
$= (1.5 - 0.232) \times 12.6444 + 2.667 \times 0.50 + (8 \times 0.20 + 0.10) + 0.05 + 0.10$
$= 19.9666 ≒ 19.97 \, ton$

## 03

자가시멘트법의 장점과 단점을 각각 2가지씩 서술하시오.

**풀이** ① 장점
- 혼합률(MR)이 낮고, 중금속 저지에 효과적이다.
- 탈수 등 전처리가 필요 없다.
- 고농도 황 함유 폐기물에 적합하다.

② 단점
- 보조 에너지가 필요하다.
- 장치비가 비싸다.
- 숙련된 기술이 필요하다.

## 04

유리화법의 장점과 단점을 각각 2가지씩 서술하시오.

**풀이** ① 장점
- 첨가제의 비용이 비교적 저렴하다.
- 2차 오염물질의 발생이 거의 없다.

② 단점
- 에너지 집약적이다.
- 특수장치에 숙련된 인원이 필요하다.

## 05

폐기물 성분이 가연성분(C 50%, H 10%, O 35%, S 5%) 70%, 수분 20%, 회분 10%일 때, 다음 물음에 답하시오.
(1) 무게기준 이론공기량(kg/kg)을 구하시오.
(2) 부피기준 이론공기량($Sm^3$/kg)을 구하시오.

**풀이** (1) $O_o = 2.667C + 8H + S - O$

$= 2.667 \times 0.70 \times 0.50 + 8 \times 0.70 \times 0.10 + 0.70 \times 0.05 - 0.70 \times 0.35 = 1.2835 \, kg/kg$

∴ 무게기준 이론공기량 $A_o = O_o \div 0.232 = 1.2835 \div 0.232 = 5.5323 ≒ 5.53 \, kg/kg$

(2) $O_o = 1.867C + 5.6H + 0.7S - 0.7O$

$= 1.867 \times 0.70 \times 0.50 + 5.6 \times 0.70 \times 0.10 + 0.7 \times 0.70 \times 0.05 - 0.7 \times 0.70 \times 0.35$

$= 0.8985 \, Sm^3/kg$

∴ 부피기준 이론공기량 $A_o = O_o \div 0.21 = 0.8985 \div 0.21 = 4.2786 ≒ 4.28 \, Sm^3/kg$

## 06

퇴비화의 영향인자 중 C/N 비에 대한 내용이다. 다음 물음에 답하시오.
(1) 퇴비화의 적정 C/N 비는 얼마인지 쓰시오.
(2) 적정 C/N 비보다 높을 경우의 상태변화 3가지를 쓰시오.
(3) 적정 C/N 비보다 낮을 경우의 상태변화 3가지를 쓰시오.

**풀이** (1) 25~40
 (2) • 질소 결핍현상으로 퇴비화 반응이 느려진다.
   • 유기산의 생성으로 pH가 낮아진다.
   • 퇴비화 소요시간이 길어진다.
 (3) • 질소가 암모니아로 변하여 pH가 증가한다.
   • 악취가 발생한다.
   • 유기물의 분해율이 낮아진다.

## 07

연직차수막과 표면차수막을 비교한 다음 표에서 빈칸에 알맞은 내용을 적으시오.

| 구분 | 연직차수막 | 표면차수막 |
| --- | --- | --- |
| 사용조건 | 수평방향의 차수층이 존재하는 경우에 사용한다. | 매립지 지반의 투수계수가 큰 경우에 사용한다. |
| 지하수 집배수시설 | ( ① ) | ( ② ) |
| 차수성 확인 | ( ③ ) | ( ④ ) |
| 경제성 | ( ⑤ ) | ( ⑥ ) |
| 보수 가능성 | 차수막 보강 시공이 가능하다. | 매립 전에는 가능하지만, 매립 후에는 어렵다. |

**풀이** ① 필요하지 않다.
 ② 필요하다.
 ③ 지하에 매설되어 확인이 어렵다.
 ④ 시공 시 확인할 수 있지만, 매립 후에는 확인이 어렵다.
 ⑤ 단위면적당 공사비는 비싸지만, 총 공사비는 저렴하다.
 ⑥ 단위면적당 공사비는 싸지만, 총 공사비는 고가이다.

## 08

열분해 영향인자 3가지를 적으시오.

✓ 풀이
- 온도
- 입자 크기
- 수분 함량
- 가열속도
- 압력

## 09

시료의 분할채취방법 3가지를 적으시오.

✓ 풀이
- 구획법
- 교호삽법
- 원추4분법

## 10

분뇨와 톱밥을 1 : 1로 혼합할 경우의 C/N 비를 다음 표를 이용하여 구하시오.

| 분뇨 | 톱밥 |
|---|---|
| • 함수율 : 95%<br>• C : 고형물의 50%<br>• N : 고형물의 3% | • 함수율 : 50%<br>• C : 고형물의 50%<br>• N : 고형물의 1.5% |

✓ 풀이

$$\text{혼합 C/N 비} = \frac{(0.05 \times 0.5 \times 0.50) + (0.85 \times 0.5 \times 0.50)}{(0.05 \times 0.03 \times 0.50) + (0.85 \times 0.015 \times 0.50)} = 31.5789 \fallingdotseq 31.58$$

## 11

폐기물의 발열량 측정방법 3가지를 적으시오.

✓ 풀이
- 삼성분에 의한 측정
- 원소 분석에 의한 측정
- 단열발열량계를 이용한 측정

## 12

통풍 형식 4가지를 적으시오.

**풀이**
- 흡인통풍
- 압입통풍
- 자연통풍
- 평형통풍

## 13

액상 폐기물 중 비소이온의 제거방법 2가지를 서술하시오. (단, 흡착과 이온교환법은 제외한다.)

**풀이**
- 침전법 : 오염물질 침전 후 불용성 상태의 고형물로 변환 후 필터를 통해 처리하는 방법
- 응집법 : 알루미늄 및 철 응집제를 이용하여 처리하는 방법
- 멤브레인 : 용존된 물질이 선택적으로 통과하지 못하는 특성을 이용하여 멤브레인 막을 통과시켜 처리하는 방법

## 14

침출수량의 영향인자 4가지를 적으시오.

**풀이**
- 표토를 침투하는 강수
- 증발수량
- 폐기물의 분해율
- 수분 지체시간
- 지하수위와 지하수 유량
- 지형에 따른 표면 유출량과 침투수량

## 15

용적밀도가 600kg/m³인 폐기물을 처리하는 소각로에서 질량감소율과 부피감소율이 각각 80%, 90%인 경우, 이 소각로에서 발생하는 소각재의 밀도(kg/m³)를 구하시오.

**풀이**

$$\text{소각재의 밀도} = \frac{600\,\text{kg}}{\text{m}^3} \bigg| \frac{20}{100} \bigg| \frac{100}{10} = 1{,}200\,\text{kg/m}^3$$

## 16

고형물 함량이 60%인 폐기물을 탈수시켜 함수율 20%인 폐기물을 만들 때, 탈수 폐기물의 부피는 탈수 전 폐기물 부피의 몇 %인지 구하시오.

**풀이** $V_1(100-W_1) = V_2(100-W_2)$

여기서, $V_1$ : 탈수 전 부피
$V_2$ : 탈수 후 부피

$V_1(100-40) = V_2(100-20)$

$\dfrac{V_2}{V_1} = \dfrac{(100-40)}{(100-20)} = \dfrac{60}{80}$

$\therefore \dfrac{V_2}{V_1} = \dfrac{60}{80} \times 100 = 75\%$

## 17

다음 [보기]를 MHT가 큰 순서로 나열하시오.

[보기] 집 밖 이동식, 플라스틱 자루, 집 안 이동식, 벽면 부착식, 집 밖 고정식

**풀이** 벽면 부착식 – 집 밖 고정식 – 집 안 이동식 – 집 밖 이동식 – 플라스틱 자루

## 18

소각로 열교환기의 종류 3가지를 적으시오.

**풀이**
- 과열기
- 절탄기
- 재열기
- 공기예열

# 2020 제2회 폐기물처리기사 실기 필답형 기출문제

## 01
소각 시 발생하는 고형 잔류물 3가지를 쓰고, 고형 잔류물을 관리해야 하는 이유를 적으시오.

**풀이**
① 고형 잔류물 : 클링커, 소각재, 비산재
② 관리해야 하는 이유 : 중금속 및 다이옥신류 등이 다량 함유되어 있기 때문

## 02
Fenton 산화법에 사용되는 약품 및 처리방법을 서술하시오.

**풀이**
① 약품 : 철염($FeSO_4$), 과산화수소($H_2O_2$)
② 처리방법 : pH 조정조(pH 3~5) → 급속 교반조 → 중화조 → 완속 교반조 → 침전조

## 03
파쇄 처리 시 문제점 3가지를 적으시오.

**풀이**
- 소음 발생
- 진동 발생
- 분진 발생
- 화재 및 폭발

## 04
폐기물의 부피감소율이 75%일 때, 압축비(CR)를 구하시오.

**풀이**
압축비 $CR = \dfrac{100}{100 - VR} = \dfrac{100}{100 - 75} = 4$

## 05

함수율 95%인 폐기물을 탈수시켜 함수율 75%인 폐기물을 만들 때, 폐기물의 부피감소율(%)을 구하시오.

**풀이** $V_1(100-W_1) = V_2(100-W_2)$

여기서, $V_1$ : 탈수 전 부피
$V_2$ : 탈수 후 부피

$V_1(100-95) = V_2(100-75)$

$\dfrac{V_2}{V_1} = \dfrac{(100-95)}{(100-75)} = \dfrac{5}{25}$

∴ 부피감소율 $VR(\%) = \left(1 - \dfrac{탈수\ 후\ 부피}{탈수\ 전\ 부피}\right) \times 100 = \left(1 - \dfrac{5}{25}\right) \times 100 = 80\%$

## 06

유해폐기물의 고형화 처리방법 3가지를 적으시오.

**풀이**
- 유기중합체법
- 피막형성법
- 열가소성 플라스틱법
- 시멘트기초법
- 유리화법
- 자가시멘트법
- 석회기초법

## 07

다음은 매립구조에 따른 매립공법의 설명이다. 설명에 해당하는 공법은 무엇인지 적으시오.

- 혐기성 위생매립의 침출수 문제 등을 보완하기 위하여 바닥 저부에 침출수 배제 집수관을 설치하여 오수 대책을 세우는 방법
- 일반적으로 매립장 밖에 저류조를 설치하고 침출수를 배제하는 오수관리를 주체한 구조(현재 시행되고 있는 위생매립의 대부분이 이에 속함)

**풀이** 개량 혐기성 위생매립

## 08

고형물 농도가 80kg/m³인 농축 슬러지를 하루에 300m³ 탈수시키려 한다. 슬러지 중의 고형물당 소석회를 중량기준으로 30% 첨가했을 때(이때 첨가된 소석회의 50%가 고형물이 된다) 함수율 70%의 탈수 cake가 얻어졌다. 이 탈수 cake의 비중을 1로 할 경우 여과면적(m²) 및 발생 cake의 양(ton/day)을 구하시오. (단, 겉보기 여과속도는 10kg/m² · hr이며, 하루 8시간 운전한다.)

**◆ 풀이**

① 여과면적 = $\dfrac{\text{고형물 농도} \times \text{농축 슬러지량}}{\text{여과속도}}$

$= \dfrac{80\,\text{kg}}{\text{m}^3} \Big| \dfrac{300\,\text{m}^3}{\text{day}} \Big| \dfrac{115}{100} \Big| \dfrac{\text{day}}{8\,\text{hr}} \Big| \dfrac{\text{m}^2 \cdot \text{hr}}{15\,\text{kg}} = 230\,\text{m}^2$

② 소석회 첨가 후 고형물 = $\dfrac{80\,\text{kg}}{\text{m}^3} \Big| \dfrac{300\,\text{m}^3}{\text{day}} \Big| \dfrac{115}{100} = 27{,}600\,\text{kg/hr}$

∴ 발생 cake의 양 = $\dfrac{27{,}600\,\text{kg}}{\text{day}} \Big| \dfrac{\text{ton}}{10^3\,\text{kg}} \Big| \dfrac{100_{SL}}{70_{TS}} \Big| \dfrac{8\,\text{hr}}{\text{day}} = 315.4286 ≒ 315.43\,\text{ton/day}$

## 09

포도당 1ton을 혐기성 분해할 경우 $CH_4$의 부피(Sm³) 및 질량(kg)을 구하시오.

**◆ 풀이**

① $CH_4$의 부피

〈반응식〉 $C_6H_{12}O_6 \rightarrow 3CH_4 + 3CO_2$
　　　　180kg　:　$3 \times 22.4\,\text{Sm}^3$
　　　1,000kg　:　$X$

∴ $CH_4$의 부피 $X = \dfrac{1{,}000 \times 3 \times 22.4}{180} = 373.3333 ≒ 373.33\,\text{Sm}^3$

② $CH_4$의 질량

〈반응식〉 $C_6H_{12}O_6 \rightarrow 3CH_4 + 3CO_2$
　　　　180kg　:　$3 \times 16\,\text{kg}$
　　　1,000kg　:　$Y$

∴ $CH_4$의 질량 $Y = \dfrac{1{,}000 \times 3 \times 16}{180} = 266.6667 ≒ 266.67\,\text{kg}$

## 10

인구가 20만명인 도시의 쓰레기를 운반하고자 한다. [조건]이 다음과 같고, 1회 운반 소요시간이 60분(적재시간, 수송시간 등 포함)일 때, 운반에 필요한 일일 소요차량 대수를 구하시오. (단, 대기차량을 포함하며, 대기차량은 2대, 압축비는 1.5, 일일 운전시간은 8시간이다.)

[조건]
- 쓰레기 발생량 : 1.4kg/인·일
- 쓰레기 밀도 : 400kg/m³
- 운반거리 : 6km
- 적재용량 : 12m³

**풀이**

$$\text{소요차량 대수} = \frac{1.4\,\text{kg}}{\text{인}\cdot\text{일}} \Big| \frac{\text{m}^3}{400\,\text{kg}} \Big| \frac{200,000\,\text{인}}{} \Big| \frac{\text{대}}{12\,\text{m}^3} \Big| \frac{\text{일}}{8} \Big| \frac{1}{1.5} = 4.8611\,\text{대}$$

※ 대기차량 2대를 더해준다.

∴ 일일 소요차량 대수 = 4.8611 + 2 = 6.8611 ≒ 7대

## 11

폐기물 소각공정에서 연소실의 형식 중 병류식, 교류식, 복류식, 향류식에 대한 특성을 각각 적으시오.

**풀이**

① 병류식 : 폐기물의 이송방향과 연소가스의 흐름방향이 같은 형식으로, 폐기물의 저위발열량이 높은 경우에 사용한다.
② 교류식 : 역류식과 병류식의 중간 형식으로, 중간정도의 발열량을 가지는 폐기물에 적합하다.
③ 복류식 : 2개의 출구를 가지고 있고, 댐퍼의 개폐로 역류식, 병류식, 교류식으로 조절할 수 있어 폐기물의 질이나 저위발열량의 변동이 심할 경우에 사용한다.
④ 향류식 : 폐기물의 이송방향과 연소가스의 흐름방향이 동일한 형식으로, 복사열에 의한 건조에 유리하고, 난연성 또는 착화하기 어려운 폐기물에 적합한 형식이다.

[참고] **역류식**
- 폐기물의 이송방향과 연소가스의 흐름방향이 반대인 형식
- 수분이 많고 저위발열량이 낮은 쓰레기에 적합
- 후연소 내의 온도 저하나 불완전연소가 발생할 수 있음

## 12

합성차수막에서 결정도(crystallinity)가 증가할수록 나타나는 성질 6가지를 적으시오.

✅ 풀이
- 인장강도가 증가한다.
- 열에 대한 저항성이 증가한다.
- 화학물질에 대한 저항성이 증가한다.
- 투수계수가 감소한다.
- 충격에 약해진다.
- 단단해진다.

## 13

다음은 C/N 비에 대한 내용이다. 빈칸에 알맞은 내용을 적으시오.

- C/N 비가 ( ① ) 이상일 경우 질소가 결핍되어 퇴비화 반응이 느려진다.
- C/N 비가 ( ② ) 이하일 경우 질소가 암모니아로 변해 효과가 저하된다.

✅ 풀이  ① 80, ② 20

## 14

성분이 C 11.7%, H 1.8%, O 8.8%, N 0.4%, S 0.1%, 수분 65%, 회분 12%인 폐기물을 연소할 때, 다음 물음에 답하시오. (단, Dulong 식을 사용한다.)
(1) 고위발열량(kcal/kg)을 구하시오.
(2) 저위발열량(kcal/kg)을 구하시오.

✅ 풀이

(1) $Hh(\text{kcal/kg}) = 81\text{C} + 340\left(\text{H} - \dfrac{\text{O}}{8}\right) + 25\text{S}$

$= 81 \times 11.7 + 340\left(1.8 - \dfrac{8.8}{8}\right) + 25 \times 0.1 = 1188.2 \, \text{kcal/kg}$

(2) $Hl(\text{kcal/kg}) = Hh - 6(9\text{H} + W)$

$= 1188.2 - 6(9 \times 1.8 + 65) = 701 \, \text{kcal/kg}$

## 15

용출시험을 통해 슬러지(함수율 90%) 농도를 측정하였더니 1.5mg/L였다. 이 슬러지를 지정폐기물로 분류할 수 있는지 적으시오. (단, 2.0mg/L 이상일 경우 지정폐기물로 분류한다.)

✓ 풀이  $1.5\,\mathrm{mg/L} \times \dfrac{15}{100-90} = 2.25\,\mathrm{mg/L}$ 이므로, 지정폐기물로 분류한다.

## 16

소각로 에너지 회수장치 3가지를 적으시오.

✓ 풀이
- 증기터빈
- 가스터빈
- 내연기관
- 열교환기(과열기, 절탄기, 재열기, 공기예열기)

## 17

퇴비화 시 미생물의 영향인자 3가지를 적으시오.

✓ 풀이
- C/N 비
- 함수율
- pH
- 온도
- 입자 크기
- 산소 함량

## 18

연소 시 과잉공기량이 지나치게 클 경우 나타나는 현상 3가지를 서술하시오.

✓ 풀이
- 연소실의 온도가 저하된다.
- 배기가스에 의한 열손실이 발생한다.
- 배기가스 온도가 감소한다.
- 연소효율이 감소한다.

# 2020 제3회 폐기물처리기사 실기 필답형 기출문제

## 01

A지역의 1인당 하루 생활폐기물 발생량은 1.2kg이고, 폐기물의 밀도는 300kg/m³이다. 이 지역은 인구 10만명을 대상으로 생활폐기물을 수거하며, 압축비가 2.0인 수거차량(적재용량 11m³)을 1대 운행하고 있다. 이 차량의 적재함 이용률은 90%이며, 수거작업에는 5명의 인부가 함께 참여할 때, 생활폐기물을 원활히 수거하기 위해서는 일주일에 최소 몇 회 이상 수거작업을 해야 하는지 구하시오.

✅ 풀이

$$\text{일주일 기준 최소 수거횟수} = \frac{1.2\,\text{kg}}{\text{인} \cdot \text{일}} \left| \frac{100{,}000\text{인}}{} \right| \frac{\text{m}^3}{300\,\text{kg}} \left| \frac{1}{2} \right| \frac{\text{회}}{11\,\text{m}^3 \times 1 \times 0.90} \left| \frac{7\text{일}}{\text{주}} \right.$$

$$= 141.4141\,\text{회/주}$$

∴ 142회 이상

## 02

다음은 폐기물 공정시험기준 중 용출시험에 대한 내용이다. 빈칸에 알맞은 것을 적으시오.

- 시료의 조제방법에 따라 조제한 시료 ( ① ) 이상을 정확히 달아 정제수에 염산을 넣어 pH ( ② )으로 맞춘 용매(mL)를 시료 : 용매 ( ③ )($W : V$)의 비로 2,000mL 삼각플라스크에 넣어 혼합한다. 다만, 정제수의 pH가 5.8~6.3인 경우에는 정제수에 염산을 넣어 pH를 조정하지 않아도 된다.
- 시료 용액의 조제가 끝난 혼합액을 상온·상압에서 진탕횟수가 분당 약 ( ④ ), 진탕의 폭이 ( ⑤ )인 왕복 진탕기(수평인 것)를 사용하여 ( ⑥ ) 동안 연속 진탕한 다음, 1.0m의 유리섬유여과지로 여과하고 여과액을 적당량 취하여 용출실험용 시료 용액으로 한다. 다만, ( ⑦ )가 어려운 경우에는 원심분리기를 사용하여 분당 3,000회전 이상으로 20분 이상 원심분리한 다음, 상등액을 적당량 취하여 용출실험용 시료 용액으로 한다.

✅ 풀이 ① 100g, ② 5.8~6.3, ③ 1 : 10
④ 200회, ⑤ 4~5cm, ⑥ 6시간, ⑦ 여과

## 03

열가소성 플라스틱법의 단점 3가지를 적으시오.

✅ 풀이
- 높은 온도에서 분해되는 물질에는 사용이 불가하다.
- 혼합률(MR)이 비교적 높다.
- 에너지 요구량이 크다.
- 처리과정 중 화재가 발생할 수 있다.
- 고도의 숙련된 기술이 필요하다.

## 04

쓰레기 발생량 예측방법 3가지를 적으시오.

✅ 풀이
- 동적모사모델(dynamic simulation model)
- 다중회귀모델(multiple regression model)
- 경향법(trend method)

## 05

300ton/day의 폐기물을 연속 소각 처리하여 폐기물 무게가 80% 감량되었다. 소각로에서 발생하는 재는 5분에 1회씩 배출되어 냉각장치에서 수분 50%와 섞여 처리될 때, 이송용 컨베이어에서 1회당 이송하는 재의 양($m^3$/회)을 구하시오. (단, 냉각재의 겉보기비중은 1ton/$m^3$이다.)

✅ 풀이

재의 양 = $\dfrac{300\,\text{ton}}{\text{day}} \Big| \dfrac{20}{100} \Big| \dfrac{150}{100} \Big| \dfrac{m^3}{1\,\text{ton}} \Big| \dfrac{5\,\text{min}}{회} \Big| \dfrac{\text{hr}}{60\,\text{min}} \Big| \dfrac{\text{day}}{24\,\text{hr}} = 0.3125 ≒ 0.31\,m^3/회$

## 06

유동층 소각로의 장점 4가지를 서술하시오.

✅ 풀이
- 소량의 과잉공기(1.2~1.3)로도 연소가 가능하다.
- 노 내의 기계적 가동부분이 없어 유지관리가 용이하다.
- 열량이 적고, 난연성이다.
- 유동매체로 석회, 돌로마이트 등의 활성매체를 혼입함으로써 노 내에서 바로 탈황·탈염소·탈질이 가능하다.
- 유동매체의 열용량이 커서 액상·기상·고상 폐기물의 전소 및 혼소가 가능하다.
- 유동매체의 축열량이 높아 단기간 정지 후 가동 시 보조연료 사용 없이 정상 가동이 가능하다.

## 07

강열감량의 정의를 서술하시오.

**풀이** 강열감량이란 건조된 소각재를 650℃의 온도로 가열했을 때 감소되는 무게를 백분율로 나타낸 값이다.

## 08

[조건]이 다음과 같은 소각로가 1일 18시간 가동하는 경우, 소각로의 용적($m^3$)을 구하시오.

[조건]
- 폐기물 발생량 : 100ton/day
- 폐기물 저위발열량 : 1,000kcal/kg
- 실제 공기량 : 이론공기량의 10배
- 연소실 열부하 : $0.2 \times 10^6$ kcal/kg·hr
- 이론공기량 : 1.6Sm³/kg
- 정압비열(공기) : 0.24kcal/kg·℃
- 공기 공급온도 : 200℃
- 외기 공급온도 : 10℃

**풀이** 열량 = 실제 공기량 × 정압비열 × 온도차

$= 10 \times 1.6 \, Sm^3/kg \times 0.24 \, kcal/kg \cdot ℃ \times 190℃ \times 1.3 \, kg/Sm^3$

$= 948.48 \, kcal/kg$

∴ 소각로의 용적 $= \dfrac{100,000 \, kg}{day} \left| \dfrac{(1,000 + 948.48) \, kcal}{kg} \right| \dfrac{m^3 \cdot hr}{0.2 \times 10^6 \, kcal} \left| \dfrac{day}{18 \, hr} \right.$

$= 54.1244 ≒ 54.12 \, m^3$

## 09

유해폐기물의 고형화 처리방법 3가지를 적으시오. (단, 자가시멘트법은 제외한다.)

**풀이**
- 유기중합체법
- 피막형성법
- 열가소성 플라스틱법
- 시멘트기초법
- 유리화법
- 석회기초법

## 10

다음 [조건]을 이용하여 물음에 답하시오.

[조건]
- 투입량 : 10ton/hr(유리 : 8%)
- 총 회수량 : 1ton/hr(유리 : 0.72ton/hr)

(1) 유리의 회수율(%)을 구하시오.
(2) Worrell의 선별효율(%)을 구하시오.
(3) Rietema의 선별효율(%)을 구하시오.

**풀이**

(1) 유리의 회수율 $= \dfrac{0.72}{10 \times 0.08} \times 100 = 90\%$

(2) $x_1 = 0.8\,\text{ton/hr}$, $x_2 = 0.72\,\text{ton/hr}$
$y_1 = 9.2\,\text{ton/hr}$, $y_2 = 8.92\,\text{ton/hr}$

∴ Worrell의 선별효율 $E(\%) = x_{회수율} \times y_{기각률}$

$= \left(\dfrac{x_2}{x_1} \times \dfrac{y_2}{y_1}\right) \times 100 = \left(\dfrac{0.72}{0.8} \times \dfrac{8.92}{9.2}\right) \times 100$

$= 87.2609 ≒ 87.26\%$

(3) $x_1 = 0.8\,\text{ton/hr}$, $x_2 = 0.72\,\text{ton/hr}$
$y_1 = 9.2\,\text{ton/hr}$, $y_3 = 0.28\,\text{ton/hr}$

∴ Rietema의 선별효율 $E(\%) = x_{회수율} - y_{회수율}$

$= \left(\dfrac{x_2}{x_1} - \dfrac{y_3}{y_1}\right) \times 100 = \left(\dfrac{0.72}{0.8} - \dfrac{0.28}{9.2}\right) \times 100$

$= 86.9565 ≒ 86.96\%$

## 11

열분해공정의 장점 3가지를 서술하시오. (단, 소각과 비교하여 쓰시오.)

**풀이**
- 불균일한 폐기물을 안정적으로 처리한다.
- 대기로 방출되는 가스가 적다.
- 생성되는 오일, 가스의 재자원화가 가능하다.
- 배기가스 중 질소산화물, 염화수소의 양이 적다.
- 환원성 분위기로 3가크로뮴($Cr^{3+}$)이 6가크로뮴($Cr^{6+}$)으로 변화하지 않는다.
- 황분, 중금속분이 재 중에 고정된다.

## 12

함수율 98%인 폐기물을 탈수시켜 함수율 96%인 폐기물을 만들 때, 폐기물의 부피감소율(%)을 구하시오.

✓ 풀이  $V_1(100 - W_1) = V_2(100 - W_2)$

여기서, $V_1$ : 탈수 전 부피
$V_2$ : 탈수 후 부피

$V_1(100 - 98) = V_2(100 - 96)$

$\dfrac{V_2}{V_1} = \dfrac{(100-98)}{(100-96)} = \dfrac{2}{4}$

∴ 부피감소율 $VR(\%) = \left(1 - \dfrac{탈수\ 후\ 부피}{탈수\ 전\ 부피}\right) \times 100 = \left(1 - \dfrac{2}{4}\right) \times 100 = 50\%$

## 13

폐기물 소각공정에서 연소실의 형식 중 병류식, 교류식, 복류식, 향류식에 대한 특성을 각각 적으시오.

✓ 풀이
① 병류식 : 폐기물의 이송방향과 연소가스의 흐름방향이 같은 형식으로, 폐기물의 저위발열량이 높은 경우에 사용한다.
② 교류식 : 역류식과 병류식의 중간 형식으로, 중간정도의 발열량을 가지는 폐기물에 적합하다.
③ 복류식 : 2개의 출구를 가지고 있고, 댐퍼의 개폐로 역류식, 병류식, 교류식으로 조절할 수 있어 폐기물의 질이나 저위발열량의 변동이 심할 경우에 사용한다.
④ 향류식 : 폐기물의 이송방향과 연소가스의 흐름방향이 동일한 형식으로, 복사열에 의한 건조에 유리하고, 난연성 또는 착화하기 어려운 폐기물에 적합한 형식이다.

[참고] **역류식**
- 폐기물의 이송방향과 연소가스의 흐름방향이 반대인 형식
- 수분이 많고 저위발열량이 낮은 쓰레기에 적합
- 후연소 내의 온도 저하나 불완전연소가 발생할 수 있음

## 14

아래 [보기]의 약품들 중 Fenton 산화법에 사용되는 약품을 고르시오.

[보기] $Ca(OH)_2$, $H_2O_2$, $CH_3COOH$, $FeSO_4$, $H_2O$, $CaCO_3$

✓ 풀이  $H_2O_2$, $FeSO_4$

## 15

함수율 50%인 폐기물을 탈수시켜 함수율 25%인 폐기물을 만들 때, 폐기물의 질량변화율(%)을 구하시오.

✔ 풀이 $V_1(100-W_1) = V_2(100-W_2)$

여기서, $V_1$ : 탈수 전 부피, $V_2$ : 탈수 후 부피

$V_1(100-50) = V_2(100-25)$

$\dfrac{V_2}{V_1} = \dfrac{(100-50)}{(100-25)} = \dfrac{50}{75}$

∴ 질량변화율(%) = $\dfrac{\text{탈수 후 부피}}{\text{탈수 전 부피}} \times 100 = \dfrac{50}{75} \times 100 = 66.67\%$

## 16

화학적으로 제거되는 메커니즘을 화학식으로 나타내시오. (단, HCl은 $Ca(OH)_2$로, $SO_2$는 $CaCO_3$로 제거한다.)

✔ 풀이
- $2HCl + Ca(OH)_2 \rightarrow CaCl_2 + 2H_2O$
- $SO_2 + CaCO_3 + 0.5O_2 \rightarrow CaSO_4 + CO_2$

## 17

$CO + 0.5O_2 \rightarrow CO_2$의 반응식에서 평형상수 및 $O_2$의 관계식을 통해 연소효율을 설명하시오.

✔ 풀이 $k = \dfrac{[CO_2]}{[CO][O_2]^{0.5}}$

연소효율 = $\dfrac{[CO_2]}{[CO]} = k \times [O_2]^{0.5}$

## 18

BOD 농도가 3,000mg/L인 침출수를 처리효율이 80%인 혐기성 소화시설에서 1차로 처리 후 처리효율이 50%인 폭기시설에서 2차로 처리하고, 3차로 약품 처리를 하여 최종 방류수의 BOD를 30mg/L 이하로 유지하기 위한 약품 처리효율(%)을 구하시오.

✔ 풀이 1차 처리 후 BOD 농도 = $3,000 \times (1-0.80) = 600\,mg/L$

2차 처리 후 BOD 농도 = $600 \times (1-0.50) = 300\,mg/L$

∴ 약품 처리효율 = $\left(1 - \dfrac{30}{300}\right) \times 100 = 90\%$

# 2020 제4회 폐기물처리기사 실기 필답형 기출문제

## 01

인구가 200,000명인 어느 도시에서 배출되는 폐기물의 양은 1.2kg/인·일이고, 밀도는 350kg/m³일 때, 다음 물음에 답하시오.
(1) 소각로에서 처리하는 가연성 폐기물의 양(ton/day)을 구하시오. (단, 폐기물 중 가연분은 80%이다.)
(2) 폐기물을 20년간 매립할 경우 필요한 매립면적(m²)을 구하시오. (단, 매립지 높이는 20m이다.)

**풀이**

(1) 가연성 폐기물의 양 $= \dfrac{1.2\,\text{kg}}{\text{인}\cdot\text{일}} \Big| \dfrac{200{,}000\,\text{인}}{} \Big| \dfrac{\text{ton}}{10^3\,\text{kg}} \Big| \dfrac{80}{100}$

$= 192\,\text{ton/day}$

(2) 매립면적 $= \dfrac{1.2\,\text{kg}}{\text{인}\cdot\text{일}} \Big| \dfrac{200{,}000\,\text{인}}{} \Big| \dfrac{\text{m}^3}{350\,\text{kg}} \Big| \dfrac{}{20\,\text{m}} \Big| \dfrac{365\,\text{일}}{\text{year}} \Big| \dfrac{20\,\text{year}}{}$

$= 250285.7143 \fallingdotseq 250285.71\,\text{m}^2$

## 02

직경이 3.4m인 트롬멜 스크린의 임계속도(rpm)를 구하시오.

**풀이** 임계속도 $N_c = \sqrt{\dfrac{g}{4\pi^2 r}} \times 60 = \sqrt{\dfrac{9.8}{4\pi^2 \times 1.7}} \times 60 = 22.9277 \fallingdotseq 22.93\,\text{rpm}$

## 03

퇴비 숙성도 판단방법 4가지를 적으시오.

**풀이**
- 산소이용률
- 온도
- 이산화탄소($CO_2$) 농도
- 냄새 및 색깔

## 04

호기성 퇴비화 및 혐기성 소화의 반응식을 각각 적고, 간략하게 설명하시오.

**풀이** ① 호기성 퇴비화

$$C_aH_bO_cN_d + \left(\frac{4a+b-2c-3d}{4}\right)O_2 \rightarrow aCO_2 + \left(\frac{b-3d}{2}\right)H_2O + dNH_3$$

유기물질이 산소와 반응하여 이산화탄소, 물, 암모니아가 발생한다.

② 혐기성 소화

$$C_aH_bO_cN_d + \left(\frac{4a-b-2c+3d}{4}\right)H_2O$$
$$\rightarrow \left(\frac{4a+b-2c-3d}{8}\right)CH_4 + \left(\frac{4a-b+2c+3d}{8}\right)CO_2 + dNH_3$$

유기물질이 혐기성 조건하에 반응하면 메테인, 이산화탄소, 암모니아가 발생한다.

## 05

합성차수막의 종류 5가지를 적으시오.

**풀이**
- HDPE+LDPE
- PVC
- CR
- EPDM
- CPE
- CSPE
- IIR

## 06

1,000kg/hr로 발생하고 있는 폐기물을 전기집진장치(처리효율 99%)로 처리할 때 포집되는 수은의 양(kg/year)을 구하시오. (단, 비산재 발생량은 1%이고, 수은의 함량은 25$\mu$g/g이며, 1년간 8,000시간 작동한다.)

**풀이**
$$\text{수은의 양} = \frac{1,000\,\text{kg}}{\text{hr}}\left|\frac{1}{100}\right|\frac{25\,\mu\text{g}}{\text{g}}\left|\frac{99}{100}\right|\frac{8,000\,\text{hr}}{\text{year}}\left|\frac{\text{g}}{10^6\,\mu\text{g}}\right. = 1.98\,\text{kg/year}$$

## 07

100m³/day의 슬러지를 혐기성 소화 처리할 때 슬러지의 열량(kcal/day)을 구하시오. (단, 중온 소화(35℃) 처리하며, 슬러지의 비열은 1.2kcal/kg · ℃이고, 비중은 1.05, 온도는 18℃이다.)

**풀이** 슬러지의 열량 $Q = C \cdot m \cdot \Delta t$

이때, $m = \dfrac{100\,\mathrm{m}^3}{\mathrm{day}} \bigg| \dfrac{1{,}050\,\mathrm{kg}}{\mathrm{m}^3} = 105{,}000\,\mathrm{kg/day}$

$\therefore Q = \dfrac{1.2\,\mathrm{kcal}}{\mathrm{kg}\cdot\mathrm{℃}} \bigg| \dfrac{105{,}000\,\mathrm{kg}}{\mathrm{day}} \bigg| \dfrac{(35-18)\,\mathrm{℃}}{} = 2{,}142{,}000\,\mathrm{kcal/day}$

## 08

적환장 위치 선정 시 고려사항 3가지를 적으시오. (단, 작업이 용이한 곳, 이용이 편리한 곳은 정답에서 제외한다.)

**풀이**
- 공중위생 및 환경 피해 영향이 최소일 것
- 폐기물 발생지역의 중심부에 위치할 것
- 설치가 간편할 것
- 간선도로와 쉽게 연결되고, 2차적 또는 보조 수송수단 연계가 편리할 것

## 09

함수율 80%인 쓰레기를 1,000kg/hr로 건조시켜 함수율 65%인 쓰레기로 만들 때 건조 후 쓰레기의 중량(kg/hr)을 구하시오.

**풀이** $V_1(100 - W_1) = V_2(100 - W_2)$

$1{,}000\,\mathrm{kg/hr} \times (100 - 80) = V_2(100 - 65)$

∴ 건조 후 쓰레기의 중량 $V_2 = 571.4286 ≒ 571.43\,\mathrm{kg/hr}$

## 10

슬러지의 수분 형태 4가지를 가장 용이하게 분리할 수 있는 순서대로 적으시오.

**풀이** 간극수 > 모관결합수 > 표면부착수 > 내부수

## 11

원추4분법으로 시료를 1/120~1/130의 범위로 축소하기 위한 실시횟수를 구하시오.

**풀이** 원추4분법으로 최종 분취된 시료 = 시료의 양 $\times \left(\dfrac{1}{2}\right)^n$

- $\left(\dfrac{1}{2}\right)^n = \dfrac{1}{120}$ ➡ $n = 6.9069$
- $\left(\dfrac{1}{2}\right)^n = \dfrac{1}{130}$ ➡ $n = 7.0224$

∴ 실시횟수 = 7회

## 12

고형화 처리의 장점 3가지를 적으시오.

**풀이**
- 건설비가 저렴하다.
- 하수의 성상 변화에 적용성이 우수하다.
- 전반적으로 환경영향이 적다.
- 폐기물의 물리적 성질 변화로 취급이 용이하다.
- 폐기물 내 오염물질의 용해도가 감소한다.
- 매립지 복토재 등에 재이용이 가능하다.

## 13

매립지의 환경오염을 최소화하기 위해 설치하는 주요 시설물 6가지를 적으시오.

**풀이**
- 저류구조물
- 침출수 집배수설비
- 우수 집배수설비
- 덮개설비
- 발생가스 대책설비
- 차수설비

## 14

LCA의 구성요소 4가지를 적으시오.

**풀이**
- 1단계 : 목적 및 범위 설정
- 2단계 : 목록분석
- 3단계 : 영향평가
- 4단계 : 결과해석

## 15

아래 [조건]을 이용하여 다음 물음에 답하시오.

[조건]
- 투입량 : 2ton/hr
- 회수량 : 800kg/hr
- 회수량 중 회수대상 물질 : 600kg/hr
- 제거량 중 회수대상 물질 : 100kg/hr

(1) Worrell 식에 의한 선별효율(%)을 구하시오.
(2) Rietema 식에 의한 선별효율(%)을 구하시오.

**풀이** (1) $x_1 = 700\,\text{kg/hr}$, $x_2 = 600\,\text{kg/hr}$

$y_1 = 1,300\,\text{kg/hr}$, $y_2 = (1,200-100)\,\text{kg/hr} = 1,100\,\text{kg/hr}$

∴ Worrell의 선별효율 $E(\%) = x_{\text{회수율}} \times y_{\text{기각률}}$

$$= \left(\frac{x_2}{x_1} \times \frac{y_2}{y_1}\right) \times 100 = \left(\frac{600}{700} \times \frac{1,100}{1,300}\right) \times 100$$

$$= 72.5275 ≒ 75.53\%$$

(2) $x_1 = 700\,\text{kg/hr}$, $x_2 = 600\,\text{kg/hr}$

$y_1 = 1,300\,\text{kg/hr}$, $y_3 = (800-600)\,\text{kg/hr} = 200\,\text{kg/hr}$

∴ Rietema의 선별효율 $E(\%) = x_{\text{회수율}} - y_{\text{회수율}}$

$$= \left(\frac{x_2}{x_1} - \frac{y_3}{y_1}\right) \times 100 = \left(\frac{600}{700} - \frac{200}{1,300}\right) \times 100$$

$$= 70.3297 ≒ 70.33\%$$

## 16

두께가 50cm, 투수계수가 $10^{-7}$cm/sec인 점토 차수층 통과 시 걸리는 시간(day)을 구하시오.

◆ 풀이   차수층 통과 시 걸리는 시간 $= \dfrac{50\,\text{cm}}{10^{-7}\,\text{cm}} \Big| \dfrac{\sec}{} \Big| \dfrac{\text{hr}}{3{,}600\,\sec} \Big| \dfrac{\text{day}}{24\,\text{hr}}$

$\qquad\qquad\qquad\qquad\quad = 5787.037 ≒ 5787.04\,\text{day}$

## 17

유동층 소각로의 단점을 6가지 서술하시오.

◆ 풀이
- 유동매질의 손실로 인한 보충이 필요하다.
- 상으로부터 찌꺼기의 분리가 어렵다.
- 투입, 유동화를 위해 파쇄가 필요하다.
- 운전비, 동력비가 많이 소요된다.
- 분진 발생량이 많다.
- 유동상의 정비가 필요하다.

## 18

함수율이 80%인 쓰레기 100kg을 건조시켜 함수율 40%인 쓰레기를 만들 때 증발된 수분량(kg)을 구하시오.

◆ 풀이   $V_1(100 - W_1) = V_2(100 - W_2)$

$\qquad\quad 100\,\text{kg} \times (100 - 80) = V_2 \times (100 - 40)$

$\qquad\quad V_2 = 100\,\text{kg} \times \dfrac{100 - 80}{100 - 40} = 33.3333\,\text{kg}$

$\qquad\quad \therefore$ 증발된 수분량 $= 100 - 33.3333 = 66.6667 ≒ 66.67\,\text{kg}$

# 2021 제1회 폐기물처리기사 실기 필답형 기출문제

## 01
열분해장치의 종류를 상에 따라 3가지 적으시오.

**풀이**
- 고정상
- 유동층
- 회전로식

## 02
LCA의 정의를 간단히 쓰고, 구성요소 4가지를 적으시오.

**풀이**
① 정의 : 원료 취득 시 연구개발, 제품의 생산·포장·수송·유통·판매 과정, 소비자 사용, 폐기까지의 전체 과정에서 환경에 미치는 영향을 평가하고 최소화하기 위한 조직적인 방법론이다.
② 구성요소
- 1단계 : 목적 및 범위 설정
- 2단계 : 목록분석
- 3단계 : 영향평가
- 4단계 : 결과해석

## 03
음식물쓰레기의 전처리 및 혼합·발효 시 문제점 5가지를 서술하시오.

**풀이**
- 부패성 병원균이 발생한다.
- 악취가 발생한다.
- 매립 시 침출수가 발생한다.
- 처리효율이 떨어진다.
- 비용이 많아져 경제성이 떨어진다.

## 04

매립지에서 침출된 침출수의 농도가 반으로 감소하는 데 약 4.5년이 걸린다면 이 침출수의 농도가 85% 분해되는 데 걸리는 시간(year)을 구하시오. (단, 1차 반응 기준이다.)

**풀이**

1차 반응식 $\ln\dfrac{C_t}{C_o} = -k \cdot t$

이때, $k = \dfrac{\ln\dfrac{C_t}{C_o}}{-t} = \dfrac{\ln\dfrac{1}{2}}{-4.5\,\text{year}} = 0.1540\,\text{year}^{-1}$

∴ 걸리는 시간 $t = \dfrac{\ln\dfrac{C_t}{C_o}}{-k} = \dfrac{\ln\dfrac{15}{100}}{-0.1540} = 12.3190 ≒ 12.32\,\text{year}$

## 05

혐기성 소화의 장점 6가지를 호기성 소화와 비교하여 서술하시오. (단, 규모 및 건설비용은 제외한다.)

**풀이**
- 유효한 자원($CH_4$)을 생성한다.
- 슬러지 생성량이 적다.
- 동력 및 유지관리비가 적게 소모된다.
- 슬러지 탈수성이 양호하다.
- 병원균 사멸률이 높다.
- 유기물 농도가 높아도 낮은 에너지로 처리가 가능하다.

## 06

유동층 소각로를 단탑형과 2탑형으로 분류하여 서술하시오.

**풀이**
- 단탑형 : 열분해에 필요한 에너지를 공급하기 위해 부분연소와 열분해를 동시에 병용하는 방식이다.
- 2탑형 : 열분해탑과 연소탑을 별개로 설치하고 두 개의 탑 사이에 모래를 순환하여 연소탑에서 재의 연소와 열분해를 분리한 방식이다.

## 07

200ton/day의 폐기물을 소각할 때, 다음 [조건]을 이용하여 소각로에서 발생하는 열손실(kcal/day)을 구하시오.

[조건]
- 조성 : 수분 40%, 유기물(VS) 45%, 무기물(FS) 15%
- 저위발열량 : 1,600kcal/kg
- 재의 강열감량 : 가연분의 5%
- 소각재의 비열 : 0.25kcal/kg·℃
- 주입공기 온도 : 50℃
- 소각재 배출온도 : 400℃
- 복사 열손실 : 총 열유입량의 0.5%

**풀이**

- 복사 열손실 $= \dfrac{1,600\,\text{kcal}}{\text{kg}} \Big| \dfrac{200\,\text{ton}}{\text{day}} \Big| \dfrac{10^3\,\text{kg}}{\text{ton}} \Big| \dfrac{0.5}{100} = 1,600,000\,\text{kcal/day}$

- 소각재 열손실 $= \dfrac{0.25\,\text{kcal}}{\text{kg}\cdot\text{℃}} \Big| \dfrac{200\,\text{ton}}{\text{day}} \Big| \dfrac{10^3\,\text{kg}}{\text{ton}} \Big| \dfrac{45}{100} \Big| \dfrac{5}{100} \Big| (400-50)\,\text{℃} = 393,750\,\text{kcal/day}$

∴ 총 열손실 $= 1,600,000 + 393,750 = 1,993,750\,\text{kcal/day}$

## 08

선별공정표의 빈칸을 다음 [보기]를 참고하여 적으시오.

[보기] Cyclone, Magnetic Separator, Shredder, Trommel, Air classifiers

저장 → ( ① ) → ( ② ) —큰 물질→ ( ③ ) —가벼운 물질→ ( ④ ) → 유기물질
              ↓              ↓
          미세한 것        ( ⑤ ) → 철제
                            ↓
                         무기물질

**풀이**
① Shredder
② Trommel
③ Air classifiers
④ Cyclone
⑤ Magnetic separator

## 09

100ton/day로 유입되는 폐기물을 소각하여 처리하고자 한다. 이때 소각로의 면적($m^2$)을 구하시오. (단, 화격자 연소율은 340kg/$m^2$ · hr이고, 연속 운전한다.)

**풀이**  소각로의 면적 $= \dfrac{100,000\,kg}{day} \Big| \dfrac{m^2 \cdot hr}{340\,kg} \Big| \dfrac{day}{24\,hr} = 12.2549 \fallingdotseq 12.25\,m^2$

## 10

피압대수층에서 우물을 파서 0.02$m^3$/sec을 양수하려고 한다. 60m 떨어진 지점에서의 관측정 수위는 0.3m이고, 30m 떨어진 지점에서의 관측정 수위는 0.5m이며, 피압대수층의 두께는 10m라고 할 때, 투수계수(cm/sec)를 구하시오. (단, 투수계수 공식은 다음과 같다.)

$$K = \dfrac{2.302\,Q}{2\pi H(S_i - S_o)} \times \log \dfrac{r_2}{r_1}$$

**풀이**  $K = \dfrac{2.302\,Q}{2\pi H(S_i - S_o)} \times \log \dfrac{r_2}{r_1} = \dfrac{2.302 \times 0.02}{2\pi \times 10 \times (0.5 - 0.3)} \times \log \dfrac{60}{30} = 1.1029 \times 10^{-3}\,m/sec$

∴ 투수계수 $= \dfrac{1.1029 \times 10^{-3}\,m}{sec} \Big| \dfrac{100\,cm}{m} = 0.1103 \fallingdotseq 0.11\,cm/sec$

## 11

함수율이 98%인 폐기물을 탈수시켜 함수율이 75%인 폐기물을 만들 때, 폐기물의 부피감소율(%)을 구하시오.

**풀이**  $V_1(100 - W_1) = V_2(100 - W_2)$

여기서, $V_1$ : 탈수 전 부피

$V_2$ : 탈수 후 부피

$V_1(100 - 98) = V_2(100 - 75)$

$\dfrac{V_2}{V_1} = \dfrac{(100 - 98)}{(100 - 75)} = \dfrac{2}{25}$

∴ 부피감소율 $VR(\%) = \left(1 - \dfrac{\text{탈수 후 부피}}{\text{탈수 전 부피}}\right) \times 100 = \left(1 - \dfrac{2}{25}\right) \times 100 = 92\%$

## 12

연직차수막과 표면차수막을 비교한 다음 표에서 빈칸에 알맞은 내용을 적으시오.

| 구분 | 연직차수막 | 표면차수막 |
|---|---|---|
| 사용조건 | ( ① ) | ( ② ) |
| 지하수 집배수시설 | 필요하지 않다. | 필요하다. |
| 차수성 확인 | 지하에 매설되어 확인이 어렵다. | 시공 시 확인할 수 있지만, 매립 후에는 확인이 어렵다. |
| 경제성 | ( ③ ) | ( ④ ) |
| 보수 가능성 | 차수막 보강 시공이 가능하다. | 매립 전에는 가능하지만, 매립 후에는 어렵다. |

✔ 풀이  ① 수평방향의 차수층이 존재하는 경우에 사용한다.
② 매립지 지반의 투수계수가 큰 경우에 사용한다.
③ 단위면적당 공사비는 비싸지만, 총 공사비는 저렴하다.
④ 단위면적당 공사비는 싸지만, 총 공사비는 고가이다.

## 13

퇴비화의 영향인자 중 C/N 비에 대한 내용이다. 다음 물음에 답하시오.
(1) 퇴비화의 적정 C/N 비 및 완성된 퇴비의 C/N 비를 적으시오.
(2) 적정 C/N 비보다 높을 경우와 낮을 경우의 상태변화를 1가지씩 적으시오.

✔ 풀이 (1) ① 퇴비화의 적정 C/N 비 : 25~40
② 완성된 퇴비의 C/N 비 : 10~20
(2) ① 적정 C/N 비보다 높을 경우
• 질소 결핍현상으로 퇴비화 반응이 느려진다.
• 유기산의 생성으로 pH가 낮아진다.
• 퇴비화 소요시간이 길어진다.
② 적정 C/N 비보다 낮을 경우
• 질소가 암모니아로 변하여 pH가 증가한다.
• 악취가 발생한다.
• 유기물의 분해율이 낮아진다.

## 14

폐기물을 수평으로 깔아 압축한 후 복토를 교대로 쌓는 방법으로, 좁은 산간, 협곡, 폐광산 등의 매립지에서 사용하는 매립공법을 적으시오.

✅ **풀이**   샌드위치 공법

## 15

직경이 3m인 트롬멜 스크린의 최적속도(rpm)를 구하시오.

✅ **풀이**   $N = N_c \times 0.45$

여기서, $N_c$ : 임계속도(rpm)$\left(= \sqrt{\dfrac{g}{4\pi^2 r}} \times 60\right)$

∴ 최적속도 $N = \left(\sqrt{\dfrac{9.8}{4\pi^2 \times 1.5}} \times 60\right) \times 0.45 = 10.9838 ≒ 10.98\,\text{rpm}$

## 16

압축기에 쓰레기를 넣고 압축시킨 결과 부피가 7m³가 되었다. 압축비가 2일 때 부피감소율(%)을 구하시오.

✅ **풀이**   부피감소율 $VR = 100\left(1 - \dfrac{1}{CR}\right) = 100\left(1 - \dfrac{1}{2}\right) = 50\%$

## 17

CEI와 USI의 정의를 각각 쓰시오.

✅ **풀이**   
• CEI : 가로의 청소상태를 기준으로 하는 지역사회 효과지수이다.
• USI : 사람들의 만족도를 설문하는 것으로, 사용자 만족도지수이다.

## 18

인구가 1,000,000명인 지역의 30일간 폐기물 수거상태를 조사하고자 한다. 다음 [조건]을 이용하여 10,000명당 필요한 연간 매립지의 최소면적($m^2$)을 구하시오. (단, 지형 조건상 25m까지 굴착하며, 지상으로 매립하지 않고, 복토는 고려하지 않는다.)

[조건]
- 수거에 사용된 청소차 : 20대
- 청소차 1대당 수거횟수 : 100회
- 1회 수거 시 트럭의 적재용적 : $8m^3$
- 수거 시 폐기물의 밀도 : $0.25ton/m^3$
- 압축 후 밀도 : $400kg/m^3$

**풀이**

압축 후 폐기물 $= \dfrac{0.25\,\text{ton}}{m^3} \mid \dfrac{8\,m^3}{} \mid \dfrac{m^3}{400\,\text{kg}} \mid \dfrac{10^3\,\text{kg}}{\text{ton}} = 5\,m^3$

매립면적 $= \dfrac{5\,m^3}{회} \mid \dfrac{100\,회}{대} \mid \dfrac{20\,대}{} \mid \dfrac{}{25\,m} \mid \dfrac{}{30\,\text{day}} \mid \dfrac{365\,\text{day}}{\text{year}} = 4866.6667\,m^2/\text{year}\,(1{,}000{,}000명당)$

∴ 10,000명당 필요한 연간 매립지 최소면적 $= 48.67\,m^2/\text{year}$

# 2021 제2회 폐기물처리기사 실기 필답형 기출문제

## 01

폐기물 10ton에서 메테인이 회수되고 있다. 다음 [조건]에서 회수된 메테인의 가치(원)를 구하시오.

[조건]
- 폐기물 함수율 = 30%
- VS = TS의 85%
- VS 중 생물학적 분해 가능한 유기물(BVS) = VS의 70%
- 생물학적 분해 가능한 유기물(BVS)의 전환율 = 90%
- 가스 발생량 = 0.5m³/kg$_{BVS}$
- 에너지 함량 = 5,250kcal/m³
- 경제적 가치 = 5,500원/10⁵kcal

**풀이**

$$BVS = \frac{10,000\,kg}{}\bigg|\frac{70_{TS}}{100_{폐기물}}\bigg|\frac{85_{VS}}{100_{TS}}\bigg|\frac{70_{BVS}}{100_{VS}}\bigg|\frac{90}{100} = 3748.5\,kg$$

∴ 회수된 메테인의 가치 $= \dfrac{3748.5\,kg_{BVS}}{}\bigg|\dfrac{0.5\,m^3}{kg_{BVS}}\bigg|\dfrac{5,250\,kcal}{m^3}\bigg|\dfrac{5,500\,원}{10^5 kcal}$

$= 541189.6875 ≒ 541189.69\,원$

## 02

직경이 3m인 트롬멜 스크린의 임계속도(rpm)을 구하시오.

**풀이**

임계속도 $N_c = \sqrt{\dfrac{g}{4\pi^2 r}} \times 60$

$= \sqrt{\dfrac{9.8}{4\pi^2 \times 1.5}} \times 60$

$= 24.4084 ≒ 24.41\,rpm$

## 03

다음 [조건]을 이용하여 Worrell 식에 의한 선별효율(%)를 구하시오.

[조건]
- 투입량 : 120kg/hr
- 회수량 : 100kg/hr
- 회수량 중 회수대상 물질 : 90kg/hr
- 제거량 중 제거대상 물질 : 15kg/hr

◆ 풀이    $x_1 = 95\,\text{kg/hr},\ x_2 = 90\,\text{kg/hr}$

$y_1 = 25\,\text{kg/hr},\ y_2 = 15\,\text{kg/hr}$

∴ Worrell의 선별효율 $E(\%) = x_{\text{회수율}} \times y_{\text{기각률}}$

$$= \left(\frac{x_2}{x_1} \times \frac{y_2}{y_1}\right) \times 100$$

$$= \left(\frac{90}{95} \times \frac{15}{25}\right) \times 100$$

$$= 56.8421 ≒ 56.84\%$$

## 04

다음 [조건]을 이용하여 Rietema 식에 의한 선별효율(%)을 구하시오.

[조건]
- 투입량 : 100ton(회수 : 30ton, 제거 : 70ton)
- 회수량 중 회수대상 물질 : 회수량의 90%
- 회수량 중 제거대상 물질 : 회수량의 10%

◆ 풀이    $x_1 = 30\,\text{ton},\ x_2 = 30 \times 0.90 = 27\,\text{ton}$

$y_1 = 70\,\text{ton},\ y_3 = 30 - 27 = 3\,\text{ton}$

∴ Rietema의 선별효율 $E(\%) = x_{\text{회수율}} - y_{\text{회수율}}$

$$= \left(\frac{x_2}{x_1} - \frac{y_3}{y_1}\right) \times 100$$

$$= \left(\frac{27}{30} - \frac{3}{70}\right) \times 100$$

$$= 85.7143 ≒ 85.71\%$$

## 05
유동층 소각로의 장점·단점을 각각 3가지씩 서술하시오.

✅ 풀이   ① 장점
- 소량의 과잉공기(1.2~1.3)로도 연소가 가능하다.
- 노 내의 기계적 가동부분이 없어 유지관리가 용이하다.
- 열량이 적고, 난연성이다.
- 유동매체로 석회, 돌로마이트 등의 활성매체를 혼입함으로써 노 내에서 바로 탈황·탈염소·탈질이 가능하다.
- 유동매체의 열용량이 커서 액상·기상·고상 폐기물의 전소 및 혼소가 가능하다.
- 유동매체의 축열량이 높아 단기간 정지 후 가동 시 보조연료 사용 없이 정상 가동이 가능하다.

② 단점
- 유동매질의 손실로 인한 보충이 필요하다.
- 상으로부터 찌꺼기의 분리가 어렵다.
- 투입, 유동화를 위해 파쇄가 필요하다.
- 운전비, 동력비가 많이 소요된다.
- 분진 발생량이 많다.
- 유동상의 정비가 필요하다.

## 06
준호기성 매립구조의 특성 5가지를 서술하시오.

✅ 풀이
- 오수를 가능한 빨리 매립지 밖으로 배제한다.
- 폐기물층과 저부의 수압을 저감시켜 토양으로의 오수 침투를 방지한다.
- 집수단계에서 침출수를 정화할 수 있도록 집수장치를 설계한 구조이다.
- 개량형 위생매립에 비하여 침출액의 수질이 매립장 내에서 1/5~1/10 정도로 정화된다.
- 호기성 조건 시 집수장치의 부식 및 마모가 적다.

## 07
압축기에 쓰레기를 넣고 압축시킨 결과 압축비가 3이었을 때, 부피감소율(%)을 구하시오.

✅ 풀이   부피감소율 $VR = 100\left(1 - \dfrac{1}{CR}\right) = 100\left(1 - \dfrac{1}{3}\right) = 66.6667 ≒ 66.67\%$

## 08

소각로에서 뷰테인 100mol/hr와 공기 5,000mol/hr가 완전연소되는 경우 과잉공기율(%)을 구하시오. (단, 표준상태이다.)

**풀이**  〈반응식〉 $C_4H_{10} + 6.5O_2 \rightarrow 4CO_2 + 5H_2O$

$A_o = O_o \div 0.21 = (100 \times 6.5) \div 0.21 = 3095.2381 \, mol/hr$

과잉공기량 = 실제 공기량 − 이론공기량 = $5,000 - 3095.2381 = 1904.7619 \, mol/hr$

∴ 과잉공기율(%) = $\dfrac{과잉공기량}{이론공기량} \times 100 = \dfrac{1904.7619}{3095.2381} \times 100 = 61.5385 \fallingdotseq 61.54\%$

## 09

폐기물 자원화의 목적 3가지를 적으시오.

**풀이**
- 처리비용 감소
- 환경오염 감소
- 에너지 회수

## 10

도시 폐기물 수거작업에 소요되는 시간을 고려하기 위한 인자 3가지를 적으시오.

**풀이**
- 수송시간
- 적재시간
- 적하시간

## 11

다음은 지정폐기물의 종류에 대한 설명이다. 빈칸에 알맞은 내용을 적으시오.

- 폐산 : 액체 상태의 폐기물로 pH ( ① )인 것으로 한정
- 폐알칼리 : 액체 상태의 폐기물로 pH ( ② )인 것으로 한정, 수산화포타슘 및 수산화소듐 포함
- 폐유 : 기름성분을 ( ③ ) 함유한 것을 포함, 폴리클로리네이티드바이페닐(PCBs) 함유 폐기물, 폐식용유와 그 잔재물, 폐흡착제 및 폐흡수제는 제외

**풀이**
① 2 이하
② 12.5 이상
③ 5% 이상

## 12

유출계수가 0.3이고, 강우강도가 1,460mm/year이며, 매립장 면적 10,000ha일 때, 침출수 발생량 (ton/year)을 구하시오. (단, 합리식을 적용하며, 비중은 1이다.)

**풀이** 침출수 발생량 $Q = CIA$

$$= \frac{0.3}{} \left| \frac{1,460\,\text{mm}}{\text{year}} \right| \frac{10,000\,\text{ha}}{} \left| \frac{\text{m}}{10^3\,\text{mm}} \right| \frac{10^4\,\text{m}^2}{\text{ha}} \left| \frac{\text{ton}}{\text{m}^3} \right|$$

$$= 43,800,000\,\text{ton/year}$$

## 13

고형물 함량에 따라 폐기물을 3가지로 구분하여 쓰시오.

**풀이**
- 고상 폐기물 : 고형물 함량 15% 이상
- 반고상 폐기물 : 고형물 함량 5~15%
- 액상 폐기물 : 고형물 함량 5% 미만

## 14

폐기물 발생량 조사방법 3가지를 적으시오.

**풀이**
- 적재차량계수분석법
- 직접계근법
- 물질수지법

## 15

다음은 3가크로뮴의 침전반응식이다. 빈칸에 들어갈 물질을 적으시오.

$$2Cr^{3+} + 6OH^- \rightarrow 2(\quad\quad)$$

**풀이** $Cr(OH)_3$

## 16

LFG(Land Fill Gas)로부터 수분과 이산화탄소의 물리적 제거공정을 각각 3가지씩 적으시오.

**풀이**
- 수분 : 흡수, 흡착, 응축
- 이산화탄소 : 흡수, 흡착, 막분리, 저온분리

## 17

대기오염물질 중 질소산화물 저감방법 3가지를 적으시오.

**풀이**
- 저과잉공기 연소
- 2단 연소법(초기 연소 시 산소농도 저감)
- 배기가스 재순환 연소(화염온도 저감)
- 버너 및 연소실 구조 개량
- 희박 예혼합연소
- 연소부분 냉각

## 18

소각 후 발생하는 다이옥신을 처리하기 위한 방법 3가지를 적으시오.

**풀이**
- 촉매분해법
- 활성탄 흡착법
- 초임계유체 분해법
- 생물학적 분해법
- 광분해법
- 오존산화법
- 고온 열분해법

# 2021 제4회 폐기물처리기사 실기 필답형 기출문제

## 01

$C_5H_7O_2N$의 화학식을 갖는 슬러지(함수율 15%)를 소각할 때, 다음 물음에 답하시오.
(1) 이론공기량(kg)을 구하시오.
(2) 고위발열량(kcal/kg)을 구하시오.

**풀이** (1) 〈반응식〉 $C_5H_7O_2N + 5.75O_2 \rightarrow 5CO_2 + 3.5H_2O + 0.5N_2$
113kg : 5.75×32kg
0.85kg : $X$

$$X = \frac{0.85\,kg \times 5.75 \times 32\,kg}{113\,kg} = 1.3841\,kg$$

∴ 이론공기량 $A_o = O_o \div 0.232 = 1.3841 \div 0.232 = 5.9659 ≒ 5.97\,kg$

(2) $C_5H_7O_2N$의 분자량 $= 12 \times 5 + 1 \times 7 + 16 \times 2 + 14 \times 1 = 113$

〈원소별 함량〉

- 탄소 함량 $= 0.85 \times \dfrac{12 \times 5}{113} \times 100 = 45.1327\%$

- 수소 함량 $= 0.85 \times \dfrac{1 \times 7}{113} \times 100 = 5.2655\%$

- 산소 함량 $= 0.85 \times \dfrac{16 \times 2}{113} \times 100 = 24.0708\%$

Dulong 식에 따라, 고위발열량은 다음과 같다.

$$Hh(\text{kcal/kg}) = 81C + 340\left(H - \frac{O}{8}\right) + 25S$$

$$= 81 \times 45.1327 + 340\left(5.2655 - \frac{24.0708}{8}\right) + 25 \times 0$$

$$= 4423.0097 ≒ 4423.01\,\text{kcal/kg}$$

## 02

다음 용어의 정의를 각각 적으시오.
(1) NIMBY 현상
(2) 쓰레기 종량제 제도
(3) 쓰레기 예치금 제도

**풀이** (1) 자신의 인근에 위험하거나 또는 해롭다고 여겨지는 무언가의 입지를 반대하지만, 다른 지역 어딘가에 위치하는 것에 대해서는 반대하지 않는 사람들의 태도
(2) 쓰레기 발생량에 대해 배출자 부담의 원칙을 적용해 국민 전체를 대상으로 쓰레기에 대한 가격 개념을 도입한 제도
(3) 해당 제품·용기의 제조·수입 업자에게 일정액의 폐기물 회수·처리 비용을 예치하게 한 후 납부한 예치금 중 회수·처리 실적에 근거하여 산출된 금액을 사후에 환불해 주는 제도

## 03

쓰레기의 발생량은 300ton/day이고, 밀도는 550kg/m³이며, trench법으로 매립할 계획이다. 압축에 따른 부피감소율이 35%이고, trench 깊이는 2.5m, 매립에 사용되는 도랑 면적 점유율이 전체 부지의 60%인 경우, 연간 필요한 매립지의 면적(m²)을 구하시오.

**풀이** 매립지 면적 $A_T = \dfrac{300\,\text{ton}}{\text{day}} \left| \dfrac{\text{m}^3}{0.550\,\text{ton}} \right| \dfrac{}{2.5\,\text{m}} \left| \dfrac{365\,\text{day}}{\text{year}} \right| \dfrac{65}{100} \left| \dfrac{100}{60} \right.$

$= 86272.7273 ≒ 86272.73\,\text{m}^2$

## 04

공기비가 1.5, 공기밀도가 1.292kg/Sm³이고, 산소가 500kg/hr일 때, 실제 공기량(m³/hr)을 구하시오. (단, 온도는 25℃이다.)

**풀이** $A = mA_o = m(O_o \div 0.232) = 1.5 \times 500\,\text{kg/hr} \div 0.232 = 3{,}232.7586\,\text{kg/hr}$

※ 단위 환산을 한다.

실제 공기량 $= \dfrac{3232.7586\,\text{kg}}{\text{hr}} \left| \dfrac{\text{Sm}^3}{1.292\,\text{kg}} \right| \dfrac{273+25}{273}$

$= 2731.2684 ≒ 2731.27\,\text{m}^3/\text{hr}$

## 05

고화제 첨가량과 폐기물의 중량비로 정의되는 Mix Ratio(MR)는 고화 처리 시 사용되는 지표로 폐기물의 고화 전 밀도는 $1.11g/cm^3$, 고화 후 밀도는 $1.22g/cm^3$, MR이 0.33일 때, 고화 처리 후 부피변화율을 구하시오.

✔ 풀이  부피변화율 $= \dfrac{1.33/1.22}{1/1.11} = 1.2101 ≒ 1.21$

## 06

중금속계 유해폐기물의 물리·화학적 처리방법 중 전환방식 및 분리방식을 각각 3가지씩 적으시오.

✔ 풀이  ① 전환방식 : 중화, 산화, 환원, 전기분해
② 분리방식 : 침전, 응결침전, 흡착, 이온교환, 탈기, 거품 분류, 증발

## 07

다음 표는 중간처분시설 중 소각시설에 대한 내용이다. ①과 ②에 해당하는 소각시설은 무엇인지 각각 적으시오.

| 구분 | ( ① ) | ( ② ) |
|---|---|---|
| 연소가스 체류시간 | 2초 이상 | 2초 이상 |
| 바닥재의 강열감량 | 10% 이하 | 5% 이하 |
| 온도 | 850℃ 이상 | 1,100℃ 이상 |

✔ 풀이  ① 일반 소각시설
② 고온 소각시설

## 08

노 내의 다이옥신 억제방법 4가지를 서술하시오.

✔ 풀이
• 850℃ 이상의 고온을 유지한다.
• 2차 연소공기 혼합 후 2초 이상 머물게 하여 미연 유기물을 완전연소한다.
• 산소 농도를 6% 이상 확보한다.
• PVC 등이 함유된 폐기물을 분리수거하여 처리한다.

## 09

수은을 1.3mg/L 함유하고 있는 폐수를 활성탄 흡착법을 이용하여 처리하고자 한다. 수은의 농도를 0.01mg/L까지 처리하고자 할 때 요구되는 활성탄의 양(mg/L)을 구하시오. (단, Freundlich 흡착식을 이용하고, $K=0.5$, $n=1$이다.)

**풀이**

$$\frac{X}{M} = KC^{\frac{1}{n}}$$

$$\frac{1.3-0.01}{M} = 0.5 \times 0.01^{\frac{1}{1}}$$

∴ 활성탄의 양 $M = 258\,\mathrm{mg/L}$

## 10

100,000명이 살고 있는 도시의 1인당 1일 평균 생활폐기물 배출량은 1.2kg이고, 폐기물의 밀도는 0.55ton/m³이다. 이 폐기물은 전량 위생매립 처리되며, 매립 전 압축공정을 통해 부피를 40% 감소시킨 후 매립하고 있다. 이때, 압축 전 상태로 매립하는 경우와 비교하여 압축 후 매립하는 경우 연간 매립용적(m³)이 얼마나 축소가 가능한지 구하시오.

**풀이**

- 압축 처리 전 매립용적 $V_T = \dfrac{1.2\,\mathrm{kg}}{\mathrm{인\cdot 일}} \Big| \dfrac{\mathrm{m}^3}{550\,\mathrm{kg}} \Big| \dfrac{365\,\mathrm{day}}{\mathrm{year}} \Big| \dfrac{100{,}000\,\mathrm{인}}{}$

    $= 79636.3636\,\mathrm{m}^3/\mathrm{year}$

- 압축 처리 후 매립용적 $V_T = \dfrac{1.2\,\mathrm{kg}}{\mathrm{인\cdot 일}} \Big| \dfrac{\mathrm{m}^3}{550\,\mathrm{kg}} \Big| \dfrac{365\,\mathrm{day}}{\mathrm{year}} \Big| \dfrac{100{,}000\,\mathrm{인}}{} \Big| \dfrac{60}{100}$

    $= 47781.8182\,\mathrm{m}^3/\mathrm{year}$

∴ 연간 축소되는 매립용적 $= 79636.3636 - 47781.8182 = 31854.5454 ≒ 31854.55\,\mathrm{m}^3/\mathrm{year}$

## 11

함수율이 60%인 쓰레기 1kg을 건조시켜 함수율 20%인 쓰레기를 만들 때 증발된 수분량(kg)을 구하시오.

**풀이**

$V_1(100 - W_1) = V_2(100 - W_2)$

$1\,\mathrm{kg} \times (100 - 60) = V_2 \times (100 - 20)$

$V_2 = 1\,\mathrm{kg} \times \dfrac{100-60}{100-20} = 0.5\,\mathrm{kg}$

∴ 증발된 수분량 $= 1 - 0.5 = 0.5\,\mathrm{kg}$

## 12

주어진 연소율 공식에서 괄호 안에 들어갈 적절한 내용과 단위를 적으시오.

$$연소율(kg/m^2 \cdot day) = \frac{폐기물\ 처리량(kg/day)}{(\qquad)}$$

✅ **풀이** 화격자 면적($m^2$)

## 13

완성화된 퇴비(humus)의 특성 3가지를 적으시오.

✅ **풀이**
- 병원균이 사멸되어 거의 없다.
- 물 보유력과 양이온 교환능력이 좋다.
- 악취가 없는 안정된 유기물이다.
- C/N 비가 낮다.
- 뛰어난 토양 개량제이다.
- 짙은 갈색을 띤다.

## 14

폐수 중 부유입자를 응집하기 위해 사용하는 응집제로 황산알루미늄을 사용하는 이유를 서술하시오.

✅ **풀이** 황산알루미늄을 사용하는 이유는 가격이 저렴하고, 대부분의 현탁성 물질 및 부유물질 제거에 효과적이며, 부식성이 없어 취급이 용이하기 때문이다.

## 15

주어진 [보기]에 따라, 분뇨 처리시설의 시운전 순서를 알맞게 나열하여 번호를 쓰시오.

[보기]
① 30℃로 가온하여 소화
② 소화조 탱크에 물을 채워 누수 확인
③ pH, 온도, 가스 생성물 등을 확인하여 소화과정 확인
④ 분뇨와 슬러지 투입
⑤ 가온 장치의 작동 확인

✅ **풀이** ② → ⑤ → ④ → ① → ③

## 16

유출계수가 0.8, 강우강도가 150mm/hr, 매립장 면적이 35km² 일 때, 침출수 발생량(m³/sec)을 구하시오. (단, 합리식을 적용한다.)

◆ 풀이

배수면적 = $\dfrac{35\,\text{km}^2}{}\Big|\dfrac{100\,\text{ha}}{1\,\text{km}^2} = 3{,}500\,\text{ha}$

∴ 침출수 발생량 $Q = \dfrac{1}{360}CIA = \dfrac{1}{360} \times 0.8 \times 150 \times 3{,}500 = 1166.6667 ≒ 1166.67\,\text{m}^3/\text{sec}$

※ 위 식을 적용할 경우 단위를 통일 ➡ 강우강도 : mm/hr, 면적 : ha

## 17

1,000kg의 폐수에 유리산($H_2SO_4$) 5%와 결합산($FeSO_4$) 13%가 함유되어 있다. 이 폐수를 완전히 중화하기 위해 농도 5%의 수산화나트륨(NaOH) 수용액을 사용할 경우, 필요한 NaOH 수용액의 양(kg)을 구하시오. (단, 원자량은 N 23, Fe 56이다.)

◆ 풀이

- $H_2SO_4$의 당량 = $\dfrac{(1{,}000 \times 0.05)\,\text{kg}}{}\Big|\dfrac{10^3\,\text{g}}{\text{kg}}\Big|\dfrac{\text{eq}}{(98/2)\,\text{g}} = 1020.4082\,\text{eq}$

- $FeSO_4$의 당량 = $\dfrac{(1{,}000 \times 0.13)\,\text{kg}}{}\Big|\dfrac{10^3\,\text{g}}{\text{kg}}\Big|\dfrac{\text{eq}}{(152/2)\,\text{g}} = 1710.5263\,\text{eq}$

∴ 필요한 5% NaOH의 양 = $\dfrac{(1020.4082 + 1710.5263)\,\text{eq}}{}\Big|\dfrac{40\,\text{g}}{\text{eq}}\Big|\dfrac{\text{kg}}{10^3\,\text{g}}\Big|\dfrac{100}{5}$

$= 2184.7476 ≒ 2184.75\,\text{kg}$

## 18

다음 빈칸에 알맞은 용어를 적으시오.

- ( ① ) 소화 : 30~40℃, ( ② ) 소화 : 50~60℃
- 호기성 산화 시 충분한 산소를 공급할 경우 온도는 ( ③ )한다.
- 유기물 분해 시 생성되는 ( ④ )이(가) 촉매작용을 한다.
- 중금속 함유 폐기물을 퇴비화 시 중금속 농도는 ( ⑤ )한다.

◆ 풀이
① 중온
② 고온
③ 상승
④ 수분
⑤ 감소

# 2022 제1회 폐기물처리기사 실기 필답형 기출문제

## 01
소각 및 열분해의 정의를 각각 서술하시오.

**풀이**
① 소각 : 폐기물을 불에 태워 기체 중에 고온 산화시키는 중간처리방법 중 하나로, 폐기물을 땅속에 묻는 것보다 부피 95% 이상, 무게 80% 이상을 줄일 수 있어 매립공간을 절약할 수 있는 효과적인 처리방법이다.
② 열분해 : 폐기물을 무산소상태 또는 공기가 부족한 상태에서 열(400~1,500℃)을 이용해 유용한 연료(기체, 액체, 고체)로 변형시키는 공정이다.

## 02
어느 도시의 1인당 하루 생활폐기물 발생량은 1.5kg이고, 이 폐기물의 밀도는 0.45ton/m³이며, 발생된 폐기물은 Trench법을 이용하여 깊이 4m인 매립지에 처리한다. 생활폐기물을 압축 처리하면 원래 부피의 2/3로 줄어들고, 이 상태에서 다시 분쇄하면 부피는 압축된 부피의 1/3로 줄어든다. 이 도시에서 발생한 폐기물을 압축만 하여 매립하는 경우에 비해, 압축 후 분쇄까지 하여 매립할 경우 연간 얼마만큼의 매립면적(m²)의 축소가 가능한지 구하시오. (단, 도시 인구는 100,000명이다.)

**풀이**
- 압축 처리만 하였을 경우의 매립면적

$$A_T = \frac{1.5\,\text{kg}}{\text{인}\cdot\text{일}} \Big| \frac{\text{m}^3}{450\,\text{kg}} \Big| \frac{1}{4\text{m}} \Big| \frac{365\,\text{day}}{\text{year}} \Big| \frac{2}{3} \Big| \frac{100{,}000\text{인}}{1} = 20277.7778\,\text{m}^2/\text{year}$$

- 압축 후 분쇄 처리하였을 경우의 매립면적

$$A_T = \frac{1.5\,\text{kg}}{\text{인}\cdot\text{일}} \Big| \frac{\text{m}^3}{450\,\text{kg}} \Big| \frac{1}{4\text{m}} \Big| \frac{365\,\text{day}}{\text{year}} \Big| \frac{2}{3} \Big| \frac{1}{3} \Big| \frac{100{,}000\text{인}}{1} = 6759.2593\,\text{m}^2/\text{year}$$

∴ 연간 축소되는 매립면적 = 20277.7778 − 6759.2593 = 13518.5185 ≒ 13518.52 m²/year

## 03

다음 선택적 촉매환원법(SCR) 및 선택적 무촉매환원법(SNCR)의 특성에 대한 표에서, 빈칸에 들어갈 알맞은 내용을 [보기]에서 골라 번호를 적으시오.

[보기]
① 초기 90% 정도
② 30~70%
③ 850~950℃
④ 250~400℃
⑤ 백연현상
⑥ 압력손실이 큼
⑦ 거의 없음
⑧ 제거 가능

| 구분 | SNCR | SCR |
| --- | --- | --- |
| 저감효율 | (1) | (2) |
| 운전온도 | (3) | (4) |
| 다이옥신 제어 | (5) | (6) |
| 단점 | (7) | (8) |

✓ 풀이  (1) ②, (2) ①
　　　　(3) ③, (4) ④
　　　　(5) ⑦, (6) ⑧
　　　　(7) ⑤, (8) ⑥

## 04

폐기물 선별방법 6가지를 적으시오.

✓ 풀이
- 손 선별
- 스크린 선별
- 풍력 선별
- 자력 선별
- 광학 선별
- 와전류 선별
- 관성 선별
- 스토너(stoner)
- 세카터(secator)

## 05

폐기물 매립 시 파쇄의 장점 3가지를 적으시오.

**풀이**
- 폐기물 혼합율이 좋아져 호기성 조건을 유지할 수 있다.
- 비표면적의 증가로, 매립 시 조기 안정화에 유리하다.
- 폐기물 밀도가 증가하여 안정적이다.
- 복토 요구량이 절감된다.
- 압축작업 없이 고밀도의 매립이 가능하다.

## 06

폐기물 고형화의 목적 4가지 및 적용대상 폐기물 2가지를 적으시오.

**풀이**
① 목적
- 폐기물 내 오염물질의 용해도를 감소시킨다.
- 오염물질의 손실과 전달이 발생할 수 있는 표면적을 감소시킨다.
- 폐기물을 다루기 용이하게 한다.
- 폐기물의 독성을 감소시킨다.

② 적용대상 폐기물
- 방사능물질
- 중금속
- 무기화합물

## 07

폐기물 발생량 조사방법 3가지를 적으시오.

**풀이**
- 적재차량계수분석법
- 직접계근법
- 물질수지법

## 08

기호 $D_n$과 $d_n$을 사용하여 다음 집배수층의 조건을 각각 적으시오.
(1) 집배수층이 주변 물질에 의해 막히지 않기 위한 조건
(2) 집배수층의 투수성을 충분히 유지하기 위한 조건

◆ 풀이

(1) $\dfrac{D_{15}}{d_{85}} < 5$

(2) $\dfrac{D_{15}}{d_{15}} > 5$

## 09

50ton/day로 유입되는 폐기물을 소각하기 위해 소각로가 하루 15시간 가동한다고 한다. 이때 소각로의 용적(m³)을 구하시오. (단, 저위발열량은 3,500kcal/kg, 소각로 내 열부하는 200,000kcal/m³·hr 이다.)

◆ 풀이

소각로의 용적 $= \dfrac{50,000\,\text{kg}}{\text{day}} \Big| \dfrac{3,500\,\text{kcal}}{\text{kg}} \Big| \dfrac{\text{m}^3 \cdot \text{hr}}{200,000\,\text{kcal}} \Big| \dfrac{\text{day}}{15\,\text{hr}} = 58.3333 ≒ 58.33\,\text{m}^3$

## 10

6가크로뮴의 물속 이온 형태 2가지를 적으시오.

◆ 풀이
- 크로뮴산이온
- 다이크로뮴산이온

## 11

220만 인구 규모를 갖는 도시의 쓰레기 발생량이 1.5kg/인·일인 경우, 수거인부가 하루 1,800명이 동원되었을 때, MHT를 구하시오. (단, 1일 작업시간은 8시간이다.)

◆ 풀이

$\text{MHT} = \dfrac{\text{쓰레기 수거인부(man)} \times \text{수거시간(hr)}}{\text{총 쓰레기 수거량(ton)}}$

$= \dfrac{1,800\,\text{명}}{} \Big| \dfrac{\text{인} \cdot \text{일}}{1.5\,\text{kg}} \Big| \dfrac{}{2,200,000\,\text{인}} \Big| \dfrac{8\,\text{hr}}{\text{일}} \Big| \dfrac{10^3\,\text{kg}}{}$

$= 4.3636 ≒ 4.36$

## 12

배가스량이 10m³/sec이고, 직경 0.3m인 먼지를 유효높이 4m인 여과백을 사용하여 처리한다고 할 때, 필요한 여과백의 수를 구하시오. (단, 여과속도는 1.2m/min이다.)

**풀이**
$$V_f = \frac{1.2\,\text{m}}{\text{min}} \Big| \frac{\text{min}}{60\,\text{sec}} = 0.02\,\text{m/sec}$$

$$n = \frac{\text{총 처리량}}{1\text{개의 여과지 처리량}} = \frac{Q}{\pi DL \cdot V_f} = \frac{10}{\pi \times 0.3 \times 4 \times 0.02} = 132.6291$$

∴ 필요한 여과백의 수는 133개이다.

## 13

100ton의 하수 슬러지(함수율 80%, 가연분 60%)와 도시 생활쓰레기 200ton(함수율 50%, 불연성분(건조기준) 30%)을 혼합 시, 혼합물의 3성분(%)을 구하시오.

**풀이** 〈하수 슬러지의 3성분〉

- 수분 $= 100 \times \frac{80}{100} = 80$톤
- 가연분 $= 20 \times \frac{60}{100} = 12$톤
- 회분 $= 20 - 12 = 8$톤

〈도시 생활쓰레기의 3성분〉

- 수분 $= 200 \times \frac{50}{100} = 100$톤
- 가연분 $= 100 \times \frac{70}{100} = 70$톤
- 회분 $= 100 - 70 = 30$톤

따라서, 혼합물의 3성분은 다음과 같다.

① 수분 $= \frac{180}{300} \times 100 = 60\%$

② 가연분 $= \frac{82}{300} \times 100 = 27.3333\%$

③ 회분 $= \frac{38}{300} \times 100 = 12.6667\%$

∴ 수분 60%, 가연분 27.33%, 회분 12.67%

## 14

자원의 절약과 재활용 촉진에 관한 법상 바이오 고형 연료제품의 품질검사항목 중 금속성분 함유량을 조사해야 하는 금속성분 3가지를 적으시오.

**풀이**
- 수은
- 카드뮴
- 납
- 비소
- 크로뮴

## 15

다음 각 물음에 대한 알맞은 용어를 [보기]에서 골라 적으시오.

[보기] EPA, PET, SRF, Magnetic separation, Eddy-current separation, Trommel screen, MBT, SCR, EPR, SDR

(1) 기계·생물학적으로 처리하는 생활폐기물의 전처리공정
(2) 가연성 폐기물을 이용하여 만든 고형 연료제품
(3) 알루미늄캔 등의 선별방법
(4) 생산자 책임 재활용제도

**풀이**
(1) MBT
(2) SRF
(3) Eddy-current separation
(4) EPR

## 16

함수율이 80%인 슬러지 1톤과 함수율이 5%인 톱밥을 혼합하여 함수율 60%로 만들기 위해 필요한 톱밥의 양(ton)을 구하시오.

**풀이**

$$W_m = \frac{W_1 Q_1 + W_2 Q_2}{Q_1 + Q_2}$$

$$60\% = \frac{80\% \times 1\text{ton} + 5\% \times x}{1\text{ton} + x}$$

∴ 필요한 톱밥의 양 $x = 0.3636 = 0.36\,\text{ton}$

## 17

매립지 가스 발생단계를 4단계로 구분하여 설명하시오.

☑ 풀이  ① 호기성 단계(Ⅰ단계)
- 매립물의 분해속도에 따라 수일에서 수개월 동안 계속된다.
- 주요 생성기체는 $CO_2$이며, $CO_2$는 호기성 반응에 의해 생성되는데, 농도는 높은 경우 90%까지 나타나고, 온도는 70℃ 이상까지 올라가기도 한다.
- 폐기물 내 수분이 많은 경우에는 반응이 가속화된다.
- $O_2$가 대부분 소모되며, $N_2$의 양이 감소하기 시작한다.

② 혐기성 비메테인 단계(Ⅱ단계)
- $CH_4$가 형성되지 않고, $SO_4^{2-}$와 $NO_3^-$가 환원되는 단계이다.
- 주로 $CO_2$가 생성되며, 소량의 $H_2$가 생성된다.

③ 메테인 생성·축적 단계(Ⅲ단계)
- $CO_2$ 농도가 최대이고, 침출수 pH가 가장 낮은 분해단계이다.
- $CH_4$가 생성되는 혐기성 단계로서 온도가 55℃까지 증가한다.
- $4H_2 + CO_2 \rightarrow CH_4 + 2H_2O$, $CH_3COOH \rightarrow CH_4 + CO_2$ 반응을 한다.

④ 정상 혐기성 단계(Ⅳ단계)
  $CH_4$와 $CO_2$ 함량이 정상 상태로 거의 일정하다.

## 18

시간당 10kg의 폴리염화바이닐을 포함한 폐기물을 소각 처리하고 있다. 이때 발생하는 전체 연소가스의 양은 10,000Sm³/hr이며, 연소과정에서 PVC로부터 발생한 염화수소(HCl)가 연소가스에 모두 포함된다고 가정할 때, 연소가스 중 HCl의 농도는 몇 ppm인지 구하시오. (단, PVC의 분자식은 $CH_2CHCl$이고, 분자량은 62.5이다.)

☑ 풀이  〈반응식〉 $CH_2CHCl + 2.5O_2 \rightarrow 2CO_2 + H_2O + HCl$

  62.5kg : 22.4Sm³
  10kg/hr : $X$

$$X = \frac{10\,\text{kg/hr} \times 22.4\,\text{Sm}^3}{62.5\,\text{kg}} = 3.584\,\text{Sm}^3/\text{hr}$$

∴ 연소가스 중 HCl 농도 $= \dfrac{3.584}{10,000} \times 10^6 = 358.4\,\text{ppm}$

# 2022 제2회 폐기물처리기사 실기 필답형 기출문제

## 01
복토의 역할 4가지를 적으시오.

✓ 풀이
- 악취 발생 방지
- 우수 침투 방지
- 폐기물 비산 방지
- 해충 서식 방지
- 매립가스 차단
- 침출수 집배수기능 강화

## 02
소각로에서 연소가스 냉각설비에 이용되는 방식 2가지를 적으시오.

✓ 풀이
- 수분사식
- 공기혼입식
- 폐열보일러식

## 03
빈칸에 알맞은 공정을 적고, 각 공정의 종류를 2가지씩 적으시오.

슬러지 → 농축 → ( ① ) → ( ② ) → 탈수 → 건조 → ( ③ ) → 처분

✓ 풀이
① 소화 : 혐기성 소화, 호기성 소화
② 개량 : 약품 처리, 세정, 열처리
③ 연소 : 소각, 열분해

## 04

유동층 소각로에서 사용되는 대표적인 유동매체는 무엇인지 쓰고, 유동매체의 특성 3가지를 적으시오.

❖ 풀이  ① 대표적인 유동매체 : 모래
② 특성
- 비중이 작을 것
- 입도분포가 균일할 것
- 불활성일 것
- 열충격에 강하고, 융점이 높을 것
- 내마모성이 있을 것
- 가격이 저렴할 것

## 05

통풍 형식 3가지를 적으시오.

❖ 풀이
- 흡인통풍
- 압입통풍
- 자연통풍
- 평형통풍

## 06

분뇨와 톱밥을 1 : 1로 혼합할 경우의 C/N 비를 다음 표를 이용하여 구하시오.

| 분뇨 | 톱밥 |
|---|---|
| • 함수율 : 95%<br>• C : 고형물의 50%<br>• N : 고형물의 3% | • 함수율 : 50%<br>• C : 고형물의 50%<br>• N : 고형물의 1.5% |

❖ 풀이  혼합 C/N 비 $= \dfrac{(0.05 \times 0.5 \times 0.50) + (0.85 \times 0.5 \times 0.50)}{(0.05 \times 0.03 \times 0.50) + (0.85 \times 0.015 \times 0.50)}$
$= 31.5789 ≒ 31.58$

## 07

다음 표를 참고하여 1,000가구(가구원 3명)에서 발생하는 생활폐기물의 발생량(kg/인·일)을 구하시오. (단, 조사기간은 1주일이다.)

| 항목 | 평균부피($m^3$/대) | 밀도(kg/$m^3$) | 차량 대수 |
|---|---|---|---|
| 압축 차량 | 15 | 210 | 10 |
| 비압축 차량 | 1.5 | 90 | 10 |
| 손수레 | 0.2 | 50 | 20 |

✅ 풀이   생활폐기물의 하루 발생량은 각각 다음과 같다.

- 압축 차량 = $\dfrac{15\,m^3}{대} \Big| \dfrac{210\,kg}{m^3} \Big| \dfrac{10대}{} \Big| \dfrac{}{7일} = 4,500\,kg/일$

- 비압축 차량 = $\dfrac{1.5\,m^3}{대} \Big| \dfrac{90\,kg}{m^3} \Big| \dfrac{10대}{} \Big| \dfrac{}{7일} = 192.8571\,kg/일$

- 손수레 = $\dfrac{0.2\,m^3}{대} \Big| \dfrac{50\,kg}{m^3} \Big| \dfrac{20대}{} \Big| \dfrac{}{7일} = 28.5714\,kg/일$

따라서, 총 발생량 = 4,500 + 192.8571 + 28.5714 = 4721.4285 kg/일

∴ 생활폐기물 발생량 = $\dfrac{4721.4285\,kg/일}{1,000가구 \times 3인/가구} = 1.5738 ≒ 1.57\,kg/인·일$

## 08

연직차수막의 시공법 3가지를 적으시오.

✅ 풀이
- 강널말뚝 공법
- Earth Dare 공법
- Grout 공법

## 09

활성탄-백필터를 이용하여 다이옥신을 제거할 경우의 장점 4가지를 적으시오.

✅ 풀이
- 활성탄 주입량에 따라 다이옥신 제거효율이 정해진다.
- 운전온도, 체류시간이 짧아 다이옥신 재형성 방지에 유리하다.
- 미세한 분진의 포집도 가능하다.
- 건설비가 절약된다.

## 10

퇴비화의 영향인자 3가지를 쓰고, 각 인자별 최적의 운전범위를 적으시오.

**풀이**
- C/N 비 : 25~40
- 함수율 : 50~60%
- pH : 6.5~8.0
- 온도 : 45~65℃
- 입자 크기 : 0.65~2.54cm
- 산소 함량 : 폐기물 중량의 5~15%

## 11

폐기물 성분이 가연성분(C 30%, H 20%, O 10%, S 5%) 65%, 수분 20%, 회분 15%일 때, 다음 물음에 답하시오.
(1) 무게기준 이론공기량(kg/kg)을 구하시오.
(2) 부피기준 이론공기량(Sm³/kg)을 구하시오.

**풀이** (1) $O_o = 2.667\text{C} + 8\text{H} + \text{S} - \text{O}$
$= 2.667 \times 0.30 + 8 \times 0.20 + 0.05 - 0.10 = 2.3501\,\text{kg/kg}$
∴ 무게기준 이론공기량 $A_o = O_o \div 0.232 = 2.3501 \div 0.232 = 10.1297 ≒ 10.13\,\text{kg/kg}$

(2) $O_o = 1.867\text{C} + 5.6\text{H} + 0.7\text{S} - 0.7\text{O}$
$= 1.867 \times 0.30 + 5.6 \times 0.20 + 0.7 \times 0.05 - 0.7 \times 0.10 = 1.6451\,\text{Sm}^3/\text{kg}$
∴ 부피기준 이론공기량 $A_o = O_o \div 0.21 = 1.6451 \div 0.21 = 7.8338 ≒ 7.83\,\text{Sm}^3/\text{kg}$

## 12

용적밀도가 600kg/m³인 폐기물을 처리하는 소각로에서 질량감소율과 부피감소율이 각각 80%, 90%인 경우, 이 소각로에서 발생하는 소각재의 밀도(kg/m³)를 구하시오.

**풀이** 소각재의 밀도 $= \dfrac{600\,\text{kg}}{\text{m}^3} \Big| \dfrac{20}{100} \Big| \dfrac{100}{10} = 1{,}200\,\text{kg/m}^3$

## 13

다음은 혐기성 소화의 분해원리를 설명한 것이다. 빈칸에 알맞은 내용을 적으시오.

> 유기물은 가수분해되어 고분자물질을 ( ① )화시켜, 이 생성물은 ( ② )공정에서 유기산과 저급 지방산을 생성하고, 이를 ( ③ )공정에서 메테인균이 반응하여 ( ④ ) 60~70%, ( ⑤ ) 30~40%가 생성된다.

**풀이**
① 저분자
② 산 생성
③ 메테인 생성
④ 메테인
⑤ 이산화탄소

## 14

하수처리장에서 30,000ton/day의 폐수를 처리하고 있다. SS는 200mg/L, 제거효율은 95%, 제거량 중 슬러지 전환율은 70%이며, 슬러지를 함수율 96%로 농축하여 호기성 소화한다고 할 때, 소화조 용적($m^3$)과 휘발성 고형물 부하율(kg/$m^3$·day)을 구하시오. (단, 농축 슬러지의 비중은 1.03이고, 슬러지 중 VS는 80%이며, 체류시간은 10일이다.)

**풀이**

① 슬러지 중 고형물 $= \dfrac{30,000\,\text{ton}}{\text{day}} \Big| \dfrac{m^3}{1\,\text{ton}} \Big| \dfrac{200\,\text{mg}}{L} \Big| \dfrac{10^3 L}{m^3} \Big| \dfrac{\text{kg}}{10^6 \text{mg}} \Big| \dfrac{95}{100} \Big| \dfrac{70}{100} = 3{,}990\,\text{kg/day}$

∴ 소화조 용적 $= \dfrac{3{,}990\,\text{kg}}{\text{day}} \Big| \dfrac{100}{4} \Big| \dfrac{m^3}{1{,}030\,\text{kg}} \Big| \dfrac{10\,\text{day}}{} = 968.4466\,m^3$

② 휘발성 고형물 부하율 $= \dfrac{3{,}990 \times 0.80}{968.4466} = 3.2960 ≒ 3.30\,\text{kg/}m^3\cdot\text{day}$

## 15

수분 함량이 40%이고, 수분 제거 후 강열감량이 30%일 때, 고형물 중 유기물 함량(%)을 구하시오.

**풀이**
$SL = TS + W$
$TS = SL - W = 100 - 40 = 60\%$
유기물 함량 $= 30\%$(수분 제거 후 강열감량)

∴ 고형물 중 유기물 함량 $= \dfrac{VS}{TS} \times 100 = \dfrac{30}{60} \times 100 = 50\%$

## 16

침출수 중 $Cr^{6+}$ 20mg/L를 $FeSO_4$로 환원응집 처리하고자 한다. 침출수 $1m^3$당 소요되는 $FeSO_4$의 양(g)을 구하시오. (단, 원자량은 Cr 52, Fe 56이다.)

**풀이** 〈반응식〉 $H_2Cr_2O_7 + 6FeSO_4 + 6H_2SO_4 \rightarrow Cr_2(SO_4)_3 + 3Fe_2(SO_4)_3 + 7H_2O$

$Cr^{6+}$와 $FeSO_4$의 비율은 2 : 6이므로,

$Cr^{6+}$ : $FeSO_4$
$2 \times 52g$ : $6 \times 152g$
Cr 양 : $X$

⇒ Cr 양 $= \dfrac{20\,mg}{L} \Big| \dfrac{1\,m^3}{} \Big| \dfrac{g}{10^3\,mg} \Big| \dfrac{10^3 L}{m^3} = 20\,g$

∴ 소요되는 $FeSO_4$의 양 $X = \dfrac{20\,g \times 6 \times 152\,g}{2 \times 52\,g} = 175.3846 ≒ 175.38\,g$

## 17

자력 선별기를 이용하여 철 성분을 선별하고자 한다. 다음 물음에 답하시오.

[조건]
- 투입량 : 400ton/day
- 투입량 중 철 성분 : 20%
- 회수량 : 80ton/day
- 회수량 중 철 성분 : 80%

(1) Worrell 식에 의한 선별효율(%)을 구하시오.
(2) Rietema 식에 의한 선별효율(%)을 구하시오.

**풀이** (1) $x_1 = 80\,ton/day$, $x_2 = 80 \times 0.80 = 64\,ton/day$
$y_1 = 320\,ton/day$, $y_2 = (320 - 16)\,ton/day = 304\,ton/day$

∴ Worrell의 선별효율 $E(\%) = x_{회수율} \times y_{기각률}$

$= \left( \dfrac{x_2}{x_1} \times \dfrac{y_2}{y_1} \right) \times 100 = \left( \dfrac{64}{80} \times \dfrac{304}{320} \right) \times 100 = 76\%$

(2) $x_1 = 80\,ton/day$, $x_2 = 80 \times 0.80 = 64\,ton/day$
$y_1 = 320\,ton/day$, $y_3 = 16\,ton/day$

∴ Rietema의 선별효율 $E(\%) = x_{회수율} - y_{회수율}$

$= \left( \dfrac{x_2}{x_1} - \dfrac{y_3}{y_1} \right) \times 100 = \left( \dfrac{64}{80} - \dfrac{16}{320} \right) \times 100 = 75\%$

## 18

다음 [조건]을 이용하여 메테인의 방출량(ton/day)을 구하시오.

[조건]
- 매립면적 : 0.1km²
- 복토길이 : 0.6m
- 총 공극 : 0.3
- 매립 복토 표면 농도 : 0
- 매립 복토 바닥 농도 : 5×10⁻⁴g/cm³
- 확산계수 : 0.2cm²/sec
- $N_A = -\dfrac{D\varepsilon^{4/3}(C_{\text{atm}} - C_{\text{fill}})}{L}$

✅ 풀이  $N_A = -\dfrac{D\varepsilon^{4/3}(C_{\text{atm}} - C_{\text{fill}})}{L}$

여기서, $D$ : 확산계수(g/cm² · sec)
  $\varepsilon$ : 총 공극
  $C_{\text{atm}}$ : 매립 복토 표면 농도(g/cm³)
  $C_{\text{fill}}$ : 매립 복토 바닥 농도(g/cm³)
  $L$ : 매립 복토층의 두께(cm)

$N_A = -\dfrac{0.2 \times 0.3^{4/3} \times (0 - 5 \times 10^{-4})}{60} = 3.3472 \times 10^{-7} \text{g/cm}^2 \cdot \text{sec}$

∴ 메테인의 방출량 $= \dfrac{3.3472 \times 10^{-7}\text{g}}{\text{cm}^2 \cdot \text{sec}} \Big| \dfrac{0.1\,\text{km}^2}{} \Big| \dfrac{\text{ton}}{10^6 \text{g}} \Big| \left(\dfrac{10^3 \text{m}}{1\,\text{km}}\right)^2 \Big| \left(\dfrac{100\,\text{cm}}{\text{m}}\right)^2 \Big| \dfrac{3{,}600\,\text{sec}}{\text{hr}} \Big| \dfrac{24\,\text{hr}}{\text{day}}$

  $= 28.9198 ≒ 28.92\,\text{ton/day}$

# 2022 제4회 폐기물처리기사 실기 필답형 기출문제

## 01

퇴비화의 영향인자 중 C/N 비에 대한 내용이다. 다음 물음에 답하시오.
(1) 퇴비화의 적정 C/N 비는 얼마인지 쓰시오.
(2) 적정 C/N 비보다 높을 경우의 상태변화 1가지를 쓰시오.
(3) 적정 C/N 비보다 낮을 경우의 상태변화 1가지를 쓰시오.

✅ 풀이 (1) 25~40
  (2) • 질소 결핍현상으로 퇴비화 반응이 느려진다.
    • 유기산의 생성으로 pH가 낮아진다.
    • 퇴비화 소요시간이 길어진다.
  (3) • 질소가 암모니아로 변하여 pH가 증가한다.
    • 악취가 발생한다.
    • 유기물의 분해율이 낮아진다.

## 02

폐기물의 발열량 측정방법 3가지를 적으시오.

✅ 풀이 • 삼성분에 의한 측정
  • 원소 분석에 의한 측정
  • 단열발열량계를 이용한 측정

## 03

파쇄 처리 시 문제점 3가지를 적으시오.

✅ 풀이 • 소음 발생
  • 진동 발생
  • 분진 발생
  • 화재 및 폭발

## 04

폐유기용제 처리방법 중 할로겐족으로 액체상태인 것의 처분방법 3가지를 적으시오.

**풀이**
- 고온 소각하여야 한다.
- 증발·농축 방법으로 처분한 후 그 잔재물은 고온 소각하여야 한다.
- 분리·증류·추출·여과의 방법으로 정제한 후 그 잔재물은 고온 소각하여야 한다.
- 중화·산화·환원·중합·축합의 반응을 이용하여 처분하여야 하며, 처분 후 발생하는 잔재물은 고온 소각하거나, 응집·침전·여과·탈수의 방법으로 다시 처분한 후 그 잔재물은 고온 소각하여야 한다.

## 05

연직차수막과 표면차수막을 각각 그림으로 그려서 설명하시오.

**풀이**
① 연직차수막 : 수평방향으로 차수층이 존재할 경우에 사용한다.

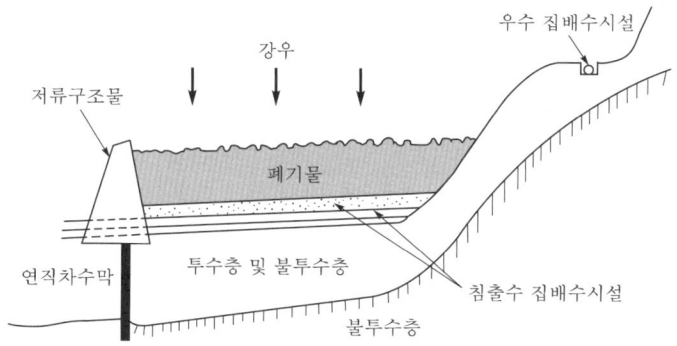

② 표면차수막 : 매립지 지반의 투수계수가 큰 경우에 사용한다.

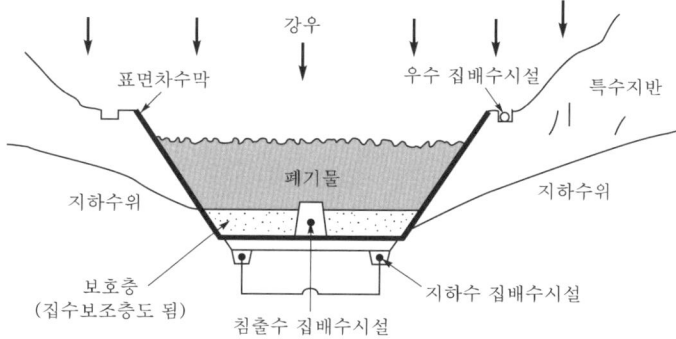

## 06

다음 [조건]에 따라 소각로의 용적($m^3$) 및 높이(m)를 구하시오

[조건]
- 폐기물 발생량 : 200ton/day
- 폐기물 저위발열량 : 1,000kcal/kg
- 화격자 면적 : 42.05$m^2$
- 연소실 열부하 : 12.5×$10^4$kcal/$m^3$·hr
- 이론공기량 : 1.8$Sm^3$/kg
- 정압비열(공기) : 0.319kcal/$Sm^3$·℃
- 공기예열온도 : 210℃
- 공기비 : 2.4

**풀이** ① 열량 = 공기비 × 이론공기량 × 정압비열 × 온도차
$$= 2.4 \times 1.8\,Sm^3/kg \times 0.319\,kcal/Sm^3 \cdot ℃ \times 210℃$$
$$= 289.3968\,kcal/kg$$

∴ 소각로의 용적 $= \dfrac{200,000\,kg}{day} \Big| \dfrac{(1,000+289.3968)kcal}{kg} \Big| \dfrac{m^3 \cdot hr}{12.5 \times 10^4 kcal} \Big| \dfrac{day}{24\,hr}$

$$= 85.9598 ≒ 85.96\,m^3$$

② 소각로의 높이 $= \dfrac{85.9598\,m^3}{42.05\,m^2} = 2.0442 ≒ 2.04\,m$

## 07

소각로 열교환기의 종류 3가지를 적으시오.

**풀이**
- 과열기
- 절탄기
- 재열기
- 공기예열기

## 08

메탄올 10kg을 연소한다고 할 때, 다음 물음에 답하시오. (단, 표준상태이다.)
(1) 이론산소량($Sm^3$)을 구하시오.
(2) 이론공기량($Sm^3$)을 구하시오.
(3) 이론 습연소가스량($Sm^3$)을 구하시오.

◆ 풀이 (1) 〈반응식〉 $CH_3OH + 1.5O_2 \rightarrow CO_2 + 2H_2O$
$\quad\quad\quad\quad\quad$ 32kg : $1.5 \times 22.4 Sm^3$
$\quad\quad\quad\quad\quad$ 10kg : $X$

$\quad\quad\therefore$ 이론산소량 $X = \dfrac{10\,kg \times 1.5 \times 22.4\,Sm^3}{32\,kg} = 10.5\,Sm^3$

(2) 이론공기량 $A_o = O_o \div 0.21 = 10.5 \div 0.21 = 50\,Sm^3$

(3) 〈반응식〉 $CH_3OH + 1.5O_2 \rightarrow CO_2 \quad + \quad 2H_2O$
$\quad\quad\quad\quad\quad$ 32kg : $22.4 Sm^3$ : $2 \times 22.4 Sm^3$
$\quad\quad\quad\quad\quad$ 10kg : $Y$ : $Z$

$Y = \dfrac{10\,kg \times 22.4\,Sm^3}{32\,kg} = 7\,Sm^3$

$Z = \dfrac{10\,kg \times 2 \times 22.4\,Sm^3}{32\,kg} = 14\,Sm^3$

$\therefore$ 이론 습연소가스량 $G_{ow} = (1-0.21)A_o + CO_2 + H_2O$
$\quad\quad\quad\quad\quad\quad\quad\quad = (1-0.21) \times 50 + 7 + 14 = 60.5\,Sm^3$

## 09

다음은 이론적 혐기성 소화 반응식이다. (다)에 해당하는 식을 적으시오.

$C_aH_bO_cN_d$ + (가)$H_2O$ → (나)$CH_4$ + (다)$CO_2$ + (라)$NH_3$

◆ 풀이 $\left(\dfrac{4a-b+2c+3d}{8}\right)$

[참고] (가) $= \left(\dfrac{4a-b-2c+3d}{4}\right)$

$\quad\quad$ (나) $= \left(\dfrac{4a+b-2c-3d}{8}\right)$

$\quad\quad$ (라) $= d$

## 10

자가시멘트법의 장점과 단점을 2가지씩 서술하시오. (단, 가격 및 용해도 관련 답은 제외한다.)

◆ 풀이　① 장점
- 혼합률(MR)이 낮고, 중금속 저지에 효과적이다.
- 탈수 등 전처리가 필요 없다.
- 고농도 황 함유 폐기물에 적합하다.

② 단점
- 보조 에너지가 필요하다.
- 숙련된 기술이 필요하다.

## 11

쓰레기의 유기물질 함량이 94%이고, 유기물질 중 리그닌의 함량이 21.9%일 경우, 생물분해성 분율을 구하시오.

◆ 풀이　생물분해성 분율 $BF = 0.83 - 0.028LC$
$= 0.83 - 0.028 \times 0.219$
$= 0.8239 ≒ 0.82$

## 12

박층뿌림공법에 대해 간단히 설명하시오.

◆ 풀이　폐기물 지반의 안정화 및 매립부지의 조기 이용에 유리하며, 밑면이 뚫린 바지선 등으로 쓰레기를 박층으로 떨어뜨려 뿌려줌으로써 바닥 지반의 하중을 균등하게 해주는 방법이다.

## 13

$C_xH_y$인 탄화수소 $1Sm^3$의 완전연소에 필요한 이론공기량($Sm^3$)을 구하시오.

◆ 풀이　〈반응식〉 $C_xH_y + \left(x + \dfrac{y}{4}\right)O_2 \rightarrow xCO_2 + \dfrac{y}{2}H_2O$

이론공기량 $A_o = O_o \div 0.21 = \left(x + \dfrac{y}{4}\right) \div 0.21 = \dfrac{1}{0.21}x + \dfrac{1}{4} \times \dfrac{1}{0.21}y$
$= 4.7619x + 1.1905y$
$≒ (4.76x + 1.19y)Sm^3$

## 14

압축 전 부피를 $V_1$, 압축 후 부피를 $V_2$라고 할 때, 압축비를 이용하여 부피감소율을 함수로 표현하시오.

◆ **풀이**

압축비 $CR = \dfrac{V_1}{V_2} = \dfrac{100}{100-VR}$

$\dfrac{1}{CR} = \dfrac{100-VR}{100} = 1 - \dfrac{VR}{100}$

$\dfrac{VR}{100} = 1 - \dfrac{1}{CR}$

$\therefore VR = 100\left(1 - \dfrac{1}{CR}\right)$

## 15

소각로 벽체를 형성하는 벽돌의 두께와 열전도율이 다음 표와 같을 때, 소각로 외벽의 온도(℃)를 구하시오. (단, 열전달속도는 175km/m² · hr이고, 소각로 내벽의 온도는 800℃이다.)

| 종류 | 두께 | 열전도율 |
| --- | --- | --- |
| 내화벽돌 | 230mm | 0.104kcal/m · hr · ℃ |
| 보통벽돌 | 210mm | 1.04kcal/m · hr · ℃ |
| 단열벽돌 | 114mm | 0.0595kcal/m · hr · ℃ |

◆ **풀이**

열전달속도 $= \dfrac{\text{내벽 온도} - \text{외벽 온도}}{R_1 + R_2 + R_3}$

$175\,\text{kcal/m}^2 \cdot \text{hr} = \dfrac{(800-x)\text{℃}}{\left(\dfrac{0.230\,\text{m}}{1}\Big|\dfrac{\text{m} \cdot \text{hr} \cdot \text{℃}}{0.104\,\text{kcal}}\right) + \left(\dfrac{0.210\,\text{m}}{1}\Big|\dfrac{\text{m} \cdot \text{hr} \cdot \text{℃}}{1.04\,\text{kcal}}\right) + \left(\dfrac{0.114\,\text{m}}{1}\Big|\dfrac{\text{m} \cdot \text{hr} \cdot \text{℃}}{0.0595\,\text{kcal}}\right)}$

∴ 외벽의 온도 $x = 42.3501 ≒ 42.35$℃

## 16

침출수량의 영향인자 4가지를 적으시오.

✔ 풀이
- 표토를 침투하는 강수
- 증발수량
- 폐기물의 분해율
- 수분 지체시간
- 지하수위와 지하수 유량
- 지형에 따른 표면 유출량과 침투수량

## 17

쓰레기의 발생량은 300ton/day이고, 밀도는 650kg/m³이며, trench법으로 매립할 계획이다. 압축에 따른 부피감소율이 40%, trench 깊이는 1.5m이고, 매립에 사용되는 도랑 면적 점유율이 전체 부지의 70%라면, 연간 필요한 매립지의 면적(m²)을 구하시오.

✔ 풀이

매립지의 면적 $A_T = \dfrac{300\,\text{ton}}{\text{day}} \Big| \dfrac{\text{m}^3}{0.650\,\text{ton}} \Big| \dfrac{1}{1.5\,\text{m}} \Big| \dfrac{365\,\text{day}}{\text{year}} \Big| \dfrac{60}{100} \Big| \dfrac{100}{70}$

$= 96263.7363 ≒ 96263.74\,\text{m}^2$

## 18

고형물 함량이 60%인 쓰레기를 건조시켜 함수율 20%인 쓰레기를 만들었다. 건조 후 쓰레기의 중량은 건조 전 쓰레기 무게의 몇 %인지 구하시오.

✔ 풀이

$V_1(100 - W_1) = V_2(100 - W_2)$

$V_1(100 - 40) = V_2(100 - 20)$

$\therefore \dfrac{V_2}{V_1} = \dfrac{(100-40)}{(100-20)} = 0.75$ ➡ 75%

## 2023 제1회 폐기물처리기사 실기 필답형 기출문제

## 01

매립지의 침출수 농도가 초기 농도의 1/2로 감소하는 데 소요되는 시간(hr)을 구하시오. (단, 1차 반응이며, 속도상수는 0.0665hr$^{-1}$이다.)

**풀이**

$$\ln\frac{C_t}{C_o} = -k \cdot t \Rightarrow t = \frac{\ln\frac{C_t}{C_o}}{-k}$$

∴ 소요되는 시간 $t = \dfrac{\ln\frac{1}{2}}{-0.0665} = 10.4233 ≒ 10.42\,hr$

## 02

쓰레기 발생량 예측방법 3가지를 적으시오.

**풀이**
- 동적모사모델(dynamic simulation model)
- 다중회귀모델(multiple regression model)
- 경향법(trend method)

## 03

포도당 1kg을 완전연소 시 필요한 이론산소량(kg)을 구하시오.

**풀이**

⟨반응식⟩ $C_6H_{12}O_6 \rightarrow 6O_2 + 6CO_2 + 6H_2O$

180kg : 6×32
1kg : $X$

∴ 이론산소량 $X = \dfrac{1 \times 6 \times 32}{180} = 1.0667 ≒ 1.07\,kg$

## 04

주어진 [조건]을 이용하여 다음 물음에 답하시오.

[조건]
- 투입량 : 2ton/hr
- 회수량 : 800kg/hr
- 회수량 중 회수대상 물질 : 600kg/hr
- 제거량 중 회수대상 물질 : 100kg/hr

(1) Worrell 식에 의한 선별효율(%)을 구하시오.
(2) Rietema 식에 의한 선별효율(%)을 구하시오.

**풀이** (1) $x_1 = 700 \text{kg/hr}$, $x_2 = 600 \text{kg/hr}$
$y_1 = 1,300 \text{kg/hr}$, $y_2 = (1,200 - 100)\text{kg/hr} = 1,100 \text{kg/hr}$
∴ Worrell의 선별효율 $E(\%) = x_{회수율} \times y_{기각률}$
$$= \left(\frac{x_2}{x_1} \times \frac{y_2}{y_1}\right) \times 100 = \left(\frac{600}{700} \times \frac{1,100}{1,300}\right) \times 100$$
$$= 72.5275 ≒ 75.53\%$$

(2) $x_1 = 700 \text{kg/hr}$, $x_2 = 600 \text{kg/hr}$
$y_1 = 1,300 \text{kg/hr}$, $y_3 = (800 - 600)\text{kg/hr} = 200 \text{kg/hr}$
∴ Rietema의 선별효율 $E(\%) = x_{회수율} - y_{회수율}$
$$= \left(\frac{x_2}{x_1} - \frac{y_3}{y_1}\right) \times 100 = \left(\frac{600}{700} - \frac{200}{1,300}\right) \times 100$$
$$= 70.3297 ≒ 70.33\%$$

## 05

다음 공정 중 선택적 촉매환원법(SCR)의 설치위치를 적으시오.

소각로 – 폐열보일러 – 반건식 반응탑 – 여과집진장치 – 송풍기 – 굴뚝

**풀이** 여과집진장치와 송풍기 사이에 설치한다.

## 06

쓰레기의 입도를 분석하였더니 입도 누적곡선상에서 10%, 20%, 40%, 50%, 60%, 70%, 90%의 입경이 각각 2mm, 6mm, 8mm, 10mm, 14mm, 16mm, 20mm이었다면, 이 쓰레기의 유효입경과 균등계수를 구하시오.

**풀이** ① 유효입경 $D_{10} = 2\,mm$

② 균등계수 $C_u = \dfrac{D_{60}}{D_{10}} = \dfrac{14}{2} = 7$

## 07

해안매립공법 3가지를 쓰고, 각각의 특징을 서술하시오.

**풀이** ① 수중투기공법, 내수배제공법 : 고립된 매립지 내의 해수를 그대로 둔 채 폐기물을 투기하는 내륙매립과 같은 형태의 방법으로, 오염된 내수를 처리해야 하며, 지반 개량이 필요한 지역과 대규모 매립지 등에 적합하다.
② 순차투입공법 : 호안에서부터 순차적으로 폐기물을 투입하여 육지화를 진행하는 방법으로, 수심이 깊은 처분장은 건설비 과다로 내수를 완전히 배제하기가 어려워 해당 공법을 사용하는 경우가 많다.
③ 박층뿌림공법 : 밑면이 뚫린 바지선 등으로 쓰레기를 박층으로 떨어뜨려 뿌려줌으로써 바다 지반의 하중을 균등하게 해주는 방법으로, 폐기물 지반의 안정화 및 매립부지 조기 이용에 유리한 방법이다.

## 08

고위발열량이 12,600kcal/kg이고, 수분이 0.3%, 수소가 13%인 쓰레기의 저위발열량(kcal/kg)을 구하시오.

**풀이** 저위발열량 $Hl\,(\text{kcal/kg}) = Hh - 6(9H + W)$
$= 12{,}600 - 6(9 \times 13 + 0.3)$
$= 11896.2\,\text{kcal/kg}$

## 09

화학적으로 제거되는 메커니즘을 화학식으로 나타내시오. (단, HCl은 Ca(OH)₂로, SO₂는 CaCO₃로 제거한다.)

**풀이**
- $2HCl + Ca(OH)_2 \rightarrow CaCl_2 + 2H_2O$
- $SO_2 + CaCO_3 + 0.5O_2 \rightarrow CaSO_4 + CO_2$

## 10

클로로벤젠($C_6H_5Cl$)을 과잉공기 100%로 연소할 때 건조연소가스 중 HCl의 농도는 몇 %인지 구하시오. (단, 소수점 첫 번째 자리까지 구한다.)

**풀이** 〈반응식〉 $C_6H_5Cl + 7O_2 \rightarrow 6CO_2 + 2H_2O + HCl$

$A_o = O_o \div 0.21 = 7 \div 0.21 = 33.3333$

$G_d = (m - 0.21)A_o + CO_2 + HCl = (2 - 0.21) \times 33.3333 + 6 + 1 = 66.6667$

∴ 건조연소가스 중 HCl의 농도(%) $= \dfrac{1}{66.6667} \times 100 = 1.5\%$

## 11

다음은 침출수 특성에 관한 내용이다. 빈칸에 알맞은 용어를 적거나 고르시오.
(1) 침출수는 (　　)의 영향을 가장 많이 받는다.
(2) 침출수는 생물학적 처리만으로 처리하기가 (가능/불가능)하다.
(3) 침출수 내 BOD는 시간이 흐를수록 (증가/감소)한다.
(4) 침출수는 초반에 (산성/중성/알칼리성) 또는 (산성/중성/알칼리성)이지만 시간이 지날수록 (산성/중성/알칼리성)을 나타낸다.
(5) 침출수 내 암모니아성 질소 농도보다 질산성 질소 농도가 더 (높다/낮다).
(6) 매립 후 시간이 흐를수록 COD/TOC 비율은 (증가/감소)한다.

**풀이**
(1) 강우량
(2) 불가능
(3) 감소
(4) 산성, 중성, 알칼리성
(5) 낮다
(6) 감소

## 12

주어진 선별방법에 따른 선별대상 물질을 [보기]에서 골라 적으시오.

[보기]
- 자갈 및 모래
- 종이 및 플라스틱
- 폐플라스틱
- 자동차 타이어
- 철
- 비철금속
- 종이류
- 투명 유리병 및 갈색 유리병

(1) 체 선별
(2) 정전기 선별
(3) 자력 선별
(4) 광학 선별

**풀이**
(1) 자갈 및 모래
(2) 종이 및 플라스틱
(3) 철
(4) 투명 유리병 및 갈색 유리병

## 13

열가소성 플라스틱법의 단점 4가지를 적으시오.

**풀이**
- 높은 온도에서 분해되는 물질에는 사용이 불가하다.
- 혼합률(MR)이 비교적 높다.
- 에너지 요구량이 크다.
- 처리과정 중 화재가 발생할 수 있다.
- 고도의 숙련된 기술이 필요하다.

## 14

LCA의 구성요소 4가지를 적으시오.

**풀이**
- 1단계 : 목적 및 범위 설정
- 2단계 : 목록분석
- 3단계 : 영향평가
- 4단계 : 결과해석

## 15

유해폐기물의 고형화 처리방법 3가지를 적으시오. (단, 열가소성 플라스틱법은 제외한다.)

✅ 풀이
- 유기중합체법
- 피막형성법
- 시멘트기초법
- 유리화법
- 자가시멘트법
- 석회기초법

## 16

분자식이 $C_5H_7O_2N$인 슬러지 폐기물을 소각 처리할 때 1kg의 폐기물 소각에 필요한 공기의 무게 (kg)를 구하시오. (단, 과잉공기는 50%, 산소량의 중량비는 23%이다.)

✅ 풀이 〈반응식〉 $C_5H_7O_2N + 5.75O_2 \rightarrow 5CO_2 + 3.5H_2O + 0.5N_2$
113kg : 5.75×32kg
0.85kg : $X$

$X = \dfrac{1\text{kg} \times 5.75 \times 32\,\text{kg}}{113\,\text{kg}} = 1.6283\,\text{kg}$

$A_o = O_o \div 0.23 = 1.6283 \div 0.23 = 7.0796\,\text{kg}$

∴ 공기의 무게 $A = mA_o = 1.5 \times 7.0796\,\text{kg} = 10.6194 ≒ 10.62\,\text{kg}$

## 17

총괄열전달계수가 35kcal/m²·hr·℃인 열교환기를 사용하여 연소가스를 650℃에서 250℃로 냉각시키면서 냉각수 150ton/hr를 50℃에서 150℃로 예열시키고자 할 때, 예열기의 열교환 소요면적(m²)을 구하시오. (단, 물의 비열은 1kcal/kg·℃이고, 가스·물의 흐름방향은 병류이다.)

✅ 풀이 대수온도차 $= \dfrac{\Delta t_1 - \Delta t_2}{\ln\left(\dfrac{\Delta t_1}{\Delta t_2}\right)} = \dfrac{(650-50)℃ - (250-150)℃}{\ln\left(\dfrac{(650-50)℃}{(250-150)℃}\right)} = 279.0553℃$

∴ 소요면적 $= \dfrac{Q}{K \cdot \Delta t}$

$= \dfrac{1\text{kcal/kg}\cdot℃ \times 150,000\,\text{kg/hr} \times (150-50)℃}{35\,\text{kcal/m}^2\cdot\text{hr}\cdot℃ \times 279.0553℃}$

$= 1535.7939 ≒ 1535.79\,\text{m}^2$

## 18

다음 [조건]에서 폐수를 혐기성 소화할 경우 발생하는 메테인의 양(L/day)을 구하시오. (단, 0℃, 1atm 기준이다.)

- 폐수 유량 = 1m³/day
- 폐수 비중 = 1
- 유입 BOD = 20,000ppm
- 유출 BOD = 10,000ppm

**풀이**

$$\text{메테인의 양} = \frac{1\text{m}^3}{\text{day}} \Big| \frac{1{,}000\,\text{kg}}{\text{m}^3} \Big| \frac{(20{,}000-10{,}000)}{10^6} \Big| \frac{0.35\,\text{m}^3}{\text{kg}} \Big| \frac{10^3\text{L}}{\text{m}^3} = 3{,}500\,\text{L/day}$$

## 19

열분해공정의 장점 5가지를 서술하시오. (단, 소각과 비교하여 쓰시오.)

**풀이**
- 불균일한 폐기물을 안정적으로 처리한다.
- 대기로 방출되는 가스가 적다.
- 생성되는 오일, 가스의 재자원화가 가능하다.
- 배기가스 중 질소산화물, 염화수소의 양이 적다.
- 환원성 분위기로 3가크로뮴($Cr^{3+}$)이 6가크로뮴($Cr^{6+}$)으로 변화하지 않는다.
- 황분, 중금속분이 재 중에 고정된다.

## 20

함수율이 50%인 쓰레기 100kg을 건조시켜 함수율 25%인 쓰레기로 만들 때 건조 후 쓰레기의 중량(kg)을 구하시오.

**풀이**

$V_1(100-W_1) = V_2(100-W_2)$

$100\,\text{kg} \times (100-50) = V_2(100-25)$

∴ 건조 후 쓰레기의 중량 $V_2 = 66.6667 ≒ 66.67\,\text{kg}$

# 2023 제2회 폐기물처리기사 실기 필답형 기출문제

## 01

관거의 길이 500m, 유입시간 360sec, 평균유속 0.3m/sec, 유출계수 0.75, 강우강도$(I) = \dfrac{3,600}{t+20}$, 배수면적 100,000m²일 때, 우수유출량(m³/sec)을 구하시오. (단, 합리식을 적용한다.)

**풀이**

유달시간 = 유입시간 + 유하시간 = $\left(\dfrac{360\,\text{sec}}{}\Big|\dfrac{\min}{60\,\text{sec}}\right) + \left(\dfrac{500\,\text{m}}{}\Big|\dfrac{\text{sec}}{0.3\,\text{m}}\Big|\dfrac{\min}{60\,\text{sec}}\right) = 33.7778\,\min$

강우강도 = $\dfrac{3,600}{33.7778+20} = 66.9421\,\text{mm/hr}$

배수면적 = $\dfrac{100,000\,\text{m}^2}{}\Big|\dfrac{1\,\text{ha}}{10^4\,\text{m}^2} = 10\,\text{ha}$

∴ 우수유출량 $Q = \dfrac{1}{360}CIA = \dfrac{1}{360} \times 0.75 \times 66.9421 \times 10 = 1.3946 ≒ 1.39\,\text{m}^3/\text{sec}$

※ 위 식을 적용할 경우 단위를 통일 ➡ 강우강도 : mm/hr, 면적 : ha

## 02

다음 [조건]의 매립지에서의 침출수 통과 연수를 구하시오.

[조건]
- 점토층 두께 = 90cm
- 유효공극률 = 0.25
- 투수계수 = $10^{-7}$cm/sec
- 침출수 수두 = 30cm

**풀이**

$K = \dfrac{10^{-7}\,\text{cm}}{\text{sec}}\Big|\dfrac{3,600\,\text{sec}}{\text{hr}}\Big|\dfrac{24\,\text{hr}}{\text{day}}\Big|\dfrac{365\,\text{day}}{\text{year}} = 3.1536\,\text{cm/year}$

∴ 침출수 통과 연수 $t = \dfrac{nd^2}{K(d+h)} = \dfrac{0.25 \times 90^2}{3.1536 \times (90+30)} = 5.3510 ≒ 5.35\,\text{year}$

## 03

열분해공정의 장점 3가지를 서술하시오. (단, 소각과 비교하여 쓰시오.)

**풀이**
- 불균일한 폐기물을 안정적으로 처리한다.
- 대기로 방출되는 가스가 적다.
- 생성되는 오일, 가스의 재자원화가 가능하다.
- 배기가스 중 질소산화물, 염화수소의 양이 적다.
- 환원성 분위기로 3가크로뮴($Cr^{3+}$)이 6가크로뮴($Cr^{6+}$)으로 변화하지 않는다.
- 황분, 중금속분이 재 중에 고정된다.

## 04

RDF 폐기물의 특성 3가지를 적으시오.

**풀이**
- 품질이 균일하며, 발열량이 높다.
- 저장 및 수송이 편리하다.
- 건조 시 중유, 등유를 사용하여 경제적이다.
- 다양한 에너지로의 전환이 가능하다.

## 05

소각공정 중 연소실 내에서 폐기물과 연소가스의 흐름방향에 따른 운전조작방식에 대해 다음 물음에 답하시오.
(1) 향류식이 무엇인지 병류식과 비교하여 설명하시오.
(2) 어떤 폐기물에 적합한지 서술하시오.

**풀이**
(1) 향류식은 폐기물의 이송방향과 연소가스의 흐름방향이 동일한 형식으로, 병류식과 비슷하지만 복사열에 의한 건조에 유리하고, 병류식과 다르게 폐기물의 저위발열량이 낮은 폐기물에 적합하다.
(2) 향류식은 수분이 많고 저위발열량이 낮은 폐기물에 적합하다.

## 06

폐기물 발생량 조사방법 3가지를 쓰고, 간단히 설명하시오.

**풀이**
① 적재차량계수분석법 : 일정 기간 동안 특정 지역의 쓰레기 수거·운반 차량 대수를 조사하여, 이 결과를 밀도로 이용하여 질량으로 환산하는 방법이다.
② 직접계근법 : 입구에서 쓰레기가 적재되어 있는 차량을, 출구에서 쓰레기를 적하한 공차량을 직접 계근하여 쓰레기양을 산출하는 방법으로, 적재차량계수분석법에 비해 작업량이 많고 번거롭지만, 비교적 정확한 쓰레기 발생량을 파악할 수 있다.
③ 물질수지법 : 유입·유출되는 쓰레기 속에 들어 있는 오염물질의 양에 대한 물질수지를 세워 추정하는 방법으로, 주로 산업폐기물 발생량을 추산할 때 이용한다. 물질수지를 세울 수 있는 상세한 데이터가 필요하며, 비용이 많이 들어 특수한 경우에 사용한다.

## 07

소각로의 에너지 회수장치 3가지를 적으시오.

**풀이**
- 증기터빈
- 가스터빈
- 내연기관
- 열교환기(과열기, 절탄기, 재열기, 공기예열기)

## 08

다음 [보기]의 물질 중 폐알칼리를 중화시킬 수 있는 약품을 모두 골라 번호를 쓰시오.

[보기]
① $HCl$
② $CH_3COOH$
③ $(NH_4)CO_3$
④ $Na_2CO_3$
⑤ $H_2SO_4$
⑥ $KH_2PO_4$
⑦ $NH_4Cl$
⑧ $HClO$
⑨ $CaCO_3$
⑩ $(NH_4)_2CO$

**풀이** ①, ②, ⑤, ⑥, ⑧

## 09

폐기물 파쇄 처리의 효과 4가지를 적으시오.

**풀이**
- 압축 시 밀도 증가율이 크므로 운반비를 감소할 수 있다.
- 특정 성분을 분리하고, 입자 크기를 균일화한다.
- 겉보기비중이 증가하고, 부피가 감소하여 운반·저장 효율이 증가한다.
- 비표면적의 증가로, 소각 및 매립 시 조기 안정화에 유리하다.
- 물질별 분리로 고순도의 유가물 회수가 가능하다.
- 조대쓰레기에 의한 소각로의 손상을 방지한다.

## 10

CEI와 USI의 정의를 각각 간단히 쓰시오.

**풀이**
- CEI : 가로의 청소상태를 기준으로 하는 지역사회 효과지수이다.
- USI : 사람들의 만족도를 설문하는 것으로, 사용자 만족도지수이다.

## 11

폐기물 10ton에서 메테인이 회수되고 있다. 다음 [조건]에서 회수된 메테인의 가치(원)를 구하시오.

[조건]
- 폐기물 함수율 = 30%
- VS = TS의 85%
- VS 중 생물학적 분해 가능한 유기물(BVS) = VS의 70%
- 생물학적 분해 가능한 유기물(BVS)의 전환율 = 90%
- 가스 발생량 = 0.5$m^3$/$kg_{BVS}$
- 에너지 함량 = 5,250kcal/$m^3$
- 경제적 가치 = 5,500원/$10^5$kcal

**풀이**

$$BVS = \frac{10,000\,kg}{} \Big| \frac{70_{TS}}{100_{폐기물}} \Big| \frac{85_{VS}}{100_{TS}} \Big| \frac{70_{BVS}}{100_{VS}} \Big| \frac{90}{100} = 3748.5\,kg$$

∴ 회수된 메테인의 가치 = $\frac{3748.5\,kg_{BVS}}{} \Big| \frac{0.5\,m^3}{kg_{BVS}} \Big| \frac{5,250\,kcal}{m^3} \Big| \frac{5,500원}{10^5 kcal}$

= 541189.6875 ≒ 541189.69원

## 12

분자식이 [C₆H₇O₂(OH)₃]₇인 폐기물 1,134kg이 호기성 산화할 때 필요한 산소량(kg)을 구하시오. (단, 반응식은 다음과 같다.)

$$[C_6H_7O_2(OH)_3]_7 + 24O_2 \rightarrow [C_6H_7O_2(OH)_3]_4 + 18CO_2 + 15H_2O$$

**✔ 풀이**

$[C_6H_7O_2(OH)_3]_7 + 24O_2 \rightarrow [C_6H_7O_2(OH)_3]_4 + 18CO_2 + 15H_2O$
  1,134kg : 24×32kg
  1,134kg : $X$

∴ 필요한 산소량 $X = \dfrac{1,134\,kg \times 24 \times 32\,kg}{1,134\,kg} = 768\,kg$

## 13

가연분($C_6H_{10}O_5$) 38%, 수분 42%, 회분 20%로 구성된 폐기물 1kg을 연소 시 필요한 이론공기량($Sm^3$/kg)을 구하시오.

**✔ 풀이**

이론공기량 $A_o = O_o \div 0.21$

⟨반응식⟩ $C_6H_{10}O_5 + 6O_2 \rightarrow 6CO_2 + 5H_2O$
  162kg : 6×22.4$Sm^3$
  0.38kg : $X$

$X = \dfrac{0.38\,kg \times 6 \times 22.4\,Sm^3}{162\,kg} = 0.3153\,Sm^3$

∴ 필요한 이론공기량 $A_o = 0.3153 \div 0.21 = 1.5014 ≒ 1.50\,Sm^3/kg$

## 14

2천만명이 살고 있는 도시에 쓰레기 위생매립지(매립용량 230,000,000$m^3$)를 계획하였다. 매립 후 폐기물의 밀도는 600kg/$m^3$, 복토량은 폐기물 : 복토 = 4 : 1(부피비), 쓰레기 발생량은 1.3kg/인·일인 경우 매립장의 수명은 몇 년인지 구하시오.

**✔ 풀이**

※ 부피비가 4 : 1이므로, 매립량=폐기물량×1.25

위생매립지 매립용량 = $\dfrac{1.3\,kg}{인 \cdot day} \Big| \dfrac{20,000,000\,인}{} \Big| \dfrac{m^3}{600\,kg} \Big| \dfrac{1.25}{} \Big| \dfrac{365\,day}{year} \Big| \dfrac{X\,year}{} = 230,000,000\,m^3$

∴ 매립장의 수명 $X = 11.6333 ≒ 11.63$년

## 15

고형물 농도가 40kg/m³인 슬러지를 하루에 500m³ 탈수시키고자 한다. 이때 슬러지 중 고형물에 대해 소석회를 중량기준으로 30% 첨가(첨가된 소석회의 50%가 고형물)하여 함수율 78%의 탈수 케이크를 얻었다. 다음 물음에 답하시오. (단, 겉보기 여과속도는 20kg/m²·hr이고, 비중은 1.0이며, 탈수기는 하루 8시간 가동한다.)
(1) 여과기의 최소면적(m²)을 구하시오.
(2) 탈수 케이크의 양(ton/day)을 구하시오.

◆ 풀이 (1) 총 고형물 $= \left( \dfrac{500\,\mathrm{m}^3}{\mathrm{day}} \Big| \dfrac{40\,\mathrm{kg}}{\mathrm{m}^3} \right) + \left( \dfrac{500\,\mathrm{m}^3}{\mathrm{day}} \Big| \dfrac{40\,\mathrm{kg}}{\mathrm{m}^3} \Big| \dfrac{30}{100} \Big| \dfrac{50}{100} \right) = 23{,}000\,\mathrm{kg/day}$

여과율 $= \dfrac{20\,\mathrm{kg}}{\mathrm{m}^2 \cdot \mathrm{hr}} \Big| \dfrac{8\,\mathrm{hr}}{\mathrm{day}} = 160\,\mathrm{kg/m}^2 \cdot \mathrm{day}$

∴ 여과기의 최소면적 $= \dfrac{\text{총 고형물}}{\text{여과율}} = \dfrac{23{,}000\,\mathrm{kg/day}}{160\,\mathrm{kg/m}^2 \cdot \mathrm{day}} = 143.75\,\mathrm{m}^2$

(2) 탈수 케이크의 양 = 총 고형물 ÷ (1−함수율%)
= 23,000 kg/day ÷ (1−0.78)
= 104545.4545 kg/day ➡ 104.551 ton/day

## 16

선별공정표의 빈칸을 다음 [보기]를 참고하여 적으시오.

[보기] Cyclone, Magnetic Separator, Shredder, Trommel, Air classifiers

저장 → ( ① ) → ( ② ) —큰 물질→ ( ③ ) —가벼운 물질→ ( ④ ) → 유기물질
            ↓              ↓
         미세한 것      ( ⑤ ) → 철제
                          ↓
                       무기물질

◆ 풀이
① Shredder
② Trommel
③ Air classifiers
④ Cyclone
⑤ Magnetic separator

## 17

다음 표를 이용하여 혼합 폐기물 소각 시 발열량(kcal/kg)을 구하시오.

| 종류 | 구성비(%) | 발열량(kcal/kg) |
|---|---|---|
| 음식물 | 25 | 1,000 |
| 플라스틱 | 10 | 4,000 |
| 종이 | 5 | 8,000 |
| 연탄재 | 40 | 0 |
| 기타 | 20 | 2,000 |

◆ 풀이  발열량 $= (1,000 \times 0.25) + (4,000 \times 0.10) + (8,000 \times 0.05) + (0 \times 0.40) + (2,000 \times 0.20)$
$= 1,450 \, \text{kcal/kg}$

## 18

[조건]이 다음과 같은 경우, 고위발열량이 9,500kcal/Sm³인 메테인 연소 시의 이론연소온도(℃)를 구하시오. (단, 공기는 예열하지 않고, 연소가스는 해리되지 않는다.)

[조건]
- 이론 습연소가스량 : 10Sm³/Sm³
- 가스 정압비열 : 0.38kcal/Sm³·℃
- 연료 온도 : 15℃

◆ 풀이  〈반응식〉 $CH_4 + 2O_2 \rightarrow CO_2 + 2H_2O$

저위발열량 $Hl = Hh - 480\sum H_2O = 9,500 - 480 \times 2 = 8,540 \, \text{kcal/Sm}^3$

∴ 이론연소온도 $t = \dfrac{Hl}{G \times C_p} + t_a$

$= \dfrac{8,540}{10 \times 0.35} + 15$

$= 2262.3684 ≒ 2262.37℃$

## 19

20cm의 폐기물을 2cm로 파쇄하는 데 소요되는 에너지는 10cm인 폐기물을 2cm로 파쇄하는 데 소요되는 에너지의 몇 배인지 구하시오. (단, Kick의 법칙을 이용하며, $n=1$이다.)

◆ 풀이

$$E = C\ln\left(\frac{L_1}{L_2}\right)$$

- $E_1 = C\ln\left(\dfrac{20}{2}\right)$
- $E_2 = C\ln\left(\dfrac{10}{2}\right)$

$$\therefore \frac{E_1}{E_2} = \frac{C\ln\left(\dfrac{20}{2}\right)}{C\ln\left(\dfrac{10}{2}\right)} = 1.4307 ≒ 1.43\text{배}$$

## 20

[보기]에 주어진 폐기물 중 지정폐기물인 것을 골라 번호를 쓰시오.

[보기]
① 가정에서 사용하고 남은 폐농약
② pOH가 1인 폐알칼리
③ 수소이온농도지수가 0.025M인 폐산
④ 트라이클로로에틸렌이 7mg/L 함유된 폐유기용제
⑤ 비소 함량이 3mg/L, 납 함량이 5mg/L 함유된 폐촉매
⑥ 폐식용유가 40% 함유된 폐유
⑦ 수은이 10mg/L 함유된 광재
⑧ 수분 함량이 96%인 오니류
⑨ 3mg/L의 액체상태 PCB 함유 폐기물
⑩ 소각시설에서 발생된 분진

◆ 풀이  ②, ③, ④, ⑤, ⑦, ⑨

# 2023 제4회 폐기물처리기사 실기 필답형 기출문제

## 01

성분이 C 11.7%, H 1.8%, O 8.8%, N 0.4%, S 0.1%, 수분 65%, 회분 12%인 폐기물을 연소할 때, 다음 물음에 답하시오. (단, Dulong 식을 사용한다.)
(1) 고위발열량(kcal/kg)을 구하시오.
(2) 저위발열량(kcal/kg)을 구하시오.

**풀이**

(1) $Hh(\text{kcal/kg}) = 81C + 340\left(H - \dfrac{O}{8}\right) + 25S$

$= 81 \times 11.7 + 340\left(1.8 - \dfrac{8.8}{8}\right) + 25 \times 0.1$

$= 1188.2 \, \text{kcal/kg}$

(2) $Hl(\text{kcal/kg}) = Hh - 6(9H + W)$

$= 1188.2 - 6(9 \times 1.8 + 65)$

$= 701 \, \text{kcal/kg}$

## 02

유동층 소각로의 장점 3가지를 서술하시오.

**풀이**
- 소량의 과잉공기(1.2~1.3)로도 연소가 가능하다.
- 노 내의 기계적 가동부분이 없어 유지관리가 용이하다.
- 열량이 적고, 난연성이다.
- 유동매체로 석회, 돌로마이트 등의 활성매체를 혼입함으로써 노 내에서 바로 탈황·탈염소·탈질이 가능하다.
- 유동매체의 열용량이 커서 액상·기상·고상 폐기물의 전소 및 혼소가 가능하다.
- 유동매체의 축열량이 높아 단기간 정지 후 가동 시 보조연료 사용 없이 정상 가동이 가능하다.

## 03

유해성 폐기물의 판단기준 4가지를 적으시오.

✓ 풀이
- 폭발성
- 인화성
- 부식성
- ep 독성
- 반응성
- 난분해성
- 용출특성

## 04

퇴비화의 영향인자 중 C/N 비에 대한 내용이다. 다음 물음에 답하시오.
(1) 퇴비화의 적정 C/N 비는 얼마인지 쓰시오.
(2) 적정 C/N 비보다 높을 경우의 상태변화 1가지를 쓰시오.
(3) 적정 C/N 비보다 낮을 경우의 상태변화 1가지를 쓰시오.

✓ 풀이
(1) 25~40
(2) • 질소 결핍현상으로 퇴비화 반응이 느려진다.
    • 유기산의 생성으로 pH가 낮아진다.
    • 퇴비화 소요시간이 길어진다.
(3) • 질소가 암모니아로 변하여 pH가 증가한다.
    • 악취가 발생한다.
    • 유기물의 분해율이 낮아진다.

## 05

용출특성에 영향을 미치는 인자 3가지를 적으시오.

✓ 풀이
- 시료·용매 비율
- 진탕횟수
- 진탕의 폭
- 진탕시간

## 06

쓰레기를 매립지까지 운반하는 데 3,000원/km·ton의 비용이 소요되지만, 중간 위치에 적환장을 설치하여 운반하면 적환장으로부터 매립지까지 운반하는 데 2,000원/km·ton의 비용이 소요된다고 한다. 적환장 운영비용이 7,000원/ton인 경우, 적환장 설치 전과 후의 총 운영비용이 같아지는 적환장 설치 지점은 쓰레기 발생 지점으로부터 몇 km 떨어져 있는지 구하시오. (단, 쓰레기 발생 지점으로부터 매립장까지의 거리는 20km이며, 설치비용은 고려하지 않는다.)

**풀이**  적환장 설치 전 총 운영비용(운반비) $= \dfrac{3,000원}{km \cdot ton} \Big| \dfrac{20\,km}{} = 60,000$ 원/ton

$60,000$원/ton $= 3,000$원/km·ton $\times x$(km) $+ 2,000$원/km·ton $\times (20-x)$km $+ 7,000$원/ton
$\qquad\qquad\quad = 3,000x$원/ton $+ 40,000$원/ton $- 2,000x$원/ton $+ 7,000$원/ton
$13,000$원/ton $= 1,000x$원/ton

∴ 쓰레기 발생 지점으로부터 적환장 설치 지점까지의 거리 = 13km

## 07

매립지 사후관리에서 필요한 모니터링 항목 3가지를 적으시오.

**풀이**
- 매립지 최종 덮개설비의 안정성
- 유출수
- 지하수 검사
- 불포화층
- 발생가스
- 인근 지표수

## 08

90%의 폐기물을 3.8cm보다 작게 파쇄하려고 할 때 특성입자의 크기(cm)를 구하시오. (단, $n=1$이며, Rosin-Rammler 모델을 적용한다.)

**풀이**
$$y = f(x) = 1 - \exp\left[-\left(\dfrac{x}{x_0}\right)^n\right]$$

$0.9 = 1 - \exp\left[-\left(\dfrac{3.8}{x_0}\right)^1\right]$ ➡ 계산기의 Solve 기능 사용

∴ 특성입자의 크기 $x_0 = 1.6503 ≒ 1.65$ cm

## 09

용출시험을 통해 슬러지(함수율 87%) 농도를 측정하였더니 1.6mg/L였다. 이 슬러지를 지정폐기물로 분류할 수 있는지 적으시오. (단, 1.8mg/L 이상일 경우 지정폐기물로 분류한다.)

✔ 풀이 $1.6\,\text{mg/L} \times \dfrac{15}{100-87} = 1.8462\,\text{mg/L}$ 이므로, 지정폐기물로 분류한다.

## 10

뷰틸렌을 연소시킬 경우 필요한 이론공기량($Sm^3/Sm^3$)을 구하시오.

✔ 풀이 〈반응식〉 $C_4H_8 + 6O_2 \rightarrow 4CO_2 + 4H_2O$

이론공기량 $A_o = O_o \div 0.21 = 6 \div 0.21 = 28.5714 ≒ 28.57\,Sm^3/Sm^3$

## 11

흡착제가 갖춰야할 조건 3가지를 적으시오.

✔ 풀이
- 단위질량당 표면적이 큰 것
- 흡착제의 재생이 용이한 것
- 흡착제의 강도가 큰 것
- 흡착물질의 회수가 용이한 것

## 12

COD/TOC<2.0, BOD/COD<1.0이며, 매립연한이 10년 이상인 곳에서 발생된 침출수에 적용 가능한 처리공법 3가지를 적으시오.

✔ 풀이
- 역삼투공법
- 이온교환수지법
- 화학적 산화법
- 활성탄 흡착법

## 13

차수막으로 사용되는 점토의 수분 함량과 관계되는 지표에 대해 다음 물음에 답하시오.
(1) 액성한계에 대해 간략히 설명하시오.
(2) 소성한계에 대해 간략히 설명하시오.
(3) 위 두 지표들 간의 관계를 서술하시오.

**풀이** (1) 점토의 수분 함량이 그 이상이 될 경우 플라스틱과 같지 못하고 액체상태가 되는 수분 함량
(2) 점토의 수분 함량이 일정 수준보다 떨어지면 플라스틱 상태를 유지 못하고 부스러지는데, 이때의 수분 함량
(3) 소성지수＝액성한계－소성한계

## 14

Fenton 산화법에 사용되는 약품 및 처리방법을 서술하시오.

**풀이** ① 약품 : 철염($FeSO_4$), 과산화수소($H_2O_2$)
② 처리방법 : pH 조정조(pH 3~5) → 급속 교반조 → 중화조 → 완속 교반조 → 침전조

## 15

총괄열전달계수가 14.7kcal/m² · hr · ℃인 열교환기를 사용하여 연소가스를 860℃에서 288℃로 냉각시키면서 공기 19,100Sm³/hr를 15℃에서 260℃로 예열시키고자 할 때, 예열기의 열교환 소요면적(m²)을 구하시오. (단, 가스의 비열은 0.36kcal/Sm³ · ℃이고, 향류접촉 방식이다.)

**풀이** 대수온도차 $= \dfrac{\Delta t_1 - \Delta t_2}{\ln\left(\dfrac{\Delta t_1}{\Delta t_2}\right)} = \dfrac{(860-260)℃ - (288-15)℃}{\ln\left(\dfrac{(860-260)℃}{(288-15)℃}\right)} = 415.2603℃$

∴ 소요면적 $= \dfrac{Q}{K \cdot \Delta t}$

$= \dfrac{0.36\,\text{kcal/Sm}^3 \cdot ℃ \times 19,100\,\text{Sm}^3/\text{hr} \times (860-288)℃}{14.7\,\text{kcal/m}^2 \cdot \text{hr} \cdot ℃ \times 415.2603℃}$

$= 644.3089 ≒ 644.31\,\text{m}^2$

## 16

100m³/day로 유입되는 분뇨를 처리하고자 한다. 분뇨의 고형물 함량은 5%, 휘발성 고형물은 67%이며, VS 1kg당 0.72m³의 가스가 발생한다면, 1일당 가스 발생량(m³)을 구하시오. (단, 소화율은 56%이고, 분뇨의 비중은 1이다.)

◆ 풀이

가스 발생량 $= \dfrac{100\,\mathrm{m}^3}{\mathrm{day}}\Big|\dfrac{1{,}000\,\mathrm{kg}}{\mathrm{m}^3}\Big|\dfrac{5_{\text{고형물}}}{100_{\text{분뇨}}}\Big|\dfrac{67_{\text{VS}}}{100_{\text{고형물}}}\Big|\dfrac{56}{100}\Big|\dfrac{0.72\,\mathrm{m}^3}{\mathrm{kg}_{\text{VS}}}$

$= 1350.72\,\mathrm{m}^3/\mathrm{day}$

## 17

NaOH를 0.5% 함유한 배출가스 250Sm³/day를 중화 처리하기 위해 비중이 1.6105이고, 순도가 70%인 황산을 이용할 때, 필요한 황산의 양(m³/day)을 구하시오.

◆ 풀이

〈반응식〉  $2\mathrm{NaOH} + \mathrm{H_2SO_4} \rightarrow \mathrm{Na_2SO_4} + 2\mathrm{H_2O}$
  $2\times 40\,\mathrm{kg}\ :\ 98\,\mathrm{kg}$
  NaOH 양 : $X$

NaOH 양 $= \dfrac{250\,\mathrm{m}^3}{\mathrm{day}}\Big|\dfrac{1{,}000\,\mathrm{kg}}{\mathrm{m}^3}\Big|\dfrac{0.5}{100} = 1{,}250\,\mathrm{kg/day}$

$X = \dfrac{1{,}250\,\mathrm{kg/day} \times 98\,\mathrm{kg}}{2 \times 40\,\mathrm{kg}} = 1531.25\,\mathrm{kg/day}$

※ 70% 순도와 비중 1.6105를 이용하여 환산한다.

∴ 필요한 황산의 양 $= \dfrac{1531.25\,\mathrm{kg}}{\mathrm{day}}\Big|\dfrac{\mathrm{m}^3}{1610.5\,\mathrm{kg}}\Big|\dfrac{100}{70} = 1.3583 ≒ 1.36\,\mathrm{m}^3/\mathrm{day}$

## 18

분자식이 $[\mathrm{C_6H_7O_2(OH)_3}]_5$인 폐기물 1ton을 호기성 퇴비할 때 필요한 산소량(kg)을 구하시오. (단, 최종 화학식은 $[\mathrm{C_6H_7O_2(OH)_3}]_2$이며, 무게는 400kg이다.)

◆ 풀이

〈반응식〉 $[\mathrm{C_6H_7O_2(OH)_3}]_5 + 18\mathrm{O_2} \rightarrow [\mathrm{C_6H_7O_2(OH)_3}]_2 + 18\mathrm{CO_2} + 15\mathrm{H_2O}$
  $810\,\mathrm{kg}\ :\ 18\times 32\,\mathrm{kg}$
  $1{,}000\,\mathrm{kg}\ :\ X$

∴ 필요한 산소량 $X = \dfrac{1{,}000 \times 18 \times 32}{810} = 711.1111 ≒ 711.11\,\mathrm{kg}$

## 19

인구가 60,000명인 도시의 폐기물 배출량이 2.5kg/인·일이다. 밀도가 250kg/m³인 쓰레기를 매립하고자 할 때, 다음 물음에 답하시오. (단, 매립깊이는 2.5m이고, 부피감소율은 45%이며, 차량 1대당 쓰레기 8ton을 수거한다.)
(1) 하루 폐기물 발생량(m³/day)을 구하시오.
(2) 필요 차량 수(대)를 구하시오.
(3) 연간 매립지의 필요 면적(m²/year)을 구하시오.

**풀이**

(1) 하루 폐기물 발생량 $= \dfrac{2.5\,\text{kg}}{\text{인}\cdot\text{일}} \Big| \dfrac{60{,}000\,\text{인}}{} \Big| \dfrac{\text{m}^3}{250\,\text{kg}} = 600\,\text{m}^3/\text{day}$

(2) 필요 차량 수 $= \dfrac{2.5\,\text{kg}}{\text{인}\cdot\text{일}} \Big| \dfrac{60{,}000\,\text{인}}{} \Big| \dfrac{\text{대}}{8{,}000\,\text{kg}} = 18.75 \;\Rightarrow\; 19\text{대}$

(3) 연간 매립지의 필요 면적 $= \dfrac{600\,\text{m}^3}{\text{day}} \Big| \dfrac{55}{100} \Big| \dfrac{1}{2.5\,\text{m}} \Big| \dfrac{365\,\text{day}}{\text{year}} = 48{,}180\,\text{m}^2/\text{year}$

## 20

다음은 다이옥신류 등을 제거하기 위한 공정과 관련된 용어이다. 용어의 명칭을 각각 적으시오.
(1) QC/SD
(2) BF
(3) GH
(4) SCR
(5) A/C

**풀이**
(1) 반건식 반응탑
(2) 백필터
(3) 가스열교환기
(4) 선택적 촉매환원법
(5) 활성탄

# 2024 제1회 폐기물처리기사 실기 필답형 기출문제

## 01

열분해공정의 장점 3가지를 서술하시오. (단, 소각과 비교하여 쓰시오.)

**풀이**
- 불균일한 폐기물을 안정적으로 처리한다.
- 대기로 방출되는 가스가 적다.
- 생성되는 오일, 가스의 재자원화가 가능하다.
- 배기가스 중 질소산화물, 염화수소의 양이 적다.
- 환원성 분위기로 3가크로뮴($Cr^{3+}$)이 6가크로뮴($Cr^{6+}$)으로 변화하지 않는다.
- 황분, 중금속분이 재 중에 고정된다.

## 02

함수율이 98%인 슬러지를 농축하여 함수율이 95.5%인 농축 슬러지를 만들었을 경우, 다음 물음에 답하시오. (단, 고형물의 비중은 1.5이다.)
(1) 농축 슬러지 비중을 구하시오.
(2) 부피감소율(%)을 구하시오.

**풀이**

(1) $\dfrac{100}{\rho_{SL}} = \dfrac{4.5}{1.5} + \dfrac{95.5}{1}$

∴ 농축 슬러지 비중 $\rho_{SL} = 1.0152 ≒ 1.02$

(2) $\dfrac{100}{\rho_{SL}} = \dfrac{2}{1.5} + \dfrac{98}{1}$

농축 전 슬러지 비중 $\rho_{SL} = 1.0067$

$V_1(1-W_1)\rho_1 = V_2(1-W_2)\rho_2$

$\dfrac{V_2}{V_1} = \dfrac{(1-W_1)\rho_1}{(1-W_2)\rho_2} = \dfrac{(1-0.98) \times 1.0067}{(1-0.955) \times 1.0152}$

∴ 부피감소율(%) $= \left(1 - \dfrac{V_2}{V_1}\right) \times 100 = \left(1 - \dfrac{(1-0.98) \times 1.0067}{(1-0.955) \times 1.0152}\right) \times 100 = 55.9277 ≒ 55.93\%$

## 03

고체 · 액체 · 기체의 연소형태를 각각 1가지씩 적으시오.

✅ **풀이**
- 고체의 연소형태 : 표면연소, 분해연소, 내부연소
- 액체의 연소형태 : 증발연소, 분해연소, 액면연소, 심지연소
- 기체의 연소형태 : 확산연소, 예혼합연소

## 04

시간당 100kg의 폐기물을 소각 처리하고자 한다. 폐기물의 조성이 C 32%, H 8%, O 27%, S 3%, 수분 20%, Ash 10%일 때, 소각에 필요한 공기량(Sm³/hr)을 구하시오. (단, 배기가스의 분석 결과 $CO_2$는 15%, $O_2$는 5%, $N_2$는 80%이다.)

✅ **풀이**

$O_o = 1.867\,C + 5.6\,H + 0.7\,S - 0.7\,O$
$= 1.867 \times 0.32 + 5.6 \times 0.08 + 0.7 \times 0.03 - 0.7 \times 0.27 = 0.8774\,Sm^3/kg$

$A_o = O_o \div 0.21 = 0.8774 \div 0.21 = 4.1781\,Sm^3/kg$

$m = \dfrac{N_2}{N_2 - 3.76(O_2 - 0.5\,CO)} = \dfrac{80}{80 - 3.76(5 - 0.5 \times 0)} = 1.3072$

$A = m A_o = 1.3072 \times 4.1781 = 5.4616\,Sm^3/kg$

∴ 필요한 공기량 $= 5.4616\,Sm^3/kg \times 100\,kg/hr = 546.16\,Sm^3/hr$

## 05

다음은 지정폐기물의 종류에 대한 설명이다. 빈칸에 알맞은 내용을 적으시오.

- 폐산 : 액체 상태의 폐기물로 pH ( ① )인 것으로 한정
- 폐알칼리 : 액체 상태의 폐기물로 pH ( ② )인 것으로 한정, 수산화포타슘 및 수산화소듐 포함
- 폐유 : 기름성분을 ( ③ ) 함유한 것을 포함, 폴리클로리네이티드바이페닐(PCBs) 함유 폐기물, 폐식용유와 그 잔재물, 폐흡착제 및 폐흡수제는 제외

✅ **풀이**
① 2 이하
② 12.5 이상
③ 5% 이상

## 06

포도당 720ton을 혐기성 분해할 경우 $CH_4$의 부피($Sm^3$) 및 질량(ton)을 구하시오.

◆ 풀이  ① $CH_4$의 부피

〈반응식〉 $C_6H_{12}O_6 \rightarrow 3CH_4 + 3CO_2$
180kg : $3 \times 22.4 Sm^3$
$720 \times 1,000$kg : $X$

∴ $CH_4$의 부피 $X = \dfrac{720 \times 1,000 \times 3 \times 22.4}{180} = 268,800\,Sm^3$

② $CH_4$의 질량

〈반응식〉 $C_6H_{12}O_6 \rightarrow 3CH_4 + 3CO_2$
180kg : $3 \times 16$kg
720ton : $Y$

∴ $CH_4$의 질량 $Y = \dfrac{720 \times 3 \times 16}{180} = 192\,ton$

## 07

통풍력을 증대시키기 위한 조건 3가지를 적으시오. (단, 여름보다 겨울이 더 잘 된다는 것은 답에서 제외한다.)

◆ 풀이
- 외기의 온도차가 클 것
- 배출가스의 온도가 클 것
- 굴뚝 배출구의 직경이 작을 것
- 굴뚝 높이가 높을 것

## 08

유기성 고형화에 사용되는 고화제 4가지를 적으시오.

◆ 풀이
- 요소
- 폼알데하이드
- 폴리에스터
- 에폭시
- 아크릴아마이드겔

## 09

다음 [보기]를 MHT가 작은 순서로 나열하시오.

[보기] 집 밖 이동식, 타종 수거식, 집 안 이동식, 문전 수거식, 집 안 고정식, 벽면 부착식

**풀이** 타종 수거식 – 집 밖 이동식 – 집 안 이동식 – 집 안 고정식 – 문전 수거식 – 벽면 부착식

## 10

다음 [조건]을 이용하여 300일 동안 소요되는 중간 복토재의 양(ton)을 구하시오. (단, 최종 복토는 고려하지 않는다.)

[조건]
- 인구 : 100,000명
- 폐기물 발생량 : 2.1kg/인 · 일
- 폐기물 밀도 : 700kg/m³
- 1단의 높이 : 3m
- 중간 복토 높이 : 30cm
- 복토재의 밀도 : 2,000kg/m³
- 매립지 면적 : 10,000m²

**풀이**

$$\text{폐기물 발생량}(m^3) = \frac{2.1\,\text{kg}}{\text{인} \cdot \text{일}} \left| \frac{100,000\text{인}}{} \right| \frac{m^3}{700\,\text{kg}} \left| \frac{300\text{일}}{} \right. = 90,000\,m^3$$

$$\text{폐기물 높이} = \frac{90,000\,m^3}{10,000\,m^2} = 9\,m$$

※ 1단의 높이가 3m이므로, 3단

$$\therefore \text{중간 복토재의 양} = \frac{10,000\,m^2}{} \left| \frac{2,000\,\text{kg}}{m^3} \right| \frac{\text{ton}}{10^3\text{kg}} \left| \frac{0.3\,m \times 2}{} \right. = 12,000\,\text{ton}$$

## 11

노 내의 다이옥신 억제방법 4가지를 서술하시오.

**풀이**
- 850℃ 이상의 고온을 유지한다.
- 2차 연소공기 혼합 후 2초 이상 머물게 하여 미연 유기물을 완전연소한다.
- 산소 농도를 6% 이상 확보한다.
- PVC 등이 함유된 폐기물을 분리수거하여 처리한다.

## 12

침출수량의 영향인자 5가지를 적으시오.

**풀이**
- 표토를 침투하는 강수
- 증발수량
- 폐기물의 분해율
- 수분 지체시간
- 지하수위와 지하수 유량
- 지형에 따른 표면 유출량과 침투수량

## 13

차수막 손상의 원인 3가지를 적으시오.

**풀이**
- 돌기물에 의한 손상
- 지반침하에 의한 손상
- 지지력 부족에 의한 손상
- 지반변동에 의한 손상
- 양압력에 의한 손상

## 14

폐기물 발생량이 400톤/일이고, [조건]이 다음과 같을 경우, 폐기물의 운반에 필요한 일일 소요차량 대수(대)를 구하시오. (단, 예비차량은 3대이며, 일일 운전시간은 8시간이다.)

[조건]
- 운반거리 : 5km
- 적재용량 : 2톤
- 1회 왕복시간 : 30분
- 적재시간 : 20분
- 적하시간 : 10분

**풀이**

차량의 하루 운행횟수 $= \dfrac{8\text{시간}}{\text{일}} \left| \dfrac{60\text{분}}{\text{시간}} \right| \dfrac{1\text{회}}{(30+20+10)\text{분}} = 8\text{회/일}$

필요한 차량 수 $= \dfrac{400\text{톤}}{\text{일}} \left| \dfrac{\text{대}}{2\text{톤}} \right| \dfrac{\text{일}}{8\text{회}} = 25\text{대}$

※ 예비차량 3대를 더해준다.

∴ 일일 소요차량 대수 = 25 + 3 = 28 대

## 15

> 매립지에서 침출된 침출수의 농도가 반으로 감소하는 데 약 100초 걸린다면 이 침출수의 농도가 1/100으로 감소하는 데 걸리는 시간(sec)을 구하시오. (단, 1차 반응 기준이다.)

✅ 풀이

1차 반응식 $\ln\dfrac{C_t}{C_o} = -k \cdot t$

이때, $k = \dfrac{\ln\dfrac{C_t}{C_o}}{-t} = \dfrac{\ln\dfrac{1}{2}}{-100\,\sec} = 6.9315 \times 10^{-3}\,\sec^{-1}$

∴ 걸리는 시간 $t = \dfrac{\ln\dfrac{C_t}{C_o}}{-k} = \dfrac{\ln\dfrac{1}{100}}{-6.9315 \times 10^{-3}} = 664.3829 ≒ 664.38\,\sec$

## 16

> 함수율이 60%인 쓰레기 1kg을 건조시켜 함수율 20%인 쓰레기로 만들 때 증발된 수분량(kg)을 구하시오.

✅ 풀이

$V_1(100 - W_1) = V_2(100 - W_2)$

$1\,kg \times (100 - 60) = V_2 \times (100 - 20)$

$V_2 = 1\,kg \times \dfrac{100 - 60}{100 - 20} = 0.5\,kg$

∴ 증발된 수분량 $= 1 - 0.5 = 0.5\,kg$

## 17

> 250m³/day, 함수율 98%의 슬러지를 농축하여 함수율 95%의 슬러지를 만든 후 혐기성 소화(주입 온도 20℃)를 중온 소화(35℃)로 처리할 때, 소화조의 소모열량(kcal/day)를 구하시오. (단, 비중은 1, 슬러지 비열은 1.2kcal/kg · ℃, 열손실은 40%이다.)

✅ 풀이

$V_1(1 - W_1) = V_2(1 - W_2)$

농축 슬러지 $V_2 = 250 \times \dfrac{(1 - 0.98)}{(1 - 0.95)} = 100\,m^3/day$

∴ 소화조의 소모열량 $= \dfrac{100\,m^3}{day} \bigg| \dfrac{1{,}000\,kg}{m^3} \bigg| \dfrac{1.2\,kcal}{kg \cdot ℃} \bigg| \dfrac{(35 - 20)\,℃}{} \bigg| \dfrac{100}{60} = 3{,}000{,}000\,kcal/day$

## 18

다음 빈칸에 알맞은 용어를 적으시오.

- ( ① ) 소화 : 30~40℃, ( ② ) 소화 : 50~60℃
- 유기물 분해 시 생성되는 ( ③ )이(가) 촉매작용을 한다.
- 중금속 함유 폐기물을 퇴비화 시 중금속 농도는 ( ④ )한다.

✓ 풀이  ① 중온, ② 고온
③ 수분
④ 감소

## 19

다음 [조건]을 이용하여 Worrell 식에 의한 선별효율(%)을 구하시오.

[조건]
- 투입량 : 120ton/hr
- 회수량 : 100ton/hr
- 회수량 중 회수대상 물질 : 90ton/hr
- 제거량 중 제거대상 물질 : 5ton/hr

✓ 풀이  $x_1 = 95\,\text{ton/hr}$, $x_2 = 90\,\text{ton/hr}$

$y_2 = 25\,\text{ton/hr}$, $y_2 = 15\,\text{ton/hr}$

∴ Worrell의 선별효율 $E(\%) = x_{회수율} \times y_{기각률} = \left(\dfrac{x_2}{x_1} \times \dfrac{y_2}{y_1}\right) \times 100 = \left(\dfrac{90}{95} \times \dfrac{15}{25}\right) \times 100$

$= 56.8421 ≒ 56.84\%$

## 20

고위발열량(건조기준)이 1,800kcal/kg인 폐기물(고정탄소 15%, 수분 16%, 회분 25%, 휘발성 고형물 44%)의 저위발열량(kcal/kg)을 구하시오. (단, 응축잠열은 600kcal/kg이다.)

✓ 풀이  고위발열량(습량기준) $= 1,800 \times \dfrac{100-16}{100} = 1,512\,\text{kcal/kg}$

∴ 저위발열량 $Hl\,(\text{kcal/kg}) = Hh - 6(9H + W) = 1,512 - 6(9 \times 0 + 16) = 1,416\,\text{kcal/kg}$

# 2024 제2회 폐기물처리기사 실기 필답형 기출문제

## 01

연직차수막과 표면차수막에 대한 다음 물음에 알맞게 답하시오.
(1) 연직차수막과 표면차수막의 선정조건을 구분하여 쓰시오.
(2) 연직차수막 공법의 종류를 쓰시오.

**◆ 풀이**
(1) ① 연직차수막 : 수평방향의 차수층 존재 시
② 표면차수막 : 매립지 지반의 투수계수가 큰 경우
(2) 어스댐코어 공법, 강널말뚝 공법, 그라우트 공법, 굴착에 의한 차수시트

## 02

폐기물 발생량이 3,526,000ton/year이고, 수거대상 인구가 8,575,632명이며, 가구당 인원이 4.96명인 도시 폐기물을 처리하기 위하여 수거인부 7,000명이 동원되었다. 다음 물음에 답하시오. (단, 연간 작업시간은 365일이고, 1명의 인부가 1일 8시간 작업한다고 가정한다.)
(1) 1인 1일 폐기물 배출량(kg/인·일)을 구하시오.
(2) 수거인부 1명당 1일 수거량(ton/인·일)을 구하시오.

**◆ 풀이**
(1) 1인 1일 폐기물 배출량 $= \dfrac{3,526,000\,\text{ton}}{\text{year}} \Big| \dfrac{\text{year}}{8,575,632\,\text{인}} \Big| \dfrac{\text{year}}{365\,\text{일}} \Big| \dfrac{10^3\,\text{kg}}{\text{ton}}$
$= 1.1265 ≒ 1.13\,\text{kg/인·일}$

(2) 수거인부 1명당 1일 수거량 $= \dfrac{3,526,000\,\text{ton}}{\text{year}} \Big| \dfrac{1}{7,000\,\text{인}} \Big| \dfrac{\text{year}}{365\,\text{일}} = 1.3800 ≒ 1.38\,\text{ton/인·일}$

## 03

폐기물의 압축비가 1.3일 때, 부피감소율(%)을 구하시오.

**◆ 풀이** 부피감소율 $VR = 100\left(1 - \dfrac{1}{CR}\right) = 100\left(1 - \dfrac{1}{1.3}\right) = 23.0769 ≒ 23.08\%$

## 04

다음은 슬러지 처리공정에 따른 함수율을 나타낸 것이다. 빈칸에 알맞은 공정을 적으시오.

잉여 슬러지 → ( ① ) → ( ② ) → ( ③ ) → 소각
〈함수율〉 99%    97~98%    70~80%    20~50%

✅ 풀이  ① 개량
　　　　② 탈수
　　　　③ 건조

## 05

폐기물 공정시험기준 중 강열감량에 대한 내용이다. 다음 물음에 답하시오.

시료에 질산암모늄 용액(25%)을 넣고 가열하여 ( ① )℃의 전기로 안에서 ( ② )시간 강열하고 데시케이터에서 식힌 후 질량을 측정하여 증발용기의 질량 차이로부터 강열감량(%) 및 유기물 함량(%)을 구한다.

(1) 위의 빈칸에 알맞은 내용을 적으시오.
(2) 습식 기준 20%의 수분 함량을 갖는 폐기물을 완전건조시켜 회분량이 20%가 나왔을 때 습식 기준 폐기물의 회분량(%)을 구하시오.

✅ 풀이　(1) ① 600±25, ② 3

　　　　(2) 습식 기준 폐기물의 회분량 $= 20 \times \dfrac{100-20}{100} = 16\%$

## 06

폐기물 처분시설 중 일반 소각시설에서 생활폐기물 200m³/day를 소각한다고 할 때, 다음 물음에 답하시오.
(1) 연소실의 출구온도(℃)는 얼마 이상으로 하여야 하는지 적으시오.
(2) 연소가스의 체류시간은 몇 초 이상으로 하여야 하는지 적으시오.
(3) 바닥재의 강열감량은 몇 % 이하로 하여야 하는지 적으시오.

✅ 풀이　(1) 850℃ 이상
　　　　(2) 2초 이상
　　　　(3) 5% 이하

## 07

1,250kcal/kg의 발열량을 갖는 폐기물을 소각하여 처리하려고 한다. 소각로 내의 열부하는 50,000kcal/m³·hr이고, 부피는 250m³인 경우, 폐기물의 양(kg/day)을 구하시오.

- 풀이  폐기물의 양 = $\dfrac{50,000\,\text{kcal}}{\text{m}^3 \cdot \text{hr}} \Big| \dfrac{250\,\text{m}^3}{} \Big| \dfrac{\text{kg}}{1,250\,\text{kcal}} = 10,000\,\text{kg/day}$

## 08

매립지 사후관리에서 필요한 모니터링 항목 3가지를 적으시오.

- 풀이
  - 매립지 최종 덮개설비의 안정성
  - 유출수
  - 지하수 검사
  - 불포화층
  - 발생가스
  - 인근 지표수

## 09

관리형 매립지의 최종 복토층 4단계를 적으시오.

- 풀이
  - 가스배제층
  - 차단층
  - 배수층
  - 식생대층

## 10

폐유의 처리방법 3가지를 적으시오.

- 풀이
  - 유수분리 후 유분 소각(여액은 수질오염 방지시설에서 처리)
  - 응집·침전 후 잔재물 소각
  - 증발·농축 후 소각
  - 분리·증류·추출·여과·열분해로 정제
  - 소각·안정화 처리

## 11

함수율 45%인 쓰레기를 건조시켜 함수율 20%인 쓰레기를 만들 때 질량변화율(%)을 구하시오.

**풀이**  $V_1(100-W_1) = V_2(100-W_2)$

$V_1(100-45) = V_2(100-20)$

∴ 질량변화율 $= \dfrac{V_2}{V_1} \times 100 = \dfrac{(100-45)}{(100-20)} \times 100 = 68.75\%$

## 12

폐기물의 고화 처리 전 첨가제의 질량은 0.3kg/kg이다. 고형화 처리 후 부피가 20% 증가하였다고 할 때, 다음 물음에 답하시오.
(1) 혼합률을 구하시오.
(2) 부피변화율을 구하시오.

**풀이**  (1) 혼합률 $MR = \dfrac{M_S}{M_W} = \dfrac{0.3}{1} = 0.3$

(2) 부피변화율 $VCF = \dfrac{V_F}{V_S} = \dfrac{1.2}{1} = 1.2$

## 13

소각로 벽체를 형성하는 벽돌의 두께와 열전도율이 다음 표와 같을 때, 소각로 외벽의 온도(℃)를 구하시오. (단, 열전달속도는 180kcal/m² · hr이고, 소각로 내벽의 온도는 860℃이다.)

| 종류 | 두께 | 열전도율 |
| --- | --- | --- |
| 내화벽돌 | 230mm | 0.104kcal/m · hr · ℃ |
| 보통벽돌 | 210mm | 1.04kcal/m · hr · ℃ |
| 단열벽돌 | 114mm | 0.0595kcal/m · hr · ℃ |

**풀이**  열전달속도 $= \dfrac{\text{내벽 온도} - \text{외벽 온도}}{R_1 + R_2 + R_3}$

$180 \text{kcal/m}^2 \cdot \text{hr} = \dfrac{(860-x)℃}{\left(0.230\,\text{m} \,\big|\, \dfrac{\text{m} \cdot \text{hr} \cdot ℃}{0.104\,\text{kcal}}\right) + \left(0.210\,\text{m} \,\big|\, \dfrac{\text{m} \cdot \text{hr} \cdot ℃}{1.04\,\text{kcal}}\right) + \left(0.114\,\text{m} \,\big|\, \dfrac{\text{m} \cdot \text{hr} \cdot ℃}{0.0595\,\text{kcal}}\right)}$

∴ 외벽의 온도 $x = 80.7030 ≒ 80.70℃$

## 14

2차 파쇄를 위해 20cm의 폐기물을 2cm로 파쇄하는 데 소요되는 에너지(kW · hr/ton)를 구하시오. (단, Kick의 법칙을 이용하며, 동일한 파쇄기를 이용하여 10cm의 폐기물을 2cm로 파쇄하는 데 에너지는 30kW · hr/ton 소모된다.)

◆ 풀이

$$E = C\ln\left(\frac{L_1}{L_2}\right)$$

$$30 = C\ln\left(\frac{10}{2}\right) \;\Rightarrow\; C = 18.6400$$

∴ 소요되는 에너지 $E = 18.6400 \times \ln\left(\frac{20}{2}\right) = 42.9202 ≒ 49.92\,\text{kW} \cdot \text{hr/ton}$

## 15

통기개량제(bulking agent)의 조건 3가지를 적으시오.

◆ 풀이
- 쉽게 조달이 가능할 것
- 수분 흡수능력이 우수할 것
- 입자 간의 구조가 안정적일 것
- 탄소성분이 충분할 것

## 16

유동층 소각로의 장점 3가지를 서술하시오.

◆ 풀이
- 소량의 과잉공기(1.2~1.3)로도 연소가 가능하다.
- 노 내의 기계적 가동부분이 없어 유지관리가 용이하다.
- 열량이 적고, 난연성이다.
- 유동매체로 석회, 돌로마이트 등의 활성매체를 혼입함으로써 노 내에서 바로 탈황 · 탈염소 · 탈질이 가능하다.
- 유동매체의 열용량이 커서 액상 · 기상 · 고상 폐기물의 전소 및 혼소가 가능하다.
- 유동매체의 축열량이 높아 단기간 정지 후 가동 시 보조연료 사용 없이 정상 가동이 가능하다.

## 17

투하방식에 따른 적환장의 형식 3가지를 적으시오.

**풀이**
- 직접투하방식
- 저장투하방식
- 직접·저장 투하방식

## 18

다음 [조건]을 이용하여 물음에 답하시오.

[조건]
- 투입량 : 100ton/hr(유리 : 8%)
- 총 회수량 : 10ton/hr(유리 : 7.2ton/hr)

(1) 유리의 회수율(%)을 구하시오.
(2) 유리의 거부율(%)을 구하시오.
(3) 유리의 유효율(%)을 구하시오.

**풀이**

(1) 유리의 회수율 $= \dfrac{7.2}{100 \times 0.08} \times 100 = 90\%$

(2) 유리의 거부율 $= \left(1 - \dfrac{2.8}{92}\right) \times 100 = 96.9565 ≒ 96.96\%$

(3) ⟨Worrell의 선별효율⟩

$x_1 = 8\,\text{ton/hr}, \ x_2 = 7.2\,\text{ton/hr}$

$y_1 = 92\,\text{ton/hr}, \ y_2 = 89.2\,\text{ton/hr}$

$E(\%) = x_{회수율} \times y_{기각률} = \left(\dfrac{x_2}{x_1} \times \dfrac{y_2}{y_1}\right) \times 100 = \left(\dfrac{7.2}{8} \times \dfrac{89.2}{92}\right) \times 100 = 87.2609\%$

⟨Rietema의 선별효율⟩

$x_1 = 8\,\text{ton/hr}, \ x_2 = 7.2\,\text{ton/hr}$

$y_1 = 92\,\text{ton/hr}, \ y_3 = 2.8\,\text{ton/hr}$

$E(\%) = x_{회수율} - y_{회수율} = \left(\dfrac{x_2}{x_1} - \dfrac{y_3}{y_1}\right) \times 100 = \left(\dfrac{7.2}{8} - \dfrac{2.8}{92}\right) \times 100 = 86.9565\%$

⟨Worrell의 선별효율⟩과 ⟨Rietema의 선별효율⟩ 중 큰 값인 87.26%를 선택한다.

∴ 유리의 유효율 = 87.26%

## 19

다음 주어진 용어의 의미를 각각 서술하시오.
(1) 유효입경
(2) 평균입경
(3) 균등계수

**풀이** (1) 입도분포곡선에서 중량백분율 10%에 해당하는 입경
(2) 입도분포곡선에서 중량백분율 50%에 해당하는 입경
(3) 유효입경에 대한 처리물 중량백분율 60%가 통과하는 입경의 비율

## 20

다음의 [조건]을 이용하여 소화조의 용적($m^3$)을 구하시오.

[조건]
- 슬러지 : 400$m^3$/day
- 고형물 : 5.8%, 유기물 : 54%
- 소화기간 : 15일
- 소화 후 액화 및 가스화 : 53%
- 소화 후 함수율 : 86%
- 소화조 용적 공식 : $V = \left(\dfrac{Q_1 + Q_2}{2}\right) \times t$

**풀이** $TS = \dfrac{400\,\text{m}^3}{\text{day}} \Big| \dfrac{5.8_{TS}}{100_{SL}} = 23.2\,\text{m}^3/\text{day}$

〈소화 전〉

- $VS = \dfrac{23.2\,\text{m}^3}{\text{day}} \Big| \dfrac{54_{VS}}{100_{TS}} = 12.528\,\text{m}^3/\text{day}$
- $FS = 23.2 - 12.528 = 10.672\,\text{m}^3/\text{day}$

〈소화 후〉

- $VS = 12.528 \times 0.47 = 5.8882\,\text{m}^3/\text{day}$
- $FS = 10.672\,\text{m}^3/\text{day}$
※ 소화 전·후의 $FS$는 그대로 유지된다.

$Q_2 = \dfrac{(5.8882 + 10.672)\,\text{m}^3}{\text{day}} \Big| \dfrac{100}{14} = 118.2871\,\text{m}^3/\text{day}$

∴ 소화조의 용적 $V = \left(\dfrac{400 + 118.2871}{2}\right) \times 15 = 3887.1533 ≒ 3887.15\,\text{m}^3$

# 2024 제3회 폐기물처리기사 실기 필답형 기출문제

## 01

함수율 98%인 슬러지를 탈수시켜 함수율 90%인 슬러지를 만들 때, 탈수 후 슬러지 부피는 탈수 전 슬러지 부피의 몇 %인지 구하시오.

**풀이**  $V_1(100-W_1) = V_2(100-W_2)$
여기서, $V_1$ : 탈수 전 부피
$V_2$ : 탈수 후 부피
$V_1(100-98) = V_2(100-90)$

$$\frac{V_2}{V_1} = \frac{(100-98)}{(100-90)} = \frac{2}{10} \Rightarrow 20\%$$

∴ 탈수 후 슬러지 부피는 탈수 전 슬러지 부피의 20%이다.

## 02

수소 1kg을 완전연소하기 위한 공기량은 탄소 1kg을 완전연소하기 위한 공기량의 몇 배인지 구하시오. (단, 공기의 분자량은 28.95g/mol이다.)

**풀이**
- 〈반응식〉 $H_2 + 0.5O_2 \rightarrow H_2O$
  2kg : 0.5×32kg
  1kg : $X$

  $X = \dfrac{1 \times 0.5 \times 32}{2} = 8\,\text{kg}$

  $A_o = 8 \div 0.232 = 34.4828\,\text{kg}$

- 〈반응식〉 $C + O_2 \rightarrow CO_2$
  12kg : 32kg
  1kg : $Y$

  $Y = \dfrac{1 \times 32}{12} = 2.6667\,\text{kg}$

  $A_o = 2.6667 \div 0.232 = 11.4944\,\text{kg}$

∴ $\dfrac{34.4828}{11.4944} = 3.00 \Rightarrow 3$배

## 03

다음 [조건]의 매립지에서의 침출수 통과 연수를 구하시오.

[조건]
- 점토층 두께 = 0.9m
- 유효공극률 = 0.45
- 투수계수 = $10^{-7}$cm/sec
- 침출수 수두 = 30cm

**풀이**

$$K = \frac{10^{-7}\text{cm}}{\text{sec}} \left| \frac{3{,}600\,\text{sec}}{\text{hr}} \right| \frac{24\,\text{hr}}{\text{day}} \left| \frac{365\,\text{day}}{\text{year}} \right. = 3.1536\,\text{cm/year}$$

∴ 침출수 통과 연수 $t = \dfrac{nd^2}{K(d+h)} = \dfrac{0.45 \times 90^2}{3.1536 \times (90+30)} = 9.6318 ≒ 9.63\,\text{year}$

## 04

폐기물 발생량 예측방법 중 동적모사모델 및 다중회귀모델에 대해 서술하시오.

**풀이**
- 동적모사모델 : 쓰레기 배출에 영향을 주는 모든 인자를 시간에 대한 함수로 나타낸 후, 시간에 대한 함수로 표현된 각 영향인자들 간의 상관관계를 수식화하는 방법
- 다중회귀모델 : 쓰레기 발생량에 영향을 주는 각 인자들의 효과를 총괄적으로 나타내어 복잡한 시스템의 분석에 유용하게 적용하는 방법

## 05

성분이 C 30%, H 20%, O 15%, N 5%, S 5%, 수분 10%, 회분 15%인 폐기물을 연소할 때, 다음 물음에 답하시오. (단, Dulong 식을 사용한다.)
(1) 고위발열량(kcal/kg)을 구하시오.
(2) 저위발열량(kcal/kg)을 구하시오.

**풀이**

(1) $Hh(\text{kcal/kg}) = 81\text{C} + 340\left(\text{H} - \dfrac{\text{O}}{8}\right) + 25\text{S}$

$= 81 \times 30 + 340\left(20 - \dfrac{15}{8}\right) + 25 \times 5 = 8717.5\,\text{kcal/kg}$

(2) $Hl(\text{kcal/kg}) = Hh - 6(9\text{H} + W) = 8717.5 - 6(9 \times 20 + 10) = 7577.5\,\text{kcal/kg}$

## 06

폐기물관리법상 소각재가 사업자 일반폐기물로 배출될 때의 처분방법 3가지를 적으시오.

✅ 풀이
- 관리형 매립시설에 매립하여야 한다.
- 안정화 처분하여야 한다.
- 시멘트 또는 합성 고분자화합물을 이용하거나 그 밖에 이와 비슷한 방법으로 고형화 처분하여야 한다.

## 07

다음은 퇴비화의 조건에 대한 표이다. 빈칸에 들어갈 알맞은 내용을 쓰시오.

| 구분 | 적정 조건 |
| --- | --- |
| 온도 | ( ① ) |
| 수분 함량 | ( ② ) |
| C/N 비 | ( ③ ) |
| ( ④ ) | 폐기물 중량의 5~15% |

✅ 풀이
① 60~70℃
② 50~60%
③ 25~40
④ 산소 함량

## 08

유효입경 및 균등계수에 대해 다음 물음에 답하시오.
(1) 유효입경의 뜻을 간단하게 설명하시오.
(2) 균등계수의 뜻을 간단하게 설명하시오.
(3) 다음 설명에서 괄호 안에 적절한 내용을 골라 순서대로 쓰시오.

> 유효입경이 (클 경우/작을 경우) 투수성이 좋다. 균등계수는 (클 경우/작을 경우) 투수성이 좋다.

✅ 풀이
(1) 입도분포곡선에서 중량백분율 10%에 해당하는 입경
(2) 유효입경에 대한 처리물 중량백분율 60%가 통과하는 입경의 비율
(3) 클 경우, 작을 경우

## 09

다음 [조건]을 이용하여 유리의 선별효율을 구하고자 한다. 물음에 답하시오.

[조건]
• 투입량 : 유리 9.3kg, 캔 0.9kg
• 회수량 : 유리 9.0kg, 캔 0.1kg
• 배출량 : 유리 0.3kg, 캔 0.8kg

(1) Worrell 식에 대한 선별효율(%)을 구하시오.
(2) Rietema 식에 대한 선별효율(%)을 구하시오.

◆ 풀이 (1) $x_1 = 9.3\,\text{kg}$, $x_2 = 9.0\,\text{kg}$
$y_1 = 0.9\,\text{kg}$, $y_2 = 0.8\,\text{kg}$
∴ Worrell의 선별효율 $E(\%)$

$$= x_{\text{회수율}} \times y_{\text{기각률}} = \left(\frac{x_2}{x_1} \times \frac{y_2}{y_1}\right) \times 100 = \left(\frac{9.0}{9.3} \times \frac{0.8}{0.9}\right) \times 100 = 86.0215 = 86.02\%$$

(2) $x_1 = 9.3\,\text{kg}$, $x_2 = 9.0\,\text{kg}$
$y_1 = 0.9\,\text{kg}$, $y_3 = 0.1\,\text{kg}$
∴ Rietema의 선별효율 $E(\%)$

$$= x_{\text{회수율}} - y_{\text{회수율}} = \left(\frac{x_2}{x_1} - \frac{y_3}{y_1}\right) \times 100 = \left(\frac{9.0}{9.3} - \frac{0.1}{0.9}\right) \times 100 = 85.6631 = 85.66\%$$

## 10

인구 50만명인 도시에서 1인당 하루 1kg의 생활폐기물이 발생하며, 이 폐기물의 밀도는 500kg/m³이다. 발생된 폐기물은 Trench법을 이용하여 깊이 5m인 매립지에 처리하며, 이 중 1m는 복토층으로 사용된다. 생활폐기물을 압축 처리하면 원래 부피의 2/3로 줄어들고, 이 상태에서 다시 분쇄하면 부피는 압축된 부피의 1/2로 줄어든다. 이 도시에서 발생한 폐기물을 압축만 하여 매립하는 경우에 비해, 압축 후 분쇄까지 하여 매립할 경우 연간 얼마만큼의 매립면적(m²)이 축소 가능한지 구하시오.

◆ 풀이 • 압축 처리만 하였을 경우의 매립면적

$$A_T = \frac{1\,\text{kg}}{\text{인} \cdot \text{일}} \Big| \frac{\text{m}^3}{500\,\text{kg}} \Big| \frac{1}{4\,\text{m}} \Big| \frac{365\,\text{day}}{\text{year}} \Big| \frac{2}{3} \Big| \frac{500,000\,\text{인}}{} = 60833.3333\,\text{m}^2/\text{year}$$

• 압축 후 분쇄 처리하였을 경우의 매립면적

$$A_T = \frac{1\,\text{kg}}{\text{인} \cdot \text{일}} \Big| \frac{\text{m}^3}{500\,\text{kg}} \Big| \frac{1}{4\,\text{m}} \Big| \frac{365\,\text{day}}{\text{year}} \Big| \frac{2}{3} \Big| \frac{1}{2} \Big| \frac{500,000\,\text{인}}{} = 30416.6667\,\text{m}^2/\text{year}$$

∴ 연간 축소되는 매립면적 $= 60833.3333 - 30416.6667 = 30416.6666 ≒ 30416.67\,\text{m}^2$

## 11
폐기물의 효율적 처리·관리 차원에 대한 3P와 3R에 대해 적으시오.

**풀이**
- 3P : Polluter(오염자), Pay(비용), Principle(원칙)
- 3R : Recycle(재활용), Reduction(감량화), Reuse(재사용)

## 12
다음은 열분해와 관련된 내용이다. 빈칸에 알맞은 내용을 골라 순서대로 쓰시오.

- 열분해공정에서 온도 증가 시 (수소/이산화탄소)가 증가한다.
- 입자의 크기가 (작을수록/클수록) 쉽게 열분해된다.
- 열분해는 (흡열/발열) 반응이므로 외부에서 열공급을 위한 보조연료가 필요하다.

**풀이** 수소, 작을수록, 흡열

## 13
매립구조에 의한 매립 종류 3가지를 적으시오.

**풀이**
- 혐기성 매립
- 혐기성 위생매립
- 개량혐기성 위생매립
- 준호기성 매립
- 호기성 매립

## 14
회전식 소각로의 특성 4가지를 쓰시오.

**풀이**
- 넓은 범위의 액상·고상 폐기물을 소각할 수 있다.
- 소각대상물의 전처리과정이 불필요하다.
- 소각대상물에 관계없이 소각이 가능하다.
- 연속적으로 재배출이 가능하다.
- 연소실 내 폐기물의 체류시간은 노의 회전속도를 조절함으로써 가능하다.
- 용융상태의 물질에 의해 방해받지 않는다.
- 1,600℃에 달하는 온도에서도 작동될 수 있다.

## 15

다음의 [조건]을 이용하여 연소실을 설계할 경우, 연소실의 열부하율(kcal/m³·hr)을 구하시오.

[조건]
- 저위발열량 : 2,000kcal/kg
- 폐기물량 : 120ton/day
- 작업시간 : 연속 가동
- 연소실 크기 : 250m³

**풀이**

$$\text{연소실의 열부하율} = \frac{2,000\,\text{kcal}}{\text{kg}} \left| \frac{120\,\text{ton}}{\text{day}} \right| \frac{1}{250\,\text{m}^3} \left| \frac{10^3\,\text{kg}}{\text{ton}} \right| \frac{\text{day}}{24\,\text{hr}} = 40,000\,\text{kcal/m}^3\cdot\text{hr}$$

## 16

다음은 자원의 절약과 재활용 촉진에 관한 법률 중 일반 고형 연료제품의 품질기준에 대한 표이다. 빈칸에 알맞은 내용을 적으시오.

| 구분 | | 단위 | 성형 | 비성형 |
|---|---|---|---|---|
| 수분 함유량 | | wt.% | 15 이하 | 25 이하 |
| 금속 성분 | 수은(Hg) | mg/kg | ( ① ) | |
| | 카드뮴(Cd) | | ( ② ) | |
| | 납(Pb) | | ( ③ ) | |
| | 비소(As) | | ( ④ ) | |
| 회분 함유량 | | wt.% | ( ⑤ ) | |
| 염소 함유량 | | wt.% | ( ⑥ ) | |

**풀이** ① 1.0 이하, ② 5.0 이하, ③ 150 이하
④ 13.0 이하, ⑤ 20 이하, ⑥ 2.0 이하

## 17

폐기물관리법상 음식물류 폐기물 처리시설 중 혐기성 소화시설의 정기검사항목 4가지를 적으시오.

**풀이**
- 산 발효시설의 설치 여부 및 작동상태
- 메테인 발효시설의 설치 여부 및 작동상태
- 최종 생산물의 퇴비로서의 적절성
- 메테인가스의 적절 처리 여부

## 18

95%의 폐기물을 3cm보다 작게 파쇄하려고 할 때 특성입자의 크기(cm)를 구하시오. (단, $n=1$이며, Rosin-Rammler 모델을 적용한다.)

✅ 풀이

$$y = f(x) = 1 - \exp\left[-\left(\frac{x}{x_0}\right)^n\right]$$

$$0.95 = 1 - \exp\left[-\left(\frac{3}{x_0}\right)^1\right] \quad \Rightarrow \text{계산기의 Solve 기능 사용}$$

∴ 특성입자의 크기 $x_0 = 1.0014 ≒ 1.00\,\text{cm}$

## 19

유해폐기물의 고형화 처리방법 3가지를 적으시오. (단, 자가시멘트법은 제외한다.)

✅ 풀이
- 유기중합체법
- 피막형성법
- 열가소성 플라스틱법
- 시멘트기초법
- 유리화법
- 석회기초법

## 20

슬러지와 음식물쓰레기를 혼합 후 퇴비화하여 C/N 비를 25로 할 때, 혼합물 중 음식물쓰레기의 함량(%)을 다음 표를 이용하여 구하시오.

| 슬러지 | 음식물쓰레기 |
| --- | --- |
| • 함수율 : 75%<br>• C/N 비 : 8<br>• N : 고형물의 5% | • 함수율 : 50%<br>• C/N 비 : 55<br>• N : 고형물의 0.6% |

✅ 풀이 슬러지 중 탄소 $= 8 \times 5\% = 40\%$

음식물쓰레기 중 탄소 $= 55 \times 0.6 = 33\%$

※ **음식물쓰레기를 $X$, 슬러지를 $(1-X)$로 두고 계산한다.**

$$25 = \frac{(1-X) \times (1-0.75) \times 0.40 + X \times (1-0.50) \times 0.33}{(1-X) \times (1-0.75) \times 0.05 + X \times (1-0.50) \times 0.006} \quad \Rightarrow \text{계산기의 Solve 기능 사용}$$

∴ 혼합물 중 음식물쓰레기의 함량 $X = 0.7025 \Rightarrow 70.25\%$

# 2025 제1회 폐기물처리기사 실기 필답형 기출문제

## 01

다음 [조건]을 이용하여 하루에 필요한 수거차량 수(대)를 구하시오.

[조건]
- 수거범위 : 14km²
- 인구 : 30,000인/km²
- 쓰레기 배출량 : 1kg/인·일
- 수거일수 : 6일/주
- 쓰레기차 수거횟수 : 4회/일
- 쓰레기차 용량 : 20m³/대·회
- 쓰레기 밀도 : 0.5ton/m³

◆ 풀이

총 인구 $= \dfrac{30{,}000인}{km^2} \Big| \dfrac{14\,km^2}{} = 420{,}000인$

하루 배출 쓰레기의 양 $= \dfrac{1\,kg}{인 \cdot 일} \Big| \dfrac{420{,}000인}{} = 420{,}000\,kg/day$

하루 평균 쓰레기 수거량 $= \dfrac{420{,}000\,kg}{day} \Big| \dfrac{m^3}{0.5\,ton} \Big| \dfrac{ton}{10^3 kg} \Big| \dfrac{7}{6} = 980\,m^3/day$

∴ 하루에 필요한 수거차량 수 $= \dfrac{980\,m^3}{day} \Big| \dfrac{대 \cdot 회}{20\,m^3} \Big| \dfrac{}{4회} = 12.25 ≒ 13대$

## 02

열분해공정의 장점 3가지를 서술하시오. (단, 소각과 비교하여 쓰시오.)

◆ 풀이
- 불균일한 폐기물을 안정적으로 처리한다.
- 대기로 방출되는 가스가 적다.
- 생성되는 오일, 가스의 재자원화가 가능하다.
- 배기가스 중 질소산화물, 염화수소의 양이 적다.
- 환원성 분위기로 3가크로뮴($Cr^{3+}$)이 6가크로뮴($Cr^{6+}$)으로 변화하지 않는다.
- 황분, 중금속분이 재 중에 고정된다.

## 03

다음 내륙 매립방법에 대해 각각 간단히 서술하시오.
(1) 샌드위치 공법
(2) 셀 공법
(3) 압축매립 공법

**풀이** (1) 샌드위치 공법 : 폐기물을 수평으로 깔아 압축한 후 복토를 교대로 쌓는 방법으로, 좁은 산간, 협곡, 폐광산 등의 매립지에서 사용할 수 있다.
(2) 셀 공법 : 1일 작업하는 셀(cell) 크기는 매립 처분량에 따라 결정되며 일일 복토 및 침출수 처리를 통해 위생적인 매립이 가능하다.
(3) 압축매립 공법 : 폐기물을 매립하기 전에 감용화 목적으로 먼저 압축시킨 후 포장하여 처리하는 방법으로, 폐기물의 운반이 쉬우며 지가가 비쌀 경우 유효한 방법이다.

## 04

폐기물의 부피감소율이 80%일 때 압축비(CR)를 구하시오.

**풀이** 압축비 $CR = \dfrac{100}{100-VR} = \dfrac{100}{100-80} = 5$

## 05

다음 표를 활용하여 재활용 이후의 겉보기밀도(kg/m³)를 구하시오. (단, 종이 80%와 유리금속 60%는 재활용한다.)

| 종류 | 질량(%) | 겉보기밀도(kg/m³) |
|---|---|---|
| 플라스틱 | 30 | 900 |
| 종이 | 30 | 50 |
| 캔 | 20 | 70 |
| 유리금속 | 20 | 600 |

**풀이** 겉보기밀도 = $\dfrac{30 + 30 \times 0.20 + 20 + 20 \times 0.40}{\dfrac{30}{900} + \dfrac{30 \times 0.20}{50} + \dfrac{20}{70} + \dfrac{20 \times 0.40}{600}} = 141.4739 ≒ 141.47 \, kg/m^3$

## 06

다음은 자원의 절약과 재활용 촉진에 관한 법률 중 일반 고형 연료제품의 품질기준에 대한 표이다. 빈칸에 알맞은 내용을 적으시오.

| 구분 | | 단위 | 성형 | 비성형 |
|---|---|---|---|---|
| 발열량 | | kcal/kg | • 수입 고형 연료제품 : 3,650 이상<br>• 제조 고형 연료제품 : ( ① ) | |
| 금속<br>성분 | 수은(Hg) | mg/kg | ( ② ) | |
| | 카드뮴(Cd) | | ( ③ ) | |
| | 납(Pb) | | ( ④ ) | |
| | 비소(As) | | 13.0 이하 | |

✅ **풀이**
① 3,500 이상
② 1.0 이하
③ 5.0 이하
④ 150 이하

## 07

100ton/day로 발생하는 폐기물(저위발열량 1,700kcal/kg)을 소각로에서 90%의 열효율로 연소한다. 그 중 80%가 회수장치에 의해 과열수증기 발생에 이용된다고 할 때, 생성되는 과열수증기(ton/hr)를 구하시오. (단, 과열수증기 1kg 생성 시 680kcal의 열이 필요하다.)

✅ **풀이**
$$\text{하루에 생성되는 과열수증기} = \frac{100\,\text{ton}}{\text{day}} \Big| \frac{1{,}700\,\text{kcal}}{\text{kg}} \Big| \frac{90}{100} \Big| \frac{80}{100} \Big| \frac{\text{kg}}{680\,\text{kcal}} \Big| \frac{\text{day}}{24\,\text{hr}} = 7.5\,\text{ton/hr}$$

## 08

고형물질이 3.5wt%인 폐수 10m³/hr를 화격자를 이용하여 소각 처리할 경우, 필요한 화격자 면적(m²)을 구하시오. (단, 부하율은 10kg/m² · hr이고, 비중은 1.0이다.)

✅ **풀이**
$$\text{폐기물 처리량} = \frac{10\,\text{m}^3}{\text{hr}} \Big| \frac{3.5}{100} \Big| \frac{1{,}000\,\text{kg}}{\text{m}^3} = 350\,\text{kg/hr}$$

부하율 = 폐기물 처리량 ÷ 화격자 면적

$$\therefore \text{화격자 면적} = \frac{350\,\text{kg/hr}}{10\,\text{kg/m}^2 \cdot \text{hr}} = 35\,\text{m}^2$$

## 09

60만명이 살고 있는 어느 도시의 배출 폐기물량이 1.5kg/인·일이라고 한다. 폐기물(가연분 60%, 불연분 40%)을 30일 동안 처리하고 가연분의 60%를 회수하여 RDF를 만든다고 할 때, 생성된 RDF의 양(ton)을 구하시오.

**풀이** 생성된 RDF의 양 $= \dfrac{1.5\,\text{kg}}{\text{인}\cdot\text{일}} \Big| \dfrac{600{,}000\,\text{인}}{} \Big| \dfrac{60}{100} \Big| \dfrac{60}{100} \Big| \dfrac{30\,\text{일}}{} \Big| \dfrac{\text{ton}}{10^3\,\text{kg}} = 7.5\,\text{ton}$

## 10

열가소성 플라스틱법 장단점을 각각 2가지씩 적으시오.

**풀이** ① 장점
- 고화 처리된 폐기물 성분을 나중에 회수하여 재활용이 가능하다.
- 용출 손실률이 시멘트기초법보다 낮다.
- 대부분의 매트릭스 물질은 수용액 침투에 저항성이 크다.

② 단점
- 높은 온도에서 분해되는 물질에는 사용이 불가하다.
- 혼합률(MR)이 비교적 높다.
- 에너지 요구량이 크다.
- 처리과정 중 화재가 발생할 수 있다.
- 고도의 숙련된 기술이 필요하다.

## 11

고형물 함량이 60%인 농축 슬러지 48ton/day를 탈수시키려 한다. 슬러지 중의 고형물당 소석회 첨가량을 중량기준으로 10% 첨가했을 때 함수율 80%의 탈수 cake가 얻어졌다. 이 탈수 cake의 비중을 1로 할 경우, 발생 cake의 양(kg/hr)을 구하시오.

**풀이** 소석회 첨가 후 고형물 $= \dfrac{48\,\text{ton}}{\text{day}} \Big| \dfrac{60}{100} \Big| \dfrac{110}{100} \Big| \dfrac{10^3\,\text{kg}}{\text{ton}} \Big| \dfrac{\text{day}}{24\,\text{hr}} = 1{,}320\,\text{kg/hr}$

∴ 발생 cake의 양 $= \dfrac{1{,}320\,\text{kg}}{\text{hr}} \Big| \dfrac{100_{\text{cake}}}{20_{\text{TS}}} = 6{,}600\,\text{kg/hr}$

## 12

쓰레기의 발생량은 40ton/day이고, 밀도는 500kg/m³이며, trench법으로 매립할 계획이다. 압축에 따른 부피감소율이 30%이고, trench 깊이는 2.5m, 매립에 사용되는 도랑 면적 점유율이 전체 부지의 65%라면, 연간 필요한 매립지의 면적(m²)을 구하시오.

◆ 풀이   매립지의 면적 $A_T = \dfrac{40\,\text{ton}}{\text{day}} \bigg| \dfrac{\text{m}^3}{0.5\,\text{ton}} \bigg| \dfrac{1}{2.5\,\text{m}} \bigg| \dfrac{365\,\text{day}}{\text{year}} \bigg| \dfrac{70}{100} \bigg| \dfrac{100}{65} = 12578.4615 ≒ 12578.46\,\text{m}^2$

## 13

다음 물음에 대한 알맞은 용어를 [보기]에서 골라 적으시오.

[보기] EPA, PET, SRF, Magnetic separation, LCA, Trommel screen, MBT, SCR, EPR, SDR

(1) 기계·생물학적으로 처리하는 생활폐기물의 전처리공정
(2) 가연성 폐기물을 이용하여 만든 고형 연료제품
(3) 제품이나 서비스가 생산에서부터 폐기되기까지 전 과정에서의 환경영향을 정량적으로 평가하는 방법
(4) 생산자 책임 재활용제도

◆ 풀이   (1) MBT
         (2) SRF
         (3) LCA
         (4) EPR

## 14

$D_n$은 침출수 집배수층을 이루는 물질의 입경, $d_n$은 집배수층 주변 물질의 입경이라고 할 때, 다음 식의 의미를 각각 서술하시오.

(1) $\dfrac{D_{15}}{d_{85}} < 5$

(2) $\dfrac{D_{15}}{d_{15}} > 5$

◆ 풀이   (1) 집배수층이 주변 물질에 의해 막히지 않기 위한 조건
         (2) 집배수층의 투수성을 충분히 유지하기 위한 조건

## 15

100ton의 하수 슬러지(함수율 80%, 가연분 60%)와 도시 생활쓰레기 200ton(함수율 50%, 불연성분(건조기준) 30%)을 혼합 시, 혼합물의 3성분(%)을 구하시오.

**풀이** 〈하수 슬러지의 3성분〉

- 수분 = $100 \times \dfrac{80}{100} = 80$톤

- 가연분 = $20 \times \dfrac{60}{100} = 12$톤

- 회분 = $20 - 12 = 8$톤

〈도시 생활쓰레기의 3성분〉

- 수분 = $200 \times \dfrac{50}{100} = 100$톤

- 가연분 = $100 \times \dfrac{70}{100} = 70$톤

- 회분 = $100 - 70 = 30$톤

따라서, 혼합물의 3성분은 다음과 같다.

① 수분 = $\dfrac{180}{300} \times 100 = 60\%$

② 가연분 = $\dfrac{82}{300} \times 100 = 27.3333\%$

③ 회분 = $\dfrac{38}{300} \times 100 = 12.6667\%$

∴ 수분 60%, 가연분 27.33%, 회분 12.67%

## 16

소각로 운전 조작방식에 따른 종류 4가지를 적으시오.

**풀이**
- 향류식
- 병류식
- 교류식
- 복류식

## 17

A공정은 10,000kcal/hr만큼 소요되고 있다. 공정이 지속되기 위해서는 폐기물($m^3$/day)이 얼마나 투입되어야 하는지 구하시오. (단, 폐기물 중 고형물 함량은 8%, 고형물 중 VS는 90%이고, VS 중 50%가 제거되며, VS로 인하여 발생되는 가스량은 $0.7m^3$/$kg_{VS}$이고, 가스의 발열량은 $5,000kcal/m^3$이다.)

◆ 풀이

$$\frac{X\,m^3}{day}\left|\frac{8_{TS}}{100_{SL}}\right|\frac{90_{VS}}{100_{TS}}\left|\frac{50}{100}\right|\frac{1,000\,kg}{m^3}\left|\frac{0.7\,m^3}{kg}\right|\frac{5,000\,kcal}{m^3}\left|\frac{day}{24\,hr}\right. = 10,000\,kcal/hr$$

∴ 필요한 슬러지량 $X = 1.9048 ≒ 1.90\,m^3/day$

## 18

C 86%, H 12%, S 2%의 함량을 갖는 중유 1kg을 연소하였다. 건조배기가스 중 $SO_2$(%)를 구하시오. (단, 배출가스 조성은 $CO_2 + SO_2$는 13%, $O_2$는 3%, $N_2$는 84%이다.)

◆ 풀이

$O_o = 1.867\,C + 5.6\,H + 0.7\,S - 0.7\,O = 1.867 \times 0.86 + 5.6 \times 0.12 + 0.7 \times 0.02 = 2.2916\,Sm^3$

$A_o = O_o \div 0.21 = 2.2916 \div 0.21 = 10.9124\,Sm^3$

$m = \dfrac{N_2}{N_2 - 3.76(O_2 - 0.5\,CO)} = \dfrac{84}{84 - 3.76(3 - 0.5 \times 0)} = 1.1551$

$G_d = (m - 0.21)A_o + 1.867\,C + 0.7\,S$
$\quad = (1.1551 - 0.21) \times 10.9124 + 1.867 \times 0.86 + 0.7 \times 0.02 = 11.9329\,Sm^3$

∴ $SO_2(\%) = \dfrac{SO_2}{G_d} \times 100 = \dfrac{0.7 \times 0.02}{11.9329} \times 100 = 0.1173 ≒ 0.12\%$

## 19

분뇨와 톱밥을 1 : 1로 혼합할 경우의 C/N 비를 다음 표를 이용하여 구하시오.

| 분뇨 | 톱밥 |
| --- | --- |
| • 함수율 : 95% | • 함수율 : 50% |
| • C : 고형물의 50% | • C : 고형물의 50% |
| • N : 고형물의 3% | • N : 고형물의 1.5% |

◆ 풀이

혼합 C/N 비 $= \dfrac{(0.05 \times 0.5 \times 0.50) + (0.85 \times 0.5 \times 0.50)}{(0.05 \times 0.03 \times 0.50) + (0.85 \times 0.015 \times 0.50)} = 31.5789 ≒ 31.58$

## 20

유해성 폐기물의 판단기준 4가지를 적으시오.

✅ **풀이**
- 폭발성
- 인화성
- 부식성
- ep 독성
- 반응성
- 난분해성
- 용출특성

# 폐기물처리기사 실기

2025. 6. 11. 초 판 1쇄 인쇄
**2025. 6. 18. 초 판 1쇄 발행**

지은이 | 김현우
펴낸이 | 이종춘
펴낸곳 | BM ㈜도서출판 **성안당**

주소 | 04032 서울시 마포구 양화로 127 첨단빌딩 3층(출판기획 R&D 센터)
     | 10881 경기도 파주시 문발로 112 파주 출판 문화도시(제작 및 물류)
전화 | 02) 3142-0036
     | 031) 950-6300
팩스 | 031) 955-0510
등록 | 1973. 2. 1. 제406-2005-000046호
출판사 홈페이지 | www.cyber.co.kr
ISBN | 978-89-315-8449-3 (13530)
정가 | 28,000원

**이 책을 만든 사람들**
책임 | 최옥현
진행 | 이용화, 곽민선
교정·교열 | 곽민선
전산편집 | 이다혜, 전채영, 민혜조
표지 디자인 | 박원석
홍보 | 김계향, 임진성, 김주승, 최정민
국제부 | 이선민, 조혜란
마케팅 | 구본철, 차정욱, 오영일, 나진호, 강호묵
마케팅 지원 | 장상범
제작 | 김유석

이 책의 어느 부분도 저작권자나 BM ㈜도서출판 **성안당** 발행인의 승인 문서 없이 일부 또는 전부를 사진 복사나 디스크 복사 및 기타 정보 재생 시스템을 비롯하여 현재 알려지거나 향후 발명될 어떤 전기적, 기계적 또는 다른 수단을 통해 복사하거나 재생하거나 이용할 수 없음.

※ 잘못된 책은 바꾸어 드립니다.